THE HEALTHY CITY:
CONSTRUCTION STRATEGY AND
PRACTICE

健康城市
建设策略与实践

吕飞◎著

中国建筑工业出版社

图书在版编目（CIP）数据

健康城市建设策略与实践 / 吕飞著 . —北京 : 中国建筑工业出版社，2016.6
ISBN 978-7-112-19348-6

Ⅰ. ①健…　Ⅱ. ①吕…　Ⅲ. ①城市环境—生态环境建设—研究—中国　Ⅳ. ① X321.2

中国版本图书馆 CIP 数据核字 (2016) 第 074533 号

本书分为理论篇、策略篇、实践篇三大部分。从健康的人群、环境、社会三方面对健康城市的构成与标准进行了分析，提出适合国情的健康城市评价指标体系，明确了健康城市建设主体及其角色定位。从城市发展全局出发，提出创建健康城市的总体对策；从城市规划层面出发，提出创建健康城市及其健康社区的相应对策，并制定适合国情的健康社区评价指标体系。多角度、多层面出发探讨研究适合我国国情的健康城市建设途径和策略方法，以期对我国的健康城市建设活动起到现实的指导意义，积极推动我国健康城市建设的有序发展，改善城市生活、工作环境，提高城市居民的整体健康水平和生活质量，促进社会主义和谐社会的建设。

责任编辑：高延伟　杨　虹
责任校对：刘梦然　姜小莲

健康城市建设策略与实践
吕飞　著
*
中国建筑工业出版社出版、发行（北京海淀三里河路9号）
各地新华书店、建筑书店经销
北京嘉泰利德公司制版
北京建筑工业印刷厂印刷
*
开本：787×960毫米　1/16　印张：16¾　字数：392千字
2018 年 1 月第一版　2018 年 1 月第一次印刷
定价：48.00元
ISBN 978-7-112-19348-6
（28614）

前 言
Preface

快速城市化在为世界经济发展做出巨大贡献，使越来越多的人享受到现代城市文明的同时，也给人类带来灾难性的后果，使人类受到自然的无情惩罚，即严重的生态失衡和环境污染。由城市化所带来的宏观生态环境恶化主要表现为全球性气候变暖、臭氧层流失、酸雨、全球森林衰退、土地荒漠化、生物多样性资源锐减、海洋污染和严重水荒、自然灾害频繁等。对于城市来说，城市化的迅猛发展使城市普遍存在各种"城市病"，带来一系列的社会、卫生、生态问题，使人类及其赖以生存与发展的住区面临严峻的挑战。人口密度高、交通拥挤、居住条件差劣、不符合卫生要求的饮水和食品供应、污染日渐严重的生态环境以及暴力伤害等问题，严重地威胁着城市居民的健康。

为应对快速城市化进程给人类健康带来的严峻挑战，更好地解决城市环境问题和全面提高人们的健康水平，世界卫生组织（WHO）提出了健康城市这一全新理念，在全球范围内积极倡导健康城市项目计划。中国自 1990 年代初启动健康城市创建活动以来，越来越多的城市加入到健康城市的创建行列中来，建设健康城市与可持续发展总战略、以人为本原则相符合，已成为城市发展的必然趋势。目前，我国的健康城市建设活动仍处于起步阶段，其建设活动多局限在城市卫生管理部门，城市居民对健康城市理念的认知率低，健康城市建设活动缺少系统性的理论指导和对策支持，特别是缺乏从城市宏观层面以及城市规划等角度出发的建设对策研究，这些都将极大影响到我国健康城市建设的实效。

本书分为理论篇、策略篇、实践篇三大部分，从健康的人群、环境、社会三方面对健康城市的构成与标准进行了分析，提出适合国情的健康城市评价指标体系，明确健康城市建设主体及其角色定位。从城市发展全局出发，提出创建健康城市的总体对策；从城市规划层面出发，提出创建健康城市及其健康社区的相应对策，并制定适合国情的健康社区评价指标体系。书中对国内外健康城市的建设现状进行系统的梳理及分析，多角度、多层面出发探讨研究适合我国国情的健康城市建设途径和策略方法，以期对我国的健康城市建设活动起到现实的指导意义，积极推动我国健康城市建设的有序发展，改善城市生活、工作环境，提高城市居民的整体健康水平和生活质量，促进社会主义和谐社会的建设。

目　录
CONTENTS

中篇　策略篇

下篇　实践篇

上篇

理论篇

CHAPTER 1

第1章　健康城市的构成与标准

1.1　概念释义

1.1.1　健康城市的提出

健康城市的概念主要是“受到公共卫生领域对于‘健康’意义的典范移转之影响与酝酿而形成”[1]，与人们健康观念的改变以及新公共卫生运动的兴起密不可分，充分体现了可持续发展的理念。“健康城市”一词最早见于1984年在加拿大举办的“2000年健康多伦多”国际会议中的一篇演讲题目。该文突破了健康、医疗救助等概念的传统内涵，提出“健康的城市应该使城市居民享受与自然的环境、和谐的社区相适应的生活方式”[2]。1986年，汉科克（Hancock）和杜尔（Duhl）在哥本哈根市召开的健康城市项目会议上，在其题为“在城市地区促进健康”（Promoting Health in the Urban Context）的论文中正式提出了健康城市的概念。

汉科克和杜尔认为促进健康的行动过程和结果同样重要，将健康城市定义为“一个有连续性、创造性，经常改良该市的生活和社会环境的城市，并扩展社会资源，使市民能够互相支持日常的一切生活运作并协助他们使他们的潜能能够发挥到最高点。”在此基础上，WHO 认为健康城市应是“一个不断开发和改善自然环境和社会环境，并不断扩展社会资源，使人们在享受生命和充分发挥潜能方面能够互相支持的城市。”（WHO，1994）我国复旦大学公共卫生学院的傅华教授则对健康城市进行了通俗解释：健康城市是以人类的健康为终极目标，从城市规划、建设到管理等各个方面都以人的健康为中心，保障广大市民健康生活和工作，成为人类社会发展所必需的健康人群、健康环境和健康社会有机结合的发展整体[3]。

另外，WHO 曾解释说:“根据个人的兴趣、所受训练、文化修养和价值判断，每个人都可以对健康城市有不同的理解……。对不同专业、不同文化、不同城市、甚至同一城市的不同部门而言，健康城市也都有着不同的意义。因而，城市的健康不能简单描述为表格性的资料或计算机式的固定结果，它必须通过体验，从城市的健康评估中得出，并将之与大量非传统的、直觉的和整体的措施相结合，以此作为硬性数据的补充……”[4]这一描述是 WHO 对健康城市概念的补充，其目的是强调这一界定并非要推翻其他专业、部门的现有观念和体系，也不是限制这些部门的理解，而是要和它们相互包容[5]。例如，从管理学角度看，健康城市的理念是一种“台阶论”，注重的是不断发现问题、解决问题的过程。一个城市的发展，在不同阶段必将遇到不同的健康问题，而健康城市建设就是要通过规划、实施、评价的过程，来不断解决影响健康的主要问题；从社会学角度看，要求一个健康的城市里要有某种大家都赞成的“共同竞赛规则”，所有的市民都在朝着一个方向努力。

健康城市应最大限度地发挥城市市民的潜在能力，让市民共同参与城市事务，积极创造条件改善城市卫生和环境水平，以此形成有效的环境支持和健康服务，从实质上提高城市市民的生活素质，让健康的人生活在健康的城市里。健康城市要求把健康相关问题融入整个城市的发展和管理工作中，通过与各种城市发展有关的活动，改善生活条件和提供更好的卫生服务，来改善城市居民的健康。健康城市要求城市中的绝大多数成员（市民个人、公共和私营组织、企业、政府等）都能对健康问题有正确的认识和态度，为促进全民健康而共同积极努力行动。

关于城市的建设，历史上许多专家学者都提出过设想，如英国社会活动家霍华德在1898年提出“田园城市”设想；建筑大师勒·柯布西耶在1930年布鲁塞尔展出的“光明城”规划中提出“绿色城市”理念；1987年，世界教科文组织以生态学等学科为基础提出“生态城市”概念；我国著名科学家钱学森提出“山水城市”概念等。这些提法与健康城市相比，均较侧重于城市物质空间的建设，偏重于通过合理规划而改善提高城市环境质量，而忽视了生活在城市中的市民的主观能动性。可见，健康城市这一概念在某种意义上已超越了“田园城市”、“生态城市”和“卫生城市”（梁鸿、曲大维、许非，2003）。

1.1.2 健康城市项目释义

健康城市项目是WHO针对全球的城市化和城市卫生状况给人类健康带来的威胁，于1986年首先在欧洲提出的一项全球性战略行动。该项目在人人健康战略的原则和目标基础上，将复杂的健康理念和可持续发展有机地结合，以提高和改善城市居民的生理、精神、社会和环境等水平。它涉及的领域非常广泛，既有住房、教育、营养、休闲、娱乐、健康和医药等，也有就业、交通、环境，也涉及社会隔离、歧视及宗教、阶层差异等，几乎涵盖了所有和健康相关的领域。目前在欧洲及其他一些地区，该项目已经演变为一个旨在将健康及其内涵导入到城市决策议程中的长期的国际化项目[6]。

以欧洲为例，健康城市项目是一个动态的计划，5年为一期，每一期选择若干试点城市组成健康城市活动网络开展活动。在对前一期活动成果进行评价后，进入下一期活动内容。健康城市网络每年举办六次会议，各城市派一名协调员和一名政治家参加，互相交换情报信息，介绍事例，共同寻找解决对策。每次会议的结果以杂志和书的形式出版发行。

第一期（1987年～1992年）：欧洲35个城市结成创建健康城市网络，广泛传播健康城市理念，重点提倡全民健康（Health for All）的概念，确立支持系统和实施架构，统一思想，共同探索实践创建健康城市的理论和方法。其行动的目标确定为“为城市及其居民创造更好的健康”，并在1989年制定了《关于环境和健康的欧洲宪章》。

第二期（1993年～1997年）：为促进城市一级水平的健康促进政策的采用，其着重点放在“健康的大众政策和全面的城市健康规划”，强化支持系统及各部门间的连接，强调行动为导向的政策及计划。欧洲重新选择了39个城市建立了新的健康城市项目城市网，参加城市需确保开展一系列相应的“人人享有卫生保健”的项目。1994 年非政府组织欧洲健康城市国际联盟成立，并开展了名为“多城市行动”的计划。若干个健康城市网络中的城市同时决定对付某些特定的健康问题，如酒精、营养、艾滋病、妇女健康等，每一个计划解决一个特殊的健康问题。

第三期（1998 年～ 2002 年）：共选择试点城市 43 个，总结以往健康城市项目经验，遵循健康公平性和可持续发展原则，强调健康计划的整合，用变革的、可持续的方法，推进城市的健康增进和健康城市活动在全世界的推广普及。

第四期（2003 年～ 2008 年）：选择超过 40 个城市作为试点，对健康城市项目活动进行再评价。以城市管理、民主主义、城市与贫困、社会性发展、城市规划、输送问题、老龄化社会、心理健康等为中心课题开展广泛活动，其重点为健康影响评估、健康的城市计划及健康的老龄化等三方面。

第五期（2009 年～ 2013 年）：共有 55 个城市参与，总体目标是健康和保健的所有地方政策的公平性，主题是支持性环境、健康生活方式和健康城市设计。

第六期（2014 年～ 2018 年）：总体目标是减少健康不平等的现象，改善全民健身，提高领导力及参与治理卫生。项目提出 4 大核心主题：注重不同年龄阶段人的健康需求，应对欧洲地区的主要公共卫生挑战，提高以人为中心的健康系统及公共卫生能力。

健康城市项目通过分清权责、理顺关系等机制将社会不同的利益群体团结在新公共卫生的旗帜下。健康城市项目通常具有“对健康的共同承诺、被纳入到政策制定等环节、各相关部门互相配合、社区积极参与、变革和创新贯穿于项目的全过程、最终形成相关公共卫生政策”等 6 项特征[7]。

1.2 健康城市的构成

健康城市是健康人群、健康环境、健康社会三者有机结合构成的整体，是物质文明、政治文明、精神文明、生态文明的协调统一。

1.2.1 健康人群

健康人群即处于健康状态的城市居民群体。培育健康人群是健康城市建设的起始点和落脚点。

1.2.1.1 健康及其相关概念

（1）健康　由于健康表现的是一种流动的状态和水准，每个人对它的理解和认识都可能不同，有关健康的概念也较多。如《辞海》中将健康定义为"人体各器官、系统发育良好、功能正常、体质健壮、精力充沛，并具有健全的身心和社会适应能力的状态。通常用人体测量、体格检查、各种生理和心理指标来衡量。"《中国大百科全书·现代医学卷》将健康定义为"人体的一种状态，在这种状态下人体查不出任何疾病，其各种生物参数都稳定地处在正常变异范围以内，对外部环境（自然的和社会的）日常范围的变化有良好的适应能力。"

对健康的认识是随着现代医学的发展以及人们健康观念的转变不断地发生变化的。20世纪中叶以前，人们一直局限于没有疾病就是健康的认识中。健康曾被定义为人体各器官系统发育良好，功能正常，体格健壮，精力充沛并具有良好劳动效能的状态。

1948年，WHO在《世界卫生组织宪章》中指出：健康不仅是没有疾病和病态（虚弱现象），而且是一种个体在身体上、心理上、社会上完全安好的状态。这是首次将心理健康因素纳入到健康的范畴里。

1953年，WHO提出"健康是金子"的口号。

1957年，WHO指出健康应是在特定的遗传因素和环境条件下，人作为有机体能进行适当活动的状态及其性质。

1977年，WHO将健康的概念确定为"不仅仅是没有疾病和身体虚弱，而是身体、心理和社会适应的完满状态"。

1978年，WHO在《阿拉木图宣言》中重申健康是身心健康、社会幸福的总体状态，是基本人权。

1986年，WHO在《渥太华宪章》中指出：健康是一种积极的概念，健康是社会、经济和个人发展的主要资源和生理能力，也是生活质量的重要部分。

1989年，WHO又为健康的概念注入新的内容——道德健康。即健康不仅是没有疾病，而且包括身体健康、心理健康、社会适应能力和道德健康。由此可知，健康已不仅仅是没有疾病的表现，而是身体、心理、社会适应力、道德品质四者相互依存、相互促进、有机结合的产物，只有当人体在这四方面同时健全、处于一个良好状态时，才算得上真正的健康（图1-1）。

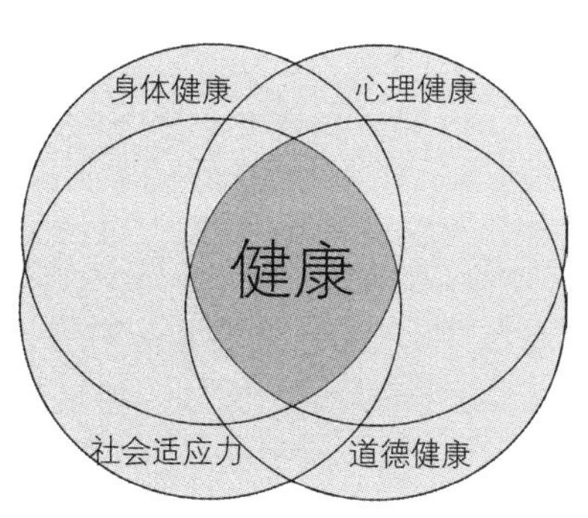

图1-1 健康的构成

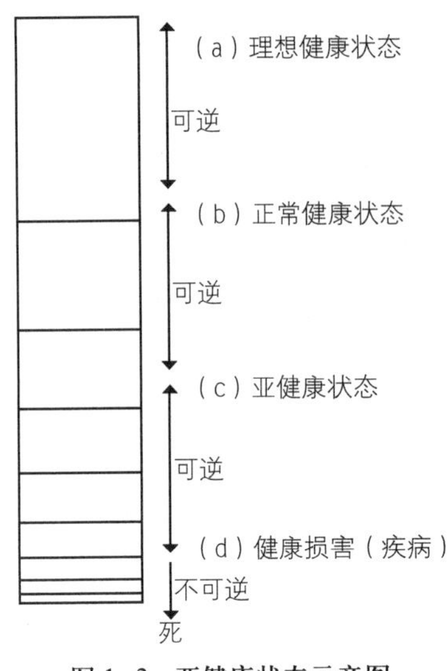

图 1-2　亚健康状态示意图

这一定义，突破了健康的传统医学模式，更加注重对个体在现实社会中存在状态或生存质量的整体性综合评价，从三个维度拓展了健康的认识空间，即以生理机能为特征的身体健康、以精神情感为特征的心理健康和以社会实践为特征的行为健康。

（2）亚健康　1980 年代后期，国际医学界提出了亚健康这一新的思维和概念。亚健康又称慢性疲劳综合征或“第三状态”，是指介于健康与疾病之间的临界状态，是介于健康和疾病之间的连续过程中的一个特殊阶段（图 1-2）。亚健康虽然不是有疾病，但却是现代人身心健康的一种过渡性表现和特征，是疾病的预警信号。“一多三减退”是亚健康状态的主要症状，即疲劳多、活力减退、反应能力减退和适应能力减退。亚健康表现在生理、心理、情感、思想、行为等多个方面，困倦、关节痛、失眠、情绪低落、行为失常、冷漠、孤独、早恋、婚外情等均可划入亚健康范畴。人体处在亚健康状态，免疫功能下降，脏腑器官活力逐渐降低，反应能力减退，适应能力下降，会出现一些轻重不同的不适症状，主要表现为失眠及睡眠障碍、心理疲劳、便秘、性功能障碍、时差综合征、神经衰弱、焦虑抑郁等多种身心障碍。WHO 的一项全球性调查结果表明，全世界 75% 的人处于亚健康状态。而据中国国际亚健康学术成果研讨会公布的数据，目前，中国人 70% 属于亚健康人群，而其中的 70% 左右是知识分子。

（3）心理健康　心理健康是指在身体、智能以及情感上与他人的心理健康不相矛盾的范围内，将个人心境发展成最佳状态（第 3 届国际心理卫生大会，1946）。具体表现为：身体、智力、情绪十分协调；适应环境，人际关系中彼此能谦让；有幸福感；在工作和职业中，能充分发挥自己的能力，过有效率的生活。马斯洛和密特曼提出了关于心理健康的 10 条标准，分别是：①有充分的安全感；②对自己有充分的了解，并能对自己的能力做出适当的评价；③生活理想和目标切合实际；④与周围环境保持良好的接触；⑤能保持自身人格的完整与和谐；⑥具有从经验中学习的能力；⑦保持良好的人际关系；⑧适度的情绪发展和控制；⑨在集体要求的前提下，较好地发挥自己的个性；⑩在社会规范的前提下，适当满足个人的基本要求。虽然心理健康的丧失不会像生理健康丧失所带来的成本那样直接和明显，但是它对于社会经济发展效率的影响同样不可忽视。而且，心理健康也是生理健康的重要基础，是健康概念的重要组成部分。

（4）主观健康感　主观健康感是指个人对自己本身现在的健康状态所进行的评价，即自我的健康评价。主观健康感是在依靠医学手段进行客观健康度调查较困难时，作为代替指标，以人的主观判断为根据所进行的自我评价。将主观健康感作为健康指标进行研究的领域目前集中在心理学、社会学、老年学、医学、公众卫生学等领域。

研究表明，主观健康感与生命预后有着较强的关联性，是预测生命预后的重要指标。图 1-3 是不同主观健康感的人在 10 年间的生存率变化，自我评价非常健康的人和自我评价不健康的人 10 年后的生存率相差 30%。

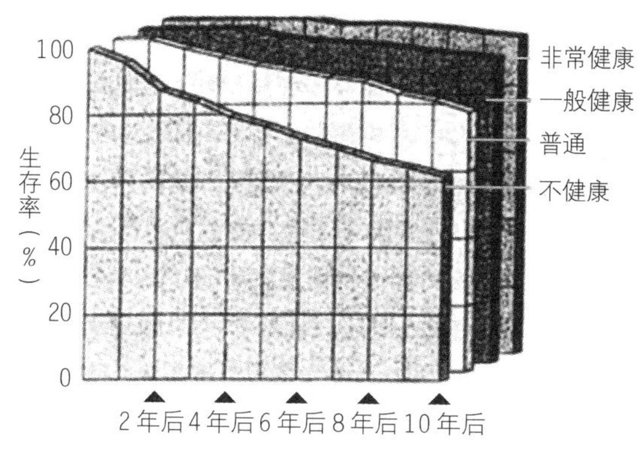

图 1-3　主观健康感对人生存率的影响

1.2.1.2　健康的标准

相对于健康的概念，WHO 提出了衡量健康的一些具体标准，如：

（1）有足够充沛的精力，能从容不迫地应付日常生活和工作的压力而不感到过分紧张；

（2）处事乐观，态度积极，乐于承担义务不挑剔；

（3）善于休息，睡眠良好；

（4）应变能力强，能适应各种环境的变化；

（5）对一般感冒和传染病有一定抵抗力；

（6）体重适当，身材匀称，站立时头、臂、臀位置协调；

（7）眼睛明亮，反应敏锐，眼睑不发炎；

（8）牙齿清洁，无缺损，无疼痛，牙龈颜色正常，无出血现象；

（9）头发光洁，无头屑；

（10）肌肉、皮肤富有弹性，走路感觉轻松。

1996 年，WHO 在此标准基础上又提出了人类新的健康标准，包括肌体和精神健康两部分，具体可用“五快”（肌体健康）和“三良好”（精神健康）来衡量。

“五快”是指：

（1）吃得快：进餐时，有良好的食欲，不挑剔事物，并能很快吃完一顿饭；

（2）便得快：一旦有便意，能很快排泄完大小便，而且感觉良好；

（3）睡得快：有睡意，上床后能很快入睡，且睡得好，醒后头脑清醒，精神饱满；

（4）说得快：思维敏捷，口齿伶俐；

（5）走得快：行走自如，步履轻盈。

“三良好”是指：

（1）良好的个性人格：情绪稳定，性格温和，意志坚强，感情丰富，胸怀坦荡，豁达乐观；

（2）良好的处世能力：观察问题客观现实，具有较强的自我控制能力，能适应复杂的社会环境；

（3）良好的人际关系：待人接物大度和善，不过分计较，助人为乐，与人为善，充满热情。

另外，许多世界各国的专家学者也根据自己多年的研究实践，提出不少健康评价方法。如谢华真提出了“健商（HQ）”的概念。“健商（HQ）”是健康商数（Health Quotient）的缩写，代表着一个人的健康层面及其对健康的全新态度；日本的奥山文朗提出了适合自我进行评价的健康度评价方法，共制定了10大项、50个小项的指标（表1-1）。每小项指标采用5阶段评价，如从乐观到悲观分别为乐观、较乐观、一般、较悲观、悲观。50个项目得分在100以下为健康，如超过200则要极其注意。此评价方法虽简单易行，但受情绪影响严重。

自我健康度评价指标 表1-1

性情	1. 乐观～悲观；2. 外向～内向；3. 大胆～胆小；4. 爽朗～忧郁； 5. 协调～敌忾
情绪	1. 舒适～不快；2. 愉快～郁闷；3. 安定感～不安感；4. 高兴～愤怒； 5. 安心～恐惧
评价	1. 过去肯定～否定；2. 现在肯定～否定；3. 未来肯定～否定； 4. 对人信赖～不信任；5. 对居住条件满意～不满意
身体	1. 健康～疾病；2. 自立～需看护；3. 状态好～不好；4. 睡眠好～不足； 5. 运动～不足

续表

精神	1.健全～不健全；2.积极～消极；3.改善～放置；4.理性～放肆；5.审美的～无关心
社会性	1.参加～不参加；2.政治关心有～无；3.经济关心有～无；4.文化关心有～无；5.福利关心有～无
生活习惯	1.饮酒少量～多量；2.吸烟少量～多量；3.口腔卫生好～不好；4.饮食规律～不规律；5.营养丰富～贫乏
家族关系	1.良好～不好；2.信赖感～不信任；3.开放的～封闭的；4.和谐感～孤独感；5.谈话内容丰富～贫乏
单位（学校）关系	1.良好～不好；2.信赖感～不信任；3.开放的～封闭的；4.和谐感～孤独感；5.谈话内容丰富～贫乏
友人关系	1.朋友有～无；2.交流丰富～贫乏；3.扩大倾向～缩小；4.异质～同质；5.亲密～礼节

1.2.2 健康环境

健康环境指环境综合质量符合创造一种身体、精神及社会完好状态的环境，是安全而清洁的环境。“健康的城市是一个在环境方面友好的城市。”（肯·柯林斯，1991）

1.2.2.1 自然环境

“环境中只要有人类介入，自然生态系统就发展为人类生态系统”。城市自然环境是构成城市环境的基础，为城市这一物质实体提供一定的空间区域。

（1）区域环境　指城市所在地区的自然环境条件，主要包括地质、地貌、气候、水文、土壤、生物等几个方面。城市环境的好坏与城市所在区域的环境密不可分。城市应有良好的区域环境，城市建设应尽力避开地质稳定性较差的地区，以防止由于地质灾害，如地震、滑坡、崩塌、泥石流、地面塌陷等的发生对城市生活带来麻烦，影响人的身体健康和生命安全。城市位置往往选择在河流交汇处、高河漫滩、阶地、平原、山间盆地、冲积扇顶部等，土地面积必须广大，足以提供现在和未来的城市发展需要[8]。

（2）自然资源　由于空气污染、水污染、固体废物污染以及噪声污染等都会对人体健康造成极大的损害（表1-2、表1-3），健康城市应注重对城市自然环境的保护，改善空气质量，减少环境污染，为居民提供充足阳光、新鲜空气、安全饮用水，避免噪声。

主要大气污染物对人体的危害[9] 表 1–2

物质名称	对人体的危害
二氧化硫 SO_2	对眼、鼻、喉和肺有强烈的刺激性
硫化氢 H_2S	刺激眼和呼吸器官，高浓度时窒息死亡
二硫化碳 CS_2	头痛、眩晕、刺激黏膜、全身无力、消化紊乱
氟化物 HF、SiF_4	引起牙齿和骨骼病变
氮氧化物 NO_x	刺激呼吸器官，引起咳嗽、头痛、头晕
氯气 Cl_2	刺激眼、鼻、咽喉、可损害肺部
氯化氢 HCl	剧烈咳嗽、呼吸困难，喉部挛缩
一氧化碳 CO	脉慢、头痛、呕吐、呼吸困难
硫酸雾 H_2SO_4	刺激并腐蚀黏膜，引起上呼吸道及肺部损害
铅 Pb	乏力、头痛、食欲不振、精神系统损害
汞 Hg	精神系统损害，焦躁不安、忧郁等

水中的主要污染物及其对健康的影响 表 1–3

污染物	主要健康危害
烟尘及粉尘	呼吸系统疾病、尘肺等
病原菌	痢疾、肝炎、霍乱、血吸虫病、砂眼等传染病疾病
汞	在神经系统中累积造成甲基汞中毒，头晕，肢体末梢麻木，记忆力减退，神经错乱，甚至死亡，还导致胎儿畸形
铅	影响酶及正铁血红蛋白合成，影响神经系统，铅在骨骼及肾中慢性累积，有潜在的长期影响
镉	进入骨骼逐渐替换钙，造成骨痛病，骨骼软化萎缩，易发生病理性骨折，最后饮食不进，于疼痛中死亡
砷	在皮肤、毛发和指甲中积累，可导致急慢性中毒，损害多个器官
铬	铬进入体内后，分布于肝、肾中，出现肝炎和肾炎病症
氰化物	饮用含氰水后，引起中毒，导致神经衰弱、头痛、头晕、乏力、耳鸣、震颤、呼吸困难，甚至死亡
酚类	引起头痛、头晕、耳鸣，严重时口唇发紫，皮肤湿冷，体温下降，肌肉痉挛、尿量减少、呼吸衰竭
可分解有机物	这类污染物为病菌提供生存条件，进而影响人体健康
硝酸盐及亚硝酸盐	引起婴儿铁血红蛋白症，慢性致癌作用
氟化物	氟斑牙、氟骨症
有机氯化物	可在鸟类、鱼类体中大量累积，通过食物链危害人体健康

续表

污染物	主要健康危害
多氯联苯	高脂溶性，可在动物和人体中高度累积，引起中毒反应
多环芳烃	职业性长期接触有致癌作用

资料来源：根据《地球环境与健康》、《城市生态与城市环境》等整理而成.

根据最差（小）因子限制律，整体环境的质量不能由环境诸要素的平均状态决定，而是受环境诸要素中那个与最优状态差距最大的要素所控制。就是说，环境质量的好坏取决于诸要素中处于“最低状态”的那个要素，不能用其余的处于优良状态的环境要素去代替或弥补。为此，健康城市的各项环境质量指标均应力争达到相应标准（表 1-4），以促进人们的健康。

健康城市环境质量标准 **表 1-4**

分类指标	单项指标名称	建议值	参考依据
大气环境质量	SO_2 NO_2 可吸入颗粒物 臭氧水平	≤ 20μg/m³ ≤ 40μg/m³ ≤ 20μg/m³ ≤ 100μg/m³	WHO 的《空气质量标准》（2006）
水环境质量	硬度 人体所需矿物含量 水中溶解氧及二氧化碳 水分子团 水的营养生理功能 pH 值	30 ～ 200 之间 中 适中 小，5 ～ 7 个水分子 强 呈弱碱性（7.0 ～ 8.0）	WHO 的“饮用水指导方针”（GDWQ）
环境噪声	日间等效噪声	繁华市区 <55dB 居住区 <45dB	国外先进城市标准
	夜间等效噪声	繁华市区 <45dB 居住区 <35dB	

健康城市的建设需考虑自然环境的承受力，规划中尽量避免大规模的过度开发对自然界的破坏，以维护生物多样性。在保护自然环境的同时，健康城市应保护与当地居民生活、活动密切相关的自然景色，保护对当地科学文化有促进意义的生境，保护有自然历史价值的地点、地质遗产等[8]。“从公共利益的角度来完整地保护自然景观、地区形象、历史遗存以及自然和文化遗产”。

（3）充足绿量　绿色已成为良好生态环境的象征，“保护绿色植物，其实就是保护生命之源”。城市应有多功能、立体化的绿化系统，由大地绿化、庭院绿化等形成点线面相结合、高低错落的绿化网络，最大程度发挥绿化调节城市空气、温度，美化城市景观和提高娱乐、休闲场所的功能。联合国规定的城市人均绿地标准为 50 ～ 60m^2，绿地覆盖率应达到 50%，但达到或超过这一标准的城市为数不多，我国重要城市的人均绿地面积平均值才 4.2m^2，更是相差甚远[9]。

1.2.2.2　人工环境

（1）城市基础设施　城市基础设施是制约城市环境建设健康发展的“瓶颈”。一个城市的健康发展，没有完善配套先进的城市基础设施建设是不可想象的，否则，这样的城市一定是“生病的城市”或“衰败的城市”。良好的城市基础设施也是吸引“用脚投票”生产要素的一个重要因素，健康城市要根据现代化城市基础设施的要求，完善水、电、气、道路、住房、交通、绿化、环卫等市政基础设施，保证整个城市基础设施系统规划的完整性及城市生命线系统安全，满足产业发展和居民生活的需要。

城市基础设施相对于城市生产、流通、消费等各项主体设施来说，具有建设的超前性和形成的同步性特征。为了同城市生产能力等主体设施能力相同步，城市基础设施建设必须与区域规划相结合超前进行。特别是基础卫生设施建设应具有一定前瞻性，需至少考虑 5 ～ 10 年的动态变化，具有耐久性，以便能在较长时间和较大范围内适用。

基础设施建设应匹配合理、纵横交织、点线相连，按照“布局合理、配套完善、技术超前、整体统一”的原则，需精心周密细致做好规划和实施方案，争取“一次施工、彻底解决”，形成健全、完整的基础设施网络，避免重复开挖和二次建设等浪费现象。其指导方针包括：人的健康优先；基础设施外部效应内部化；3R 原则的落实；在实践中积累经验；用社会、经济、环境的尺度衡量生命循环；减轻对环境的干扰；实现动态平衡；监控潜在的危险等[10]。

健康城市要加大对城市基础设施建设的投入，以多种方式渠道筹集资金，包括各种国际国内的融资、引资等形式，给予积极的多种财政、政策支持。集中有限的资金，主要攻克阻碍发展的最薄弱环节，用于迫切需要解决而又关系全局的重点区域。根据建设和有关部门的要求，这些重点领域主要有以下方面[11]：

1）以治理污染为目的城市污水处理、垃圾处理项目以及污水处理、垃圾处理技术、设备的国产化项目。按照健康城市的标准，城市污水处理率达到 85%；生活垃圾无害化处理率 100%；其他固体废物无害化处理率 60% 以上。

2）以轨道交通为重点的城市道路交通建设项目。

3）严重缺水城市的水源及供水设施建设和大中城市供水管网改造项目以及中小城市和县镇的城市供水项目。

4）以资源保护为重点的风景名胜区建设项目，包括以生态环境建设、生物多样性保护为内容的基础设施建设，城市大环境绿化，城市河道水面整治绿化骨干工程。

5）城市煤改气工程以及集中供热和空调工程项目。

（2）健康建筑

1）“病态建筑” 与健康建筑相对应的是病态建筑，包括：不良建筑物综合征（SBS）、建筑物关联症（BRI）、多元化学物质过敏症（MCS）、高层建筑环境诱发症（光污染、阴影、峡谷风等）等。

不良建筑物综合征（Sick Building Syndrome，简称SBS），是近年来国外提出的一种环境疾病，“为在非工业区主诉具有急性非特异症候群（眼、鼻和咽刺激症、头痛、疲劳、全身不适）的建筑物室内活动者的频数增加的情况。这些症状在离开该建筑物之后能得到改善”（WHO，1982）。这种病症的出现，同人员滞留在病态建筑里面的时间有关。病态建筑综合征的特征有：

①建筑内的人员出现急性不舒适症状，如：头痛，眼、鼻、喉发炎，干咳，皮肤干燥或发痒，头晕，恶心，注意力不集中，疲劳以及对气味敏感等。

②症状原因不明。

③多数有急性不舒适症状的人反映，离开建筑以后，症状很快消失。

产生建筑物综合征的因素有：不适合的通风、空气和污染物的再循环、室内源化学污染物、室外源化学污染物、生物污染物等[12]。

建筑物关联症（Building Related Illness，简称BRI），是医生可以清楚地查出病因的疾病，而且这种疾病同建筑内部的污染情况直接有关。建筑内的人员出现的症状有：咳嗽、胸闷、发热、发冷以及肌肉疼痛等。病人离开建筑后，需要一段时间才能康复。1984年WHO的报告指出，世界上大约有30%的新建筑和更新改造的建筑会使内部人员发生同“室内空气质量”有关的病症。

2）健康建筑 1984年召开的首届健康建筑大会对于“健康建筑”作了如下描述：“……健康建筑不只是应当和与建筑相关联的疾病和不适无缘，更应当真正地促进环境的健康和舒适。除了它的无害化特征外，健康建筑具有良好的热舒适度、空气质量、声光环境、社会属性和美学品质……。”[13] 可以看出，健康建筑关注建筑环境对于人们生理、心理、道德以及社会适应性的影响，强调建筑环境和社会环境的健康性，减轻环境压抑。应考虑：有效地使用能源和资源；提供优良空气质量、照明、声学和美学特性的室内环境；最大限度地减少建筑废料和家庭废料；最佳利用现有市政基础设施；尽可能采用有益于环境的材料；适应生活方式和需要的变化；经济上可以承受[14]。

健康建筑的创作过程实际就是创造能够满足使用者在生理、心理等各方面需要的环境的过程，需遵循无害化原则、舒适化原则和自然化原则[15]。为健康的人们修建由健康建筑构成的健康城市，需要“循环的”而不是“线性的”思考方式：设计应当满足周期性的可持续发展和变化。“循环的”思维方式是大自然运作的方式，它以生长、衰退和更新的模式来进行，并且建立在季节变化的基础之上。从气候逻辑出发和遵循自然脉络两大方面，日本建筑学会和一些设计事务所对于环境创作概念和对应的建筑设计方法进行了归纳[16]（表 1-5）。

环境概念及建筑设计对应方法[16] 表 1-5

<table>
<tr><th colspan="3">环境概念</th><th>建筑设计对应方法</th></tr>
<tr><td rowspan="2">舒适健康的室内环境</td><td>健康的环境</td><td>健康持久的生活环境
优良的空气质量</td><td>使用对人体健康无害的材料，减少 VOC 的使用；
符合人体工程学的设计；
对危害人体健康的有害辐射、电波、气体等的有效抑制；
充足的空调换气量；
夜间换气；
空气环境除菌、除尘、除异处理</td></tr>
<tr><td>舒适的环境</td><td>优良的温湿度环境
优良的光、视线环境
优良的声环境</td><td>对环境温湿度的自动控制；
温湿度的区域可控制系统；
充足合理的桌面照度；
防止建筑间的对视以及室内的尴尬通视；
建筑防噪声干扰；
吸声材料的运用</td></tr>
</table>

使用绿色建材　建筑材料的提取、精炼、加工，材料到工地的运输过程以及建设过程自身都会消耗不可再生资源并产生污染。建筑材料的组合选择要尽可能地减少对环境的危害程度。选择绿色、健康的建筑材料，第一要考虑它在生产过程中耗费的能量。“一种建筑材料能源消耗的程度可以粗略地视为其绿色程度的指示”（Vale and Vale，1991）；第二要考虑材料运输到生产地点及建设工地过程中的能量消耗，尽可能选用本土材料[17]。

健康绿色建材要求在原材料采取、产品制造、使用和废弃处理等四个环节都达到对地球环境负荷最小和有利于人类健康两个目的。有些建材产品即使在使用中满足绿色环保性能，但其生产过程未必节能利废和健康环保。如国家明令淘汰的立窑水泥，不仅其产品性能上与国家鼓励发展的新型干法水泥相差很多，而且在其生产过程中排出的废弃物对环境造成的危害相当严重，往往是一定区域范围的主要工业粉尘源。用这种落后工艺生产的水泥不能叫绿色建材。还有一些建筑涂料、塑料建材制品等在废弃后，或不能资源再生利用，或不能自然降解，或处理过程易造成环境污染危害人体健康，都不能称为绿色建材。根据有关报道，我国在健康材料领域已取得某些进展，如：抗菌玻璃、可净化空气涂料、用轻质墙板取代传统的砖砌墙体等。

创造舒适的室内微环境　为避免引起不良建筑物综合征、建筑物关联症等疾病，健康建筑应消除各种污染源，要对室内污染物，如甲醛、矿物纤维、氡、石棉、氧化氮及一氧化碳、二氧化碳等的浓度做出严格要求，总量不得超过 0.15mg/m^2。根据文献研究表明，人们舒适感的获取由三方面的因素构成：①个人因素：由个人自身控制，个人身体的新陈代谢，衣服的适量与调整，自身的运动；②可测量的环境因素：如空气温度、表面温度、空气流动、空气湿度、空气净化程度、噪声级、照度水平等；③心理因素：如色彩、质感、声音、光照、气味、运动等环境因素对人们心理的影响[18]。

健康建筑内部舒适化环境需要通过一系列的创作手段加以实现，如尽可能采用自然的方法创造适宜人的温度、湿度环境，创造良好的声环境氛围，给使用者提供一个高品质的无害化的室内环境；采取合理的房间尺度、良好的照明系统、提高光舒适度；建立合理的空间布局，提供宜人的空间环境；具备完善的通信系统，使用者可以方便、快捷地与外界沟通等。舒适的室内微小气候，主要涉及温度、相对湿度、气流、新风量、热辐射和空气负离子等[19]。

温度：人体最感舒适的温度在夏季为 25 ～ 26℃，以不高于 30℃为宜，空调控制时以 22 ～ 28℃对人体健康最为有益；冬季室内温度以不低于 12℃为宜，采暖情况下控制在 16 ～ 24℃。

相对湿度：卫生和医学研究表明，夏季相对湿度控制在 40% ～ 80%，冬季控制在 30% ～ 60% 时对人体最为有利。

室内通风：一般而言，在单个人体周围，空气流速为 0.25m/s，普通的人会感到舒适。居室的风速，夏季不应小于 0.15m/s，冬季不大于 0.3m/s 为宜。较理想的室内空气流速为夏季 0.3m/s，冬季 0.2m/s。

新风量：室内应尽量采用自然通风，也可用空气净化装置净化室内空气，尽量做到室内新风量达到每人 30m³/h。

热辐射：当强烈的热辐射持续作用于皮肤表面时，由于对深部组织和血液的加热作用使体温升高，使体温调节发生障碍而造成中暑；当物体温度比人体皮肤温度低时，热量从人体向物体辐射，使人体散热。人体对负辐射的反射性调节不很敏感，在寒冷季节容易因负辐射丧失大量的热量而受凉，产生感冒症状。

空气负离子：空气负离子具有除尘、灭菌作用，能通过皮肤和呼吸道进入肺部、血液，促进人的新陈代谢，被誉为“空气维生素”。在负离子多的环境里易消除疲劳、倦怠，改善睡眠，预防感冒和呼吸道疾病，改善心、脑血管疾病的症状。研究表明，空气负离子在田野上空为 700 ～ 1000 个 /cm³，在山谷瀑布附近有 2000 个以上，在海滨和森林地区达数千至数万个，而城市上空只有 100 ～ 200 个，住宅内仅有 40 ～ 50 个。

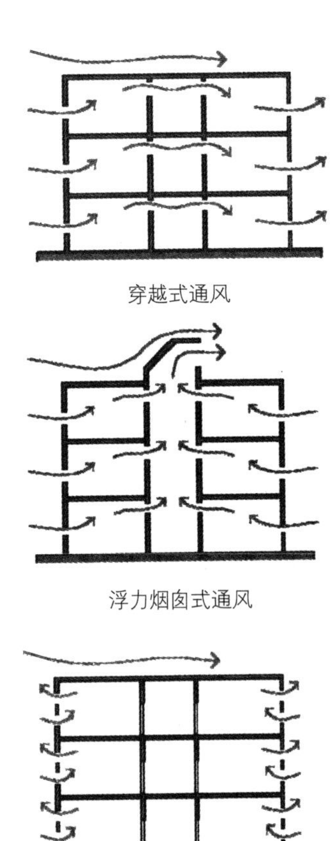

图 1-4　建筑自然通风的方式 [12]

提倡自然的采光与通风　在健康建筑中运用自然体系的目的是为了最大限度地获取和利用自然采光和自然通风。研究结果表明，在自然通风的建筑环境中产生各种病症的概率要远低于采取空调系统的建筑 [20]。SARS 期间，香港淘大花园内疾病的迅速传播也说明了自然通风的重要性。美国 J. Roben 对采用不同通风系统的房屋做了调查，结果表明，自然通风效果最好，机械通风次之，全空调效果最差。同机械通风相比，在同等室内空气质量的情况下，自然通风不但能减少基建投资和运行费用，而且可降低能耗，减少对环境的污染，有利于使用者的健康和疾病的预防，从而可提高劳动生产力，减少医疗费用。自然通风建筑在欧洲和美国越来越普遍，自然通风技术日益受到重视，自然通风主要有穿越式通风、浮力烟囱式通风、单侧式局部通风三种方式（图 1-4），在建筑设计中，通常是混合采用上述三种通风方式以满足房屋通风要求。“自然通风技术是可持续的技术，是节能和减少建筑运行开支的技术，是有利于疾病防治和有益于人的健康的技术，我们应当加强研究，重视它的推广和应用。”[12]

实现人工环境自然化　阿尔瓦·阿尔托曾说，“建筑永远不能脱离自然和人类要素，相反，它的功能应当是让我们更贴近自然。”[21] 健康建筑应当尽可能多地将自然元素引入到使用者身边，满足现代人回归自然的心理渴望，体现自然化的创造原则。在健康建筑的设计与建设中，应有目的地引入自然元素以实现人工环境的自然化。植物、水体、山石等要素与建筑环境的融合，能赋予人工环境以自然的勃勃生机。马来西亚建筑师杨经文认为应将建筑看作是生命循环系统的有机部分，将生物气候学的理念引入到高层建筑的设计中，结合东南亚的气候条件形成一套独特的设计理念和手法，试图发挥自然元素的美学、生态学和能源保护等方面的作用，将绿化引入到高层建筑中，并发展了并置、混杂与整合等三种竖向绿化模式[22]。

1.2.3　健康社会

健康城市的发展建设需要一个宽容、稳定的社会环境，需要社会成员之间和谐、安宁的互动。

1.2.3.1　和谐型社会

人类理想社会是“每个人都有机会发挥其可能有的天赋，只有这样，个人才能得到他应该有的满足感，也只有这样，社会才可能最大限度的繁荣”(A.Einstein)。和谐社会是充满生机和活力的社会，是团结和睦的社会，强调多民族、多元文化的共生，要求体现以下三个层面的协调：

（1）社会发展的和谐问题　要实现经济增长、社会进步、环境和谐之系统集成的整合发展[23]。由于发展所涉及的经济、社会、环境三个领域具有各自的价值趋向：经济发展要考虑效率增长，社会发展要考虑公平分布，环境建设要考虑生态平衡，这三个方面的发展有时是冲突的，因此，整合协调发展不是要求各个系统各行其是，而是要关注各个目标之间的交互作用和协调平衡，不是机械式地要求三个方面同时追求最优，而是要追求在一定背景条件下有一定匹配关系的整体最优。

（2）社会关系的和谐问题　要处理好社会各阶层的矛盾冲突，协调人民内部矛盾和各种利益关系，实现社会公平与公正。社会关系的和谐是构建和谐社会的基础，其中，人和人的关系是社会和谐的核心问题，要达到和谐的人际关系应遵循两条原则：包容性原则，即允许多元的存在；公平性原则（顾文选，孙玉文．2005）。健康和谐的社会关系，要求社会成员之间保持一种和谐、安宁的健康互动关系，即公共部门（政府、医疗保健机构、城市规划、交通、教育等部门）、私人部门（企业）和城市居民相互作用达到的一种平衡状态。

健康的社会关系的重点是普遍、共享的社会福利。健全社会保障体系，完善失业、养老、低保、工伤、生育、医疗等保险制度，不断增强社会保障能力；营造良好的创业与就业氛围，巩固发展生产安全、生活安定的社会局面；深化精神文明建设，弘扬社会公德、职业道德、家庭美德，丰富市民文化娱乐生活；营造诚信和谐、平等互惠、竞争合作、积极向上的社会风气。

（3）人与自然的和谐问题　强调人和自然的和谐共生，承认自然界本身具有发展权，合理利用大自然赋予的资源，减少对大自然的负面影响和生物破坏，实现人与自然的互利共生和协同进化。前欧共体委员会主席稚克·德洛尔主张："我们应该学会尊重自然界本身，而不是单纯地让自然满足我们自身的需要，应该给自然环境以'公民的身份'，从开发利用自然转变为保护保存自然，在人和自然之间建立起协调关系、伙伴关系。"人与自然不和谐的原因，一方面在于自然资源的稀缺性；而另一方面则根源于人类不同群体的利益差别和开发自然资源的盲目性。

社会主义和谐社会，应该是民主法治、公平正义、诚信友爱、充满活力、安定有序、人与自然和谐相处的社会（胡锦涛，2005）。民主法治，就是社会主义民主得到充分发扬，依法治国基本方略得到切实落实，各方面积极因素得到广泛调动；公平正义，就是社会各方面的利益关系得到妥善协调，人民内部矛盾和其他社会矛盾得到正确处理，社会公平和正义得到切实维护和实现；诚信友爱，就是全社会互帮互助、诚实守信，全体人民平等友爱、融洽相处；充满活力，就是能够使一切有利于社会进步的创造愿望得到尊重，创造活动得到支持，创造才能得到发挥，创造成果得到肯定；安定有序，就是社会组织机制健全，社会管理完善，社会秩序良好，人民群众安居乐业，社会保持安定团结；人与自然和谐相处，就是生产发展，生活富裕，生态良好。

中国共产党第十六届中央委员会第六次全体会议公报指出，建设和谐社会应坚持以人为本、坚持科学发展观、坚持改革开放、坚持民主法治、坚持正确处理改革发展稳定的关系、坚持在党的领导下全社会共同建设。和谐社会应以解决人民群众最关心、最直接、最现实的利益问题为重点，着力发展社会事业，促进社会公平正义，建设和谐文化，完善社会管理，增强社会创造活力，走共同富裕道路，推动社会建设与经济建设、政治建设、文化建设协调发展。

1.2.3.2 学习型社会

在新经济时代，学习已成为每一个人的生活方式。“处在今天逐渐复杂纷乱的世界，每个人以及所有的社区，都必须能够持续发展与使用各种不同的知识架构、价值体系、智力结构和技能。对于终身学习需要透过较为广泛的观点，赋予新的意义。学习不再只是一种仪式，也不仅是关联于职业需要而已。”（UNESCO，1999）。健康的社会应是全民学习、终身学习的学习型社会，以促进人的全面发展。

学习型社会具有如下特征[24]：

（1）开放的社会　包括面向国际的经济、文化和社会交往的开放；国内各地区、各城市、各民族之间的开放；组织与组织之间跨国界、跨地区、跨行业的合作与交流；人与人之间的坦诚、友善和沟通。

（2）快速学习的社会　全面提升学习效率的唯一途径就是速度，比竞争对手学习速度更快是唯一持久的竞争优势。

（3）终身自由学习的社会　学历有终点，学习无止境。终身自由学习是将学习作为生活的核心内容，不仅在学校，而且在更广泛的空间接受教育；不仅学习知识和技能，而且要学会认识、学会做事、学会共处和学会生存。

（4）知识便利化的社会　打破知识疆界，使资讯随手可得，知识在全社会畅通流动，而且更加专业化和个性化，提高知识共享程度。

1.3 健康城市的标准与指标体系

1.3.1 健康城市的标准

创建健康城市不是单纯为降低城市市民的死亡率和患病率，不断提高市民生命质量和生活质量，才是创建健康城市的根本目的。由于健康城市是作为一个过程而非结果被界定的，因此城市市民的健康状态并不是唯一的衡量标准，达到预先规定的某一特定健康状况水准的城市未必就是健康城市。

1996年4月5日，WHO根据以往各城市开展健康城市活动的经验，公布了健康城市的10项标准。

（1）为市民提供清洁安全的环境（包括住房）。

（2）为市民提供可靠和持久的食品、饮水、能源供应，具有高效的垃圾处理系统。

（3）通过富有活力和创造性的各种经济手段，保证市民在营养、饮水、住房、收入、安全和工作方面的基本要求。

（4）拥有强大有效且相互支持的社区，其中各种不同的组织能够为了改善城市健康而协调工作。

（5）能使其市民一道参与制定涉及他们日常生活，特别是健康和福利的各种政策。

（6）提供各种娱乐和休闲活动场所，以方便市民之间的沟通和联系。

（7）保护文化遗产并尊重所有居民（不分其种族或宗教信仰）的各种文化和生活特征。

（8）把保护健康视为公众决策中不可缺少的组成部分，赋予市民选择有利于健康行为的权利。

（9）不懈努力争取改善健康服务质量，并使更多市民享受健康服务。

（10）使人们更健康长寿，更少受疾病的困扰。

健康城市的内涵是丰富的、动态的、富有个性的。世界上没有完全统一、一成不变的健康城市标准。建设健康城市要基于地方经济和社会发展水平，基于市民健康状况和健康需求，基于地方特色。健康城市是对健康的认识并一直努力改善它，不管目前的卫生状况怎么样，每个城市都能够成为健康城市，所需要的是对健康的承诺和获得健康的结构和程序方法。

1.3.2 健康城市的指标体系

健康城市的建设是一项中长期行动，必须分阶段，按计划实施，不同阶段会有不同的侧重点与阶段目标。各个城市由于受地理、历史、文化、经济等因素的影响，很难用统一的指标来衡量。但为协助各国建立可量化评估的健康城市指标，使各城市能利用健康指标来分析各自城市的健康状态及其变化，同时便于与其他城市进行客观的比较分析和参考借鉴，WHO 首先与 47 个欧洲城市初步研拟出 53 个健康城市指标，包括卫生健康、公共医疗服务、环境、社会经济四方面[25]，经进一步讨论可行性后删修为四大类 32 个可具体量化的健康城市指标（表 1-6），作为各城市建立自己城市健康指标的基础。

WHO 的健康城市指标 表 1–6

类别	指标
A. 健康指标	A1 总死亡率：所有死因 A2 死因统计 A3 低出生体重
B. 健康服务指标	B1 现行卫生教育计划数量 B2 儿童完成预防接种的百分比 B3 每位医生所服务的居民数 B4 每位护理人员服务的居民数 B5 健康保险的人口百分比 B6 基层健康照顾提供非官方语言服务的便利性 B7 市政府每年检查健康相关问题的次数
C. 环境指标	C1 空气污染 C2 水质 C3 污水处理率 C4 家庭废弃物收集品质 C5 家庭废弃物处理品质 C6 绿化覆盖率 C7 绿地的可达性 C8 闲置的工业用地 C9 运动休闲设施 C10 步行区 C11 自行车专用道 C12 大众运输座位数 C13 大众运输服务范围 C14 生存空间
D. 社会经济指标	D1 居民居住在不合居住标准房屋的比例 D2 无家可归者人数 D3 失业率 D4 收入低于平均水平的比例 D5 可照顾学龄前儿童的机构百分比 D6 小于 20 周、20 ～ 34 周、35 周以上婴儿成活率 D7 堕胎率（相对于每一活产数） D8 残疾人工作的比例

基于健康城市的未来属性[26]，WHO 只能对健康城市做出“工作性界定”，而无法对其具体状态和参数做出普遍适用的规定。WHO 曾指出，“（对健康城市的）评价是从经验中学习，吸取改善现状行动的教训，并通过未来行动的谨慎选择来促进更好规划的一种途径。”[27] 因而，评价标准不是目标，关于健康城市的其他量化指标，也同样只是一种工作手段。

各个城市可在 WHO 指标基础上，依据城市自身的基本条件和发展水平，针对城市存在的主要不健康因素，结合健康城市的原则、标准及自身期望预期达到的成效，制定出符合自身发展的具体指标体系，循序渐进地解决给市民健康带来挑战的各种影响。如加拿大，1990 年代学者们兴起了“推进健康知识发展”的运动，从物质环境、社会环境和个人行动等方面提出了主观与客观的评价体系，建立了适用于加拿大的健康城市指标体系（表 1-7）。该指标评价体系既可运用于健康城市，又可运用于健康社区，在北美地区得到了广泛的认可[28]。

加拿大的健康城市评价指标[24] 表 1-7

序号	指标
1	无家可归家庭的百分比
2	低于标准住宅水平的住宅百分比
3	失业的百分比
4	贫困人口的百分比
5	每年 NO/SO_2 水平超过 WHO 标准的天数
6	相关的骚扰指标（噪声、清洁、没有难闻的气味）
7	能在 10 分钟内步行到公园或公共开敞空间的老人百分比
8	认为凭体力到达当地食品商店“很困难”的人的百分比
9	经常或总是感到“很孤独”的人的百分比
10	每 1000 人中的暴力犯罪率
11	能够“相当好”或“很好”地控制影响自身健康和家庭成员健康的条件的人口百分比
12	每天都吸烟的人口百分比
13	具有“相当高”或“很高”自尊心的人口百分比
14	因酗酒而造成的交通事故百分比
15	积极从事自我照顾活动的人口百分比
16	禁止吸烟或控制吸烟的场所的百分比
17	是否有跨部门的健康社区战略组织
18	市长或有关部门领导是否有关于健康社区战略或健康社区工程的承诺
19	居民废弃物的循环处理的百分比
20	参与健康组织、社会公平组织或环境保护组织的人口百分比
21	认为健康状况“相当好”或“很好”的人口百分比
22	每人每年中行动不便（无法完成日常的工作或日常生活）的天数
23	出生时体重在 2500 克以下的婴儿百分比

续表

序号	指标
24	7 岁儿童对白喉、破伤风、脊髓灰质炎有完全免疫力的百分比
25	1000 人中每年感染沙门氏菌的比率
26	心血管疾病的死亡率
27	夜间在邻里间步行感到有安全感的人口百分比
28	对生活在城市感到“相当好”或“很好”的人口百分比
29	有关部门是否对残疾人有相关的政策
30	每天感到焦虑、失望、悲伤或极度疲劳的人口百分比
31	每 1000 名居民（1 岁 ~70 岁）的生命潜在损失年份
32	交通事故的死亡率

健康城市的指标体系应是一种根据各地情况的选择性指标；是一种逐步改善的进展性指标[29]。健康城市指标体系的制定要符合国际标准、适合国情市情、围绕健康中心、简明易懂、科学和可操作性等原则，一般要经过筛选、论证和确定三个阶段[30]（图 1-5）。

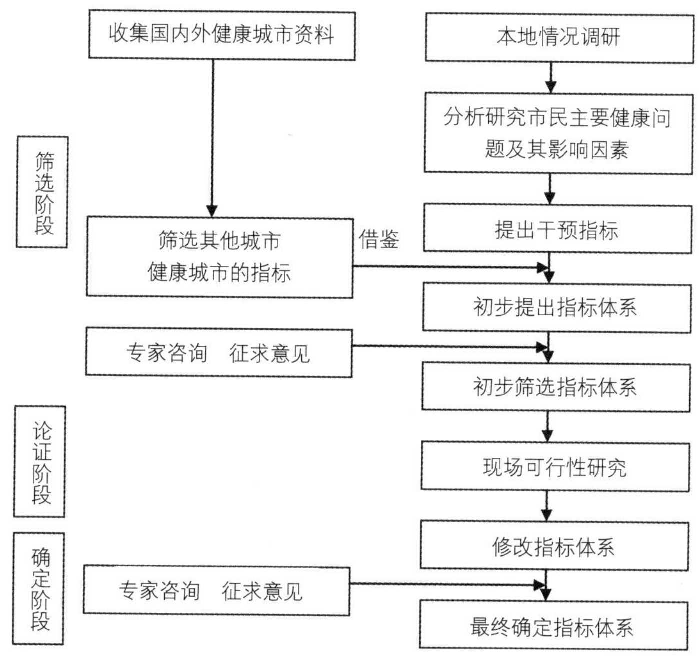

图 1-5　健康城市指标体系制定技术路线图

目前，衡量一个城市健康状况的参数，已从环境保护和自然环境质量这些传统的参数，发展为死亡率、发病率、治疗和预防服务质量等“硬”参数以及表明文化程度、群众参与水平、部门间合作程度和相互支持水平等“软”参数。基本指标有以下 13 项：①人口统计学。②自然环境的质量，包括环境污染程度，基础设施的质量和住房的质量。③当地经济发展状况，包括失业水平。④社会环境质量，包括社会心理紧张水平和社会支持服务质量。⑤人身安全。⑥环境美化程度和生活质量。⑦适当的教育。⑧社区服务水平和社区群众参与的程度。⑨各部门间合作及强调公共卫生政策的程度。⑩健康促进指标，如参加锻炼的情况、饮食习惯、饮酒和吸烟情况。⑪保健服务质量。⑫传统的健康指标，包括死亡率和发病率。⑬市民平等的享受健康的权力。

健康城市指标应是具有广泛性、系统性、科学性、计划性、前瞻性、进行性、发展性、评价性的综合组合，其指标选择应建立在质和量两方面数据的基础上，使我们能对城市以及市民的健康状况有统计学上的认识。结合我国具体情况，借鉴 WHO 的指标体系以及国内外各城市的具体执行指标，建议我国健康城市的基本评价指标体系应包括健康人群、健康环境、健康社会及健康服务四大方面（表 1-8），共 35 项具体执行指标，并分别明确主管部门与协助部门。

健康城市是城市发展的理想目标，参加健康城市建设的任何一个具体城市都很难完全达到健康城市的标准。在评估健康城市时，实施过程和结果同样重要。评估健康城市时，不一定要达到一个统一、特定的标准（国际上也没有统一的要求），而是要求该城市将其作为一个重要议题进行研究，并采取措施努力实施。在健康城市建设中，人们更注重实施过程，这一过程指标包括协作关系（社区团体、非政府组织、相关的协会、市政机构）的形成、每个阶段完成的日期、实际所做的工作（如举行会议的次数、参加会议人数、会议成果）等。

健康城市的评估要注重“社会评价、市民评判、科学数据评定”的“三评”要求，在评价过程中做到评估主体内外结合，注重客观性；评估方法定量和定性结合，注重科学性；评估内容点与面结合，注重操作性；评估指标过程与效果相结合，注重全面性。在评估的具体实施过程中，要从自我评估、上级评估和外部评估三个层面上进行，同时在开展科学评估的过程中，要突出规划评估、过程评估、效果评估以及评估方法等四个关键环节[31]。

健康城市的基本指标体系 表 1–8

类别	指标	主要部门	协助部门
健康人群	人均健康期望寿命	市卫生局	市统计局
	低出生体重婴儿比例	市卫生局	市计划生育委员会
	慢性非传染性疾病患病率和死亡率	市卫生局	市统计局
	定期进行健康体检的人口比例	市卫生局	市健康办、各市（区）
	坚持体育锻炼的人口比例	市体育局	市健康办、各市（区）
	每天吸烟的人口比例	市卫生局	市健康办、各市（区）
	主观健康感好的人口比例	市卫生局	各市（区）
	居民对健康城市理念和健康常识的知晓率	各市（区）	市健康办、各市（区）
	大学及其以上学历的人口比例	市教育局	市统计局
健康环境	每年 NO/SO_2 水平超过 WHO 标准的天数	市环保局	各市（区）
	噪声、气味、清洁度等可感知的骚扰指标	市环保局	各市（区）
	绿地率	市园林局	各市（区）
	人均公共绿地面积	市园林局	各市（区）
	能在 10 分钟内步行到公园或公共开敞空间的老人比例	市规划局	市园林局、各市（区）
	污水处理率	市市政局	市环保局
	垃圾分类回收处理率	市市政局	市环保局、各市（区）
	公共交通站点平均覆盖率	市交通局	市规划局
	每 10 万人拥有体育文化设施数量	市体育局、教育局	市规划局
	符合健康建筑标准的公共建筑比例	市建设局	市环保局
健康社会	贫困人口比例	市民政局	市劳动和社会保障局
	失业率	市发展改革委员会	市统计局
	基尼系数	市发展改革委员会	市统计局
	人均绿色 GDP	市发展改革委员会	市统计局
	居住在低于标准住宅面积房屋的人口比例	市民政局	市统计局、市建设局
	参与健康组织、环境保护组织等非政府组织的人口比例	市民政局	各市（区）
	对残疾人、老年人实施照顾的相关政策	市劳动和社会保障局	市民政局

续表

类别	指标	主要部门	协助部门
健康社会	交通事故发生率和死亡率	市交通局	市公安局
	刑事案件发案率	市公安局	各市（区）
	公共场所控烟比例	市健康办	市文广局、各市（区）
健康服务	卫生支出占一般性财政支出的比例	市卫生局	市财政局
	社会医疗保险覆盖面	市劳动和社会保障局	市卫生局
	社区卫生服务机构覆盖率	各市（区）	市卫生局
	千人拥有执业医师数和卫生机构床位数	市卫生局	各市（区）
	儿童预防接种比例	市卫生局	各市（区）
	健康教育的开展情况	市健康办	市卫生局、各市（区）

CHAPTER 2

第2章　健康城市建设的理论基础

2.1　健康促进理论

健康促进理论是一门跨学科的综合性学科体系，是从研究人们如何控制和提高自身健康的实践中而提炼出的理性认识，是解释健康行为和指导健康促进实践的系统方法，是一种解决公共卫生问题的思想框架。

2.1.1　“健康促进”的提出

“健康促进”一词早在1920年代就出现在公共卫生文献中，但直到1980年代，才作为新的完全社会化的概念迅速发展起来。自1986年以来WHO召开了9次健康促进国际会议（表2-1）。

历届健康促进国际会议　　表 2-1

	时间	地点	主要议题
第 1 次健康促进国际会议	1986 年	加拿大渥太华	走向新的公共卫生，通过《渥太华宣言》
第 2 次健康促进国际会议	1988 年	澳大利亚阿德莱德	健康的公共政策
第 3 次健康促进国际会议	1991 年	瑞典松兹瓦尔	有益健康的支持性环境
第 4 次健康促进国际会议	1997 年	印度尼西亚雅加达	新时代的新伙伴：领导健康促进走入 21 世纪
第 5 次健康促进国际会议	2000 年	墨西哥墨西哥城	健康促进：缩小公平性差距
第 6 次健康促进国际会议	2005 年	泰国曼谷	会议通过了旨在促进人类健康的《曼谷宪章》
第 7 次健康促进国际会议	2009 年	肯尼亚内罗毕	健康促进与发展　解决实施障碍
第 8 次健康促进国际会议	2013 年	芬兰赫尔辛基	将卫生纳入所有政策
第 9 次健康促进国际会议	2014 年	中国上海	健康促进推动可持续发展目标的实现——人人享有，人人参与

健康促进理念的兴起主要是由于医学模式的转变：从以疾病为中心转移到以健康为中心；从个体服务转移到以社区为基础的群体服务；从对疾病的干预转移到对影响疾病的危险因素的干预；从生物学因素转移到生物、心理、社会因素；从卫生部门单独承担转移到全社会所有部门共同承担；从防、治分离转移到预防、保健、临床、康复、计划生育技术和健康教育一体化服务；从单一的疾病预防资源转移到综合性利用资源（孔宪法，2005）。由于“生物—心理—社会”医学模式的建立，冲击了人们受传染病影响而长期形成的“单元论”的思维定势，使人们能够全方位地把握人乃至疾病和健康的问题。人们注意到行为生活方式绝不是孤立的现象，它在很大程度上取决于社会与自然因素的制约。实现“人人健康”不单是卫生部门承担的义务，还必须把社会、团体、个人的参与和政府政策等环境的支持结合起来，形成一个有机整体，树立“大卫生”的观念，共同参与健康，促进社会健康目标，提高全社会健康水平。

1989 年，关于健康促进、公共宣传与卫生教育的 WHO42.44 号决议紧急呼吁会员国根据《阿拉木图宣言》以及第1次和第2次健康促进国际会议的精神，制定健康促进和健康教育战略，作为初级卫生保健的基本内容，并呼吁总干事支持会员国加强在健康促进各个方面的国家能力。在1998年，关于健康促进的51.12号决议敦促会员国对健康促进政策和实践采用以证据为基础的方法，并利用所有各种定量和定性的方法。决议还要求总干事把健康促进作为世界卫生组织的最高重点[32]。这些会议奠定了健康促进理论的基础。

“健康促进是促进人们维护和改善自身健康的全过程，是协调人类和环境的战略，规定个人和社会对健康各自所负的责任。”（《渥太华宪章》，1986）。1995年WHO西太区办事处发表的《健康新地平线》也指出“健康促进是指个人与其家庭，社区和国家一起采取措施，鼓励健康的行为，增强人们改进和处理自身健康问题的能力”。美国健康教育学家劳伦斯·格林教授则认为：“健康促进是指一切能促使行为和生活条件向有益于健康改变的教育和环境支持的综合体。”其中，教育是指健康教育，环境是指人类物质社会环境和与其健康息息相关的自然环境；而支持即指政策、立法、财政、组织、社会开发等各个系统。从对健康促进概念的阐释中可以看出，健康促进虽源于健康教育，但大大“超出了健康教育的范围，其概念也比健康教育更为广义。”[33]

2.1.2 健康促进的活动领域

健康促进是一种先进的公共卫生概念，其以个人、群体的行为改变和环境改变为着眼点，是全球第二次卫生革命（新公共卫生运动）的核心策略。健康促进“超越了卫生保健行动，这需要结合社会和经济的发展，再建卫生与社会改革的纽带。这也是过去十年间世界卫生组织政策所强调的一个基本原则。”（《阿德莱德宣言》，1988）在将健康促进提高到世界卫生最高点的同时，WHO明确了健康促进是初级卫生保健的重要内容。

健康促进不同于宣传鼓动，它要求群众认知、相信和见诸行为改变，此心理过程与群众的经济、社会、文化教育、风俗、习惯、年龄、性别、职业乃至个人身心状况都密切相关，必须权衡上述变量，做出科学决策，才能收到预期的效果。健康促进具有约束性、群体性、更强调疾病的预防以及广阔性等特征[34]，其主要涉及五大活动领域：

（1）制定能促进健康的公共政策。健康促进已超过单一的卫生保健范畴，把健康问题提到各个部门、各级政府和组织的议事日程上，使各级决策者意识到所做的决策对健康影响的后果及承担的责任。

（2）创造支持性环境。健康促进必须创造安全的、满意的、愉快的生活环境和工作条件，系统地评估环境变化对健康的影响，以保证社会和自然环境有利于健康的发展。建立健康的支持性环境是健康促进的重要目标之一。

（3）强化社区行动。充分发动社区力量，社区人们有权决定自己需要什么以及如何实现其目标，真正使他们积极有效地参与卫生保健计划的制定和执行，帮助他们认识自己的健康问题，并提出解决问题的办法，挖掘社区的人力、物力资源。

（4）发展个人技能。通过提供健康信息、健康教育以提高人们做出健康选择的技能，来支持个人和社会的发展，使人们能够更好地控制自己的健康和环境。

（5）调整健康服务方向。健康促进中的保健服务责任由个人、社会团体、卫生专业人员、医疗保健部门、工商机构和政府共同承担，采取多部门、多学科、多专业的广泛合作，强调个体与组织的有效和积极参与，共同建立一个有助于健康的卫生保健系统。

2.1.3 健康促进的基本框架

由于健康促进涉及整个人群的健康和人们生活的各个方面，而不仅仅是针对某些疾病或者某些疾病的危险因素，因此其战略、模式和方法就不局限于特定的健康问题，不局限于特定的一组行为，而适用于所有年龄组的不同人群、高危因素、疾病和环境，更强调疾病的预防。健康促进不仅在改进教育、社区发展、政策、立法和规章等方面做出的努力对预防传染病是有效的，而且对处理非传染病的重大风险（不健康的饮食、烟草使用、习惯于久坐的生活方式以及酒精滥用）和预防损伤、暴力与精神疾病也同样是有效的。

影响人类健康的因素是复杂多样的（图 2-1），而且生活方式、遗传 / 人类生物学因素和环境等因素在决定人群的健康时并不起同等重要的作用。对于每一个不同的人群来说，健康都受到上述决定因素不同组合后综合作用的影响。国际健康促进和教育联盟（IUHPE，2000）发表报告，就近 20 年来卫生、社会、经济和政治对健康促进影响的证据进行了评估。总的来说，适当结合长期的干预措施能对人群的健康产生广泛、持续的效果；而短期的干预措施（健康宣教、卫生保健）在花费相对较高的情况下，能获得更集中的健康收益（通常是疾病、性别和年龄特异性的）。为此，建设健康城市必须通过健康促进对健康的远期和近期决定因素均加以干预[35]（图 2-2）。

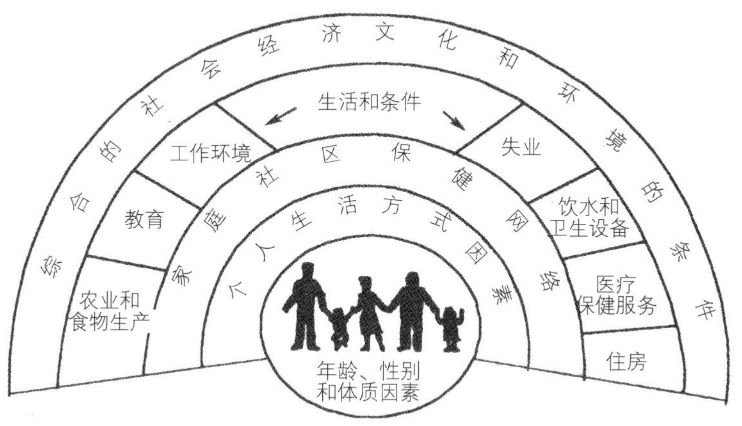

图 2-1　影响健康的因素

资料来源：转引自 Plymouth Draft Document

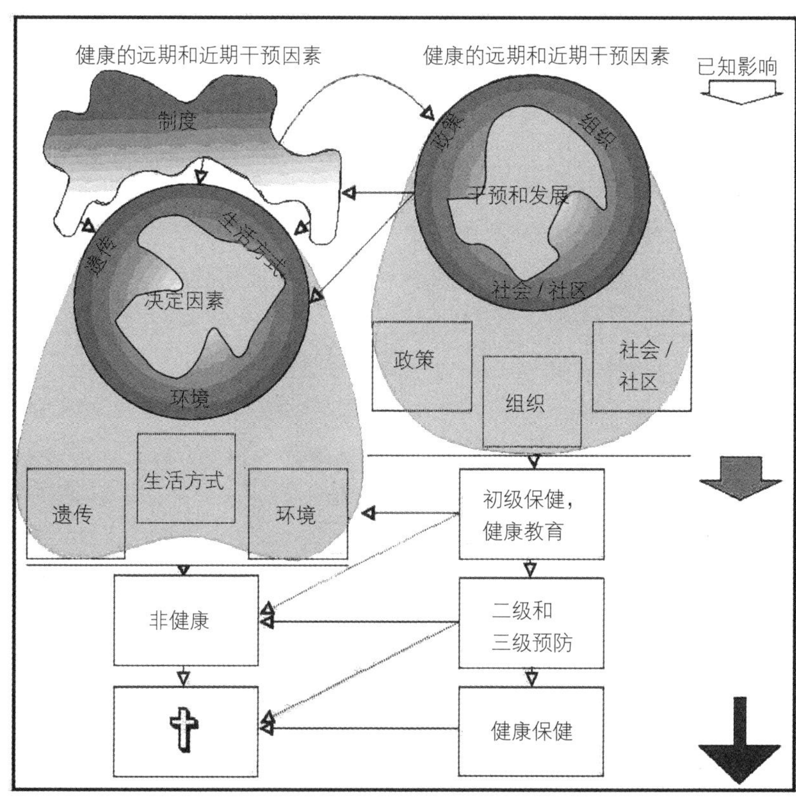

图 2-2　健康的远、近期决定因素与干预因素 [35]

健康促进实践的组织和工作可概括成五个组成部分：政策和结构改革、人力资源开发、监测、干预和评价。这五个组成部分各有独自的工作范畴又相互联系。干预是五个组成部分的核心，其他四个部分为干预保驾。健康促进项目的开展即以此为基础[36]。

通过结构改革，建立一个职责分明、协调有序的组织管理系统，它是实施健康促进项目的组织保证。政策改革可为不同部门和组织提供协调行动的指导原则，形成实施项目的良好政治环境。健康促进强调需要政府部门在组织、政策、经济、法律等方面的支持。

人力资源开发是对社区和组织、专业人员和基层卫生工作人员进行健康促进能力的建设过程，是社区动员的重要组成部分。

监测（死亡、行为危险因素、环境监测）为确定问题、制定目标和策略、评价干预的作用和效果提供科学数据和资料。

干预是创建支持健康的物质和社会环境，促使人们行为改变、建立健康的生活方式的主要手段。

评价是科学地说明项目策略和活动的实际执行情况以及它们的价值，以便从中总结经验教训，不断改进项目的计划和策略的重要途径。

城市作为能安排必要的资源、有着广泛的职责分工、工作网络最分散的管理层次，最适合于支持多部门间的合作，促使人们采取有效的措施。因此，城市是开展健康促进最适合的地方，健康城市的本质就是城市的健康促进。

2.2 公民社会理论

以国家和社会分离为基础的近代公民社会概念形成于 17 ～ 19 世纪，从 1980 年代后期，特别是在 1989 年苏东剧变后，在学术界再度盛行起来，其理论研究逐渐成为当代世界一股重要的社会政治思潮。公民社会理论的哲学渊源和代表人物为：洛克（Locke）的社会自由观、托马斯·潘恩（Thomas Paine）的亲市场观、托克维尔(Tocqueville)的自愿原则的公民社会观、黑格尔(Hegel)的有机论。受这四种哲学渊源的影响，当代关于公民社会的讨论又可分为社会学派、政体学派、新自由主义学派、后马克思主义学派等四个不同的学派[37]，主要致力于研究公民社会的结构性特征和文化特征以及公民社会和国家之间的关系。

2.2.1 公民社会

“Civil Society”有三种中文译法：“公民社会”、“市民社会”、“民间社会”，这三种译名事实上存在一定的差别。“公民社会”是改革开放以后的新译名，强调公民对社会政治生活的参与和对国家权力的监督与制约，为多数学者所认同[38]。

“公民社会”一词虽被广泛应用，但由于其内涵不断丰富和深化，具有多义性和模糊性特征，对其构成要素的判别要取决于对这一概念的不同解读。近现代西方社会学界对“公民社会”一词的理解主要是围绕政治国家和公民社会的关系定位上展开的。1980年代，以哈贝马斯为代表的公民社会理论把公民社会分成了私人领域和公共领域两个系统，并突出了公共领域在民主宪政中的作用[39]。私人领域是指市场规律起作用的经济生活领域；公共领域则是各种非官方的团体及媒介、党派等构成的社会文化生活领域，为人们提供了讨论公共事务的论坛，在一定程度上是对孟德斯鸠的权力制衡说的补充和完善。它的重要性在于：一是促进社会整合和群体认同，促进公民社会内部和谐，表现在对每个个体人的最根本的承认；二是为国家和政治子系统奠定合法基础。

进入1990年代，对公民社会的内涵有一个从国家—社会的二分法向国家—市场—公民社会的三分法的转变过程。三分法是将非国家性质的私人经济关系作为独立的领域从公民社会中剥离出去，更突出志愿性社团组织在公民社会的中心地位。近年来，以三分法为基础的公民社会定义逐渐被学术界接受。其中戈登·怀特（Gordon White）的定义最具代表性：公民社会是国家和家庭之间的一个中介性的社团领域，这一领域由同国家相分离的组织所占据，这些组织在同国家的关系上享有自主权并由社会成员自愿结合而形成，以保护和增进他们的利益或价值[40]。邓正来则将中国公民社会定义为，“社会成员按照契约性原则，以自愿为前提和自治为基础进行经济活动、社会活动的私域，以及进行议政参政活动的非官方公域。”[41]

公民社会具有相对于国家的独立性和自主性，强调公民社会与国家之间的良性互动。由于公民社会力量能够延伸到市场力、政治力不及的边界，填充市场和政府以及两者的任意组合所不达的空间，因此，公民社会不仅是社会经济活动的重要协调者，同时也是推动社会经济发展的重要力量。尤其在法治不显的国家中，民间自助组织和团体在社会贫困、社会治安、环境保护等领域发挥着政府和市场无法替代的作用。现实的社会经济活动协调是在市场、政府、市民社会三者间互动中完成。以斯通、罗根为代表的“政体理论”认为，城市发展受市场力、政府力和社会力三种基本力量推动[42]。一方面，在市场经济环境下，发展资源是由私有部门（市场力）控制，私有部门的“用脚投票”决定着城市经济发展的命运；另一方面，政府的合法性源自人民（公民社会），公民社会的“用手投票”决定城市政府未来命运。在“吸引投资促进经济”和“让广大市民分享到经济发展的利益”之间寻找平衡，是“政体理论”关注的核心[43]。

公民社会与政治国家的分离是个人自由发展的制度基石，“公民社会是现代社会生活的一个特殊部分，它为每一个人的参与而敞开，尽管每一个人在其中并不同等地参与”[44]。人只有通过政治行为参与公民社会，才能激活和维持他的自我完整性、平等和自由。公民社会是营造和谐的必要条件（徐贲，2005），首先表现在对每个个体人的最根本的承认，每一个个人都不可以被任何人当作手段利用，每一个成员都与任何他人一样，是自由、平等和尊严权利的最终持有者。“决不拿别的个人当手段”，可以说是揭示了公民社会的真谛。正如，兹别克涅夫·鲁在《东欧和苏联公民社会的重新崛起》一书序言中所说的，公民社会是一种有别于专制国家组织的“个人形成的自愿结合，以参与政治生活而形成的道德群体。”[45] 其次，自愿结合是社会和谐的根本表现，这种结合不是因为强行组织而结合，而是为共同营造一个正派社会而自愿结合。公民社会是处于国家和家庭之间的大众组织，它独立于国家、享有对于国家的自主性，它由众多旨在保护和促进自身利益或价值的社会成员自愿结合而成，以保护或促进他们的利益或价值。

由于公民社会理论不是从社会结构分化，即不是从国家、市场、社区三者之间的结构关系而仅仅是从社会组织分化的角度来界定的，因而，公民社会理论研究的一项重要内容是强调政府组织与非政府组织（包括经济组织和非营利组织）之间的权利关系，就双方之间的权利关系而言，主要有“公民社会制衡国家”、“公民社会对抗国家”、“公民社会与国家共生共强”、“公民社会参与国家”、“公民社会与国家合作互补”等五种不同关系模式，前两种观点体现的是“冲突主义”价值观，后三种体现的是“合作主义”价值观[46]。

现代社会是一个市场、政府和公民社会“三足鼎立”的社会，“市场经济破坏了传统社会中视为神圣的一切社会关系和社会组织，而代之以处于利益关系和基于契约关系的市民社会。”（王南提，2001）公民社会所实行的社会管理体制，使社会成员大体能直接或间接地参与或可以参与到影响全体成员的决策。它意味着“领导和权力由享有特权的少数人向文明的、选举出来的民主人士的逐渐转移”，“已经成为一种积极主动的、鼓舞人心的、值得依赖的资源，它所要求的是行动而不是关于这个世界不完善的陈词滥调”（皮特·萨伊，2003）。

目前，公民社会理论已走出泛理论研究的低地，实证性研究逐渐加强，开始对不同国家和地区的公民社会、对公民社会的各个层面、各个领域和各构成要素进行分门别类的微观研究，以及对公民社会与社会发展、经济发展、民主化的关系等问题的专门研究，从而大大地拓宽了研究视域。

2.2.2 NGO

非政府组织（Non-Governmental Organization，简称NGO，或Non-Profitable Organization，简称NPO）是否发育已被联合国认为是一个国家和地区社会资本高低的重要判断依据。西方社会学理论认为，当国家体系中的政府不能有效地配置社会资源（政府失灵）、市场体系中的企业又囿于利润动机不愿提供公共物品（市场失灵）时，NGO作为一种新的资源配置体制，弥补了政府和企业这两种主要的资源配置体制的不足[47]。在这种意义上，人们把NGO称为与政府和企业相平行的“第三部门”（The third sector），或者将其组成的整体叫作“公民社会”（Civil society）（图2-3）。

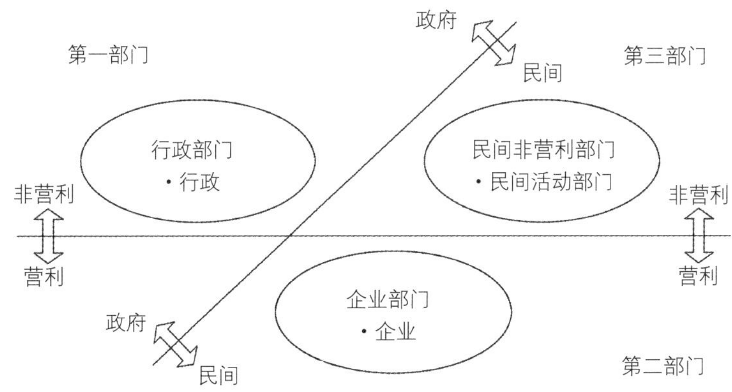

图2-3 第三部门与政府、企业的关系示意图

相对于第一部门行政强调的公平性、平等性，第三部门主要有先见性、先驱性、实践性、灵活性、社会性、地域性等特点。第三部门的发展为“公民社会”提供了组织基础和必要的社会环境。只有存在发达的第三部门，整个社会才有可能形成“公民社会”。“公民社会由那些在不同程度上自发出现的社团、组织和运动所形成。这些社团、组织和运动关注社会问题在私域生活中的反响，将这些反响放大并集中和传达到公共领域之中。公民社会的关键在于形成一种社团的网络，对公共领域中人们普遍感兴趣的问题形成一种解决问题的话语机制。”[48] 在成熟的“公民社会”里，第三部门是一个重要的、独立的社会部门，承担着相当部分的社会管理和社会服务职能，与公众的生活关系密切。

美国约翰·霍普金斯大学的莱斯特·萨拉蒙教授指出，NGO 有六个关键的特征：①组织性（正规性），即有一定的组织机构，是根据国家法律注册的独立法人；②民间性，即非政府组织在组织机构上独立于政府，既不是政府机构的一部分，也不是由政府官员来主导；③非营利性，即不是为其拥有者积累利润，非营利组织可以盈利，但所得利润必须用于组织使命所规定的工作，而不能在组织的所有者和经营者中进行分配；④自治性，非政府组织有不受外部控制的内部管理程序，自己管理自己的活动；⑤志愿性，在组织的活动和管理中都有相当程度的志愿者参与，特别是形成有志愿者组成的董事会和广泛使用志愿人员；⑥公益性，即服务于某些公共目的和为公众奉献[49]。

NGO 作为整合发展的一项组织创新，在促进城市健康发展方面具有很大潜力，在教育、扶贫、妇女儿童保护、环境保护、下岗职工再就业、人口控制以及动员、组织和支持市民投入城市建设活动等方面发挥重要作用。NGO 从事社会公益性活动，是通过非强制、非等级和非利润趋向的社会体制运作的（社会权力在起作用，服从自主与参与原则），由社会奉献的道德力量所驱使的。由于 NGO 的独特性质，使它在市场与政府在一些重大问题面前感到乏力的情况下能起到独特的作用。NGO 的积极作用在国外已得到充分体现（欧阳兵，2005），其作为建设健康城市的一支主要力量，通过与城市政府、企业建立良好的伙伴关系，无论是活动经费的募集还是活动场地的提供以及活动的组织安排等方面，都发挥了重要的作用，极大地减轻了政府工作压力。

1995 年在北京怀柔举办的世界妇女 NGO 论坛，被认为是“NGO”一词进入中国的标志。当时这个记号被译为“非政府组织”。后来官方用“民间组织”一词，一些学者则推崇“公民社会”、“非营利组织”等概念，指的都是同一类社会组织。在我国，目前国内学界对非政府组织有代表性的定义是指：严格符合《社团登记管理条例》和《民办非企业单位登记管理条例》的社会组织，即官方概念里的“民间组织”，在外延上就只有社团和民办非企业单位两类组织[50]。另外，清华大学 NGO 研究所所长王名教授对这个概念的解释如下：不以营利为目的、主要开展公益性或互益性社会服务活动的独立的民间组织。据民政部的统计，截至 2002 年底，全国经民政部门登记的社会团体已达 13.3 万个，基金会1268个，民办非企业单位11.1万个，涉及教育、卫生、体育、社会福利等多个领域。

2.3 人居环境理论

人居环境就全球而言是泛指“人类聚居环境”，即所有人居住的生存环境，其涉及范围很广。人居环境理论是“探索和研究人类因生产、生活和聚集的需要而构筑的建筑结构物与空间环境的自身科学规律及外界自然生态环境之间的协调关系的科学。”[51]

希腊学者道萨迪亚斯（A.C.Doxiadis）指出，人居环境（Human settlement）是由独立和群体存在的人以及自然和人工的物质环境所组成的。没有人类存在的自然物质环境甚至于较长时间无人居住的人工物质环境都不能称为人居环境。人居环境的两个基本要素——人与物质环境可以进一步划分为五个元素，即自然、人、社会、建筑物、支撑设施。根据此五要素，人居环境可以概括为自然系统、人类系统、社会系统、居住系统和支撑系统等五大系统（图2-4）。其中，人类系统和自然系统是构成人居环境主体的两个基本系统，居住和支撑系统则是组成满足人类聚居要求的基础条件。道萨迪亚斯认为必须用一种系统方法来处理人居环境所有问题[52]。

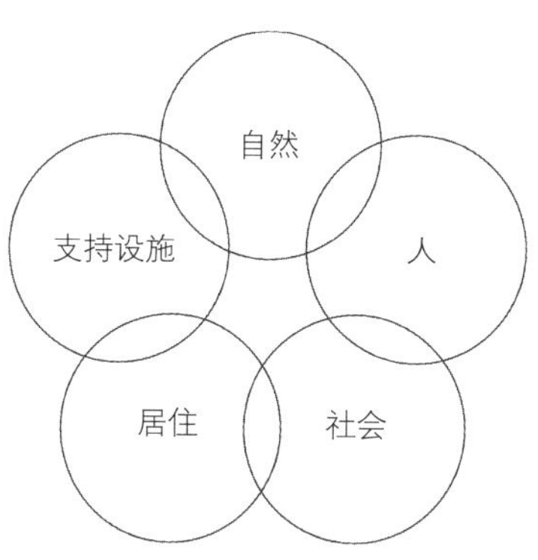

图2-4 道萨迪亚斯提出的人居环境组成要素[66]

“人居环境是人类与自然之间发生联系和作用的中介，人居环境建设本身就是人与自然相联系和作用的一种形式，理想的人居环境是人与自然的和谐统一”。[53] 吴良镛院士在2004年“首届中国人居环境高峰论坛”的报告中提出，我国人居环境建设要具备五大基本条件：住区居民适当住房的保证；健康与安全的保障；人与城市住区环境的和谐发展；生态环境建设；住区资源的可持续开发与利用。在此理论基础上，吴良镛院士建立了人居环境科学。它是一门以包括乡村、城镇、城市等在内的所有人类聚居形式为研究对象的科学：着重研究人与环境之间的相互关系，强调把人类聚居作为一个整体，从政治、社会、文化、技术等各个方面，全面地、系统地、综合地加以研究，而不是像城乡规划学、地理学、社会学那样，只是涉及人类聚居的某一部分或某个侧面。一个良好的人居环境的取得，不能只着眼于它各个部分的存在与建设，还要达到整体的完善。既要面向‘生物的人’，达到‘生态环境的满足’，还要面向‘社会的人’，达到‘人文环境的满足’。在人居环境建设中，城市这一层次涉及的问题很多，主要有：土地利用与生态环境的保护；支撑系统，如能源、交通、通信等基础设施；各类建筑群的组织；环境保护；城市环境艺术。

人居环境科学借鉴了西方的学术思想，针对城乡建设中的实际问题，以“五大原则”(生态观、经济观、科技观、社会观、文化观)、“五大要素”(自然、人、社会、居住、支撑网络)、“五大层次”(全球、区域、城市、社区、建筑）为基础，建立了一种以人与自然的协调为中心、以人居环境为研究对象，围绕人居环境建设在地区开发中出现的诸多问题，进行包括自然、技术和人文等在内的多学科研究的科学群体[54]。人居环境科学认为：第一，人居环境的核心是“人”，要以人为本；第二，自然是人居环境的基础，人的生产生活以及具体的人居环境建设活动离不开更为广阔的自然背景。生态环境更是包括人在内的一切生物安身立命之所；第三，在广义建筑学基础上，以建筑、园林、城市规划为基本核心，更多学科共同建设可持续发展的宜居的人类聚居环境。

人居环境科学学科群研究领域包括：①居住系统（Shells)：包括城市化、可持续发展与系统工程；城市住宅问题；可持续人居环境建设模式；城市规划与建筑科学和园林学的融合与展拓。②支持系统（Networks)：包括城市污染、市政工程与人居环境质量；城市交通与区域发展；城市能源系统；城市综合防灾、减灾系统。③人类系统（Man)：包括人类作用与人居环境的相互影响;中国人居环境思想史;建筑环境质量与人工环境工程（包括室内声环境、光环境、热环境的质量及保障技术)；人居环境信息与决策支持系统。④社会系统（Society)：包括全球变化的“人为因素”；社会基础设施与城市可持续发展；城市建设经济与社区管理；地区建筑文化环境与文化遗产保护与利用。⑤自然系统（Nature)：区域环境与城市生态系统；土地资源保护与利用；土地利用变迁与人居环境关系；水资源保护利用与城市可持续发展。⑥跨系统研究：包括用于评价基础设施建设和土地开发项目的城乡土地利用与交通综合规划的数学模型；用于制定区域社会经济发展决策的国土经济与交通综合模拟与评价模型。

2.4 可持续发展理论

可持续发展是1980年代出现的重要战略思想，“逐渐成为人类社会的共识，其真谛在于综合考虑政治、经济、社会、技术、文化、美学各个方面，提出整合的解决办法”。(《北京宪章》，2000）可持续发展思想起源于人类对能源危机、资源危机、粮食危机、生态危机等人类所面临的各种危机的反思，作为一个有明确定义的概念是在1987年发表的世界环境与发展委员会的报告《我们共同的未来》中被提出来的，即“既满足当代人的需要，又不对后代人满足其需要的能力构成危害的发展”。其本质是改变过去人与自然的对立关系为和谐关系，以提高人类的生活质量为目标。1992年5月在巴西里约热内卢召开的“联合国环境与发展大会”通过的全球《21世纪议程》使可持续发展成为指导世界各国社会经济发展的共同战略。

可持续发展战略包括生态环境的可持续、经济增长的可持续和社会发展的可持续，它追求一种经济、社会、环境的协调发展，单纯从经济、社会、生态任何一个角度提出问题和解决问题都是不妥当的（图2-5）。三者之间的动态平衡是保证社会公正、经济高效和环境资源永续利用的关键[54]。

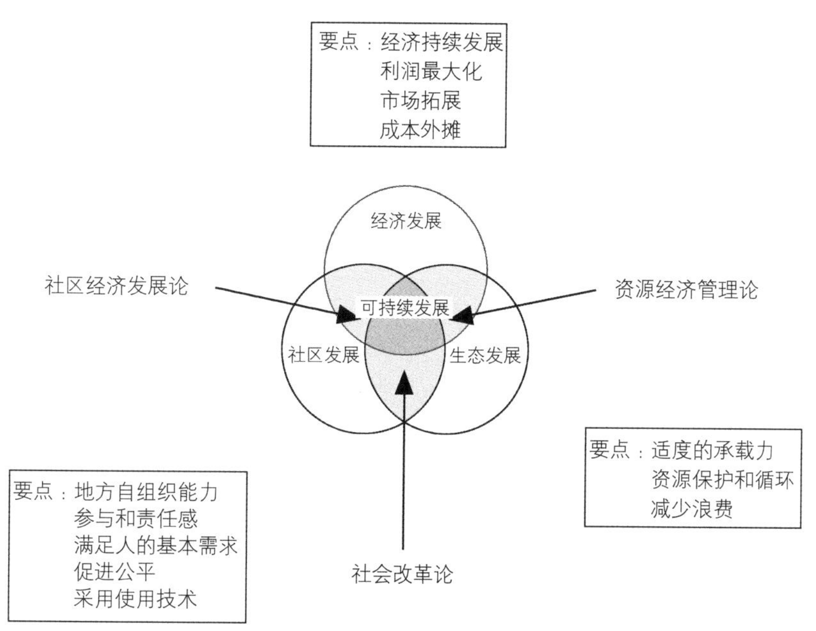

图2-5 可持续发展：经济、社会、生态的统一[54]

为实现可持续发展，城市应具有七方面的支持体系：①保证公民有效参与决策的政治体系；②在自力更生和持久的基础上能够产生剩余物资和技术知识的经济体系；③为不和谐发展的紧张局面提供解决方法的社会体系；④尊重保护发展生态基础的生产体系；⑤不断寻求新的解决方法的技术体系；⑥促进可持续性方式的贸易和金融的国际体系；⑦具有自身调整能力的灵活的管理体系[55]。同时，由于任何一个城市或区域都是开放性的，不可能独立于其他城市或地区而孤立地实现可持续发展，因此可持续发展还要求城市避免越境污染，承担全球责任。

CHAPTER 3

第3章　健康城市建设的主体及其角色定位

3.1　健康城市的建设主体

3.1.1　建设主体

现代城市不是某个人或某个集团的城市，而是“个人、家庭、社区、志愿组织、非政府组织、私营企业、投资商和政府机构大量投入资本、技术和时间的产物。”[56] 但长期以来，个人、家庭和社区为建设城市、发展服务设施所做的努力或可能做出的努力一直被政府所忽视，渐渐地使城市的主体一市民产生一种惰性、依赖性及被动性，这种消极心理对城市的发展很不利。同时由于公共健康的促进是一种群体性行为，必须通过集合全体社会的力量来实现，政府、企业、市民各利益主体的行为都直接影响到健康城市建设的成效。

可见，开展健康城市活动是全社会的共同责任，部门的协作、社区的参与是成功的关键。为保证健康城市建设的成效与成功，健康城市的创建在和平的前提下，在 WHO 与国家主管部门的指导与支持下，在健康城市联盟城市的协助与合作下，其建设主体应是政府、企业和市民三者的统一，三者必须结成合作伙伴关系形成合力，缺一不可（图 3-1）。要引导政府部门、企业和市民（非政府部门）根据固有职责、职能，把本职工作与健康城市建设工作结合起来，为推进健康城市建设而共同努力。

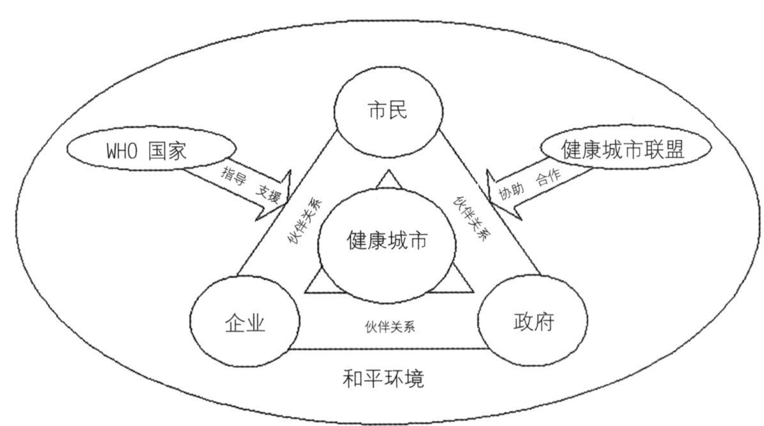

图 3-1　健康城市的建设主体示意图

在健康城市建设主体中：政府是健康城市建设的主导力量，体现在它作为社会整体利益的代表，是城市发展的领导者、城市建设的组织实施者、城市固有资产的代表者、城市基础设施和资产的主要投资者。政府应做好规划、领导、指挥、协调、引导等工作，应扮演积极、公正和诱导性的角色；企业是健康城市建设的中坚力量，在城市建设中企业担负使资产由产品变成商品，使城市建设由简单的生产过程转变为资本运营过程的任务。若无企业参与健康城市建设就如离开水的战舰，无法航行；市民是健康城市建设的决定力量。一方面，全体市民的健康水平、文明素质、思想意识和精神状态直接影响决定着健康城市建设的成效；另一方面，离开市民的支持和参与健康城市建设工作将无法完成。

3.1.2　伙伴关系的建立

健康城市的建设问题需要运用多层次、多角度的、整合与合作的策略与手段加以解决，作为一个有效的载体，由政府、企业和市民三者构建合作伙伴关系可以更好地动员社会所有相关力量与资源参与到城市建设活动中，这也正符合健康城市的宗旨。政府、企业和市民建立合作伙伴关系逐渐成为综合解决城市问题的关键概念。

3.1.2.1 关于伙伴关系

伙伴关系是指为了解决某一特定问题或重整一个特定区域，由一个特定的城市政府部门与其他人结成利益联盟来推行一项政策的过程，这种联盟可能只是一种临时性的特别安排，或者是由若干人参与的一种长期战略[57]。伙伴关系的概念首次落实到实际操作层面是在1970年代后期，美国卡特政府执政期间。作为一种政策性工具，伙伴关系的内涵经历了较大变化。最初，伙伴关系被看作是稀有公共资源的补充，用以应付比较迫切的城市需求；其后，又逐渐演变为在广泛的领域以公共努力替代私人努力。最初，伙伴关系被视为双方共同努力，政府的任务是为私人投资者营造更好的市场条件；其后，伙伴关系又发展到将公共服务部门私有化，使政府得以消减对某些领域的支持[58]。

基于友好伙伴关系的合作伙伴组织是跨越不同组织与利益团体的一种合作，是一种横向的整合与合作。“合作伙伴组织是正式的合作体系，是建立在受法律约定或非正式的理解上的组织；它们存在相互合作的工作关系；在组织内一定数量机构间的计划被相互采用。在一定的时间内，合作伙伴介入政策与进度的制定，分担并分享责任、资源、风险和利益”（Partnership in the United States，OECD，1997）。

3.1.2.2 伙伴关系建立的管理程序

威尔逊（A.Wilson）和查尔顿（K.Charlton）在1997年提出合作伙伴关系的管理程序为[59]：

第一阶段：合作伙伴为了实现共同需要，或合力获得公共基金的认同而走到一起。如果各个伙伴以前没有合作过，则相互之间需要克服背景及工作方式的不同所带来的合作障碍，建立信任和尊重。合作者可能需要进行一定的培训。

第二阶段：经过沟通与决策程序，合作伙伴间建立起共同的工作基础，形成初步的一致观点与任务文件，并确定工作的具体内容。

第三阶段：形成正式合作伙伴关系的组织结构及框架，设立特定的联合行动计划的目标，领导层挑选或聘用能够完成目标的管理团队。

第四阶段：实施行动计划，所有合作者都要即时参与包括确定政策、评估合作关系的运作等在内的工作。

第五阶段：在适当情况下，合作伙伴应树立更为前瞻性的策略，并积极发展新的目标。

3.1.2.3 伙伴关系成功的关键

（1）明确的合作目标　通过实施健康宣传工程，让全市各行各业和广大市民了解建设健康城市的目的、意义，掌握健康城市的理念、标准，提高参与意识，形成"人人参与建设、人人享有健康生活"的良好氛围。通过广泛宣传，要使健康城市的理念渗透到社会的各个层面，使之成为一场全民的社会改革运动。

培养合作精神，"合作伙伴关系只是外表，而不是行动的实质。真正的实质存在于持久的给予—索取的循环之中，目的不是'赢得'对手，而是达成共识。"（约翰·弗里德曼，2005）政府、企业和市民通过友好协商，以平等的方式取得共识，将健康城市发展的理想转变成具有可操作的目标，树立明确的健康城市建设目标，确定各自的合理职责分工以及活动重点。如苏州市在建设健康城市活动中就明确了 10 项重点行动（表 3-1）。

苏州市建设健康城市十项重点行动[26]　　表 3-1

序号	主　　题	主办单位
1	健全公共卫生体系，构筑健康屏障	市卫生局
2	做文明市民，建健康社会	市委宣传部、文明办
3	相约健康社区行	市健康办、文明办、爱卫办、科协等
4	婚育新风进万家	市计生委
5	健康在我家	市妇联
6	洁净家园，美化城市	市城管局
7	治理水环境，打造东方水城	市水利水务局
8	打造生态苏州，建设健康城市	市环保局
9	保护世界遗产，打造绿色苏州	市园林和绿化管理局
10	生活奔小康，身体要健康——全民健身活动	市体育局

（2）杰出的领导者　合作伙伴关系中必须具有充分能力与创造性的领导，起到协调沟通各方面关系的作用。管理层应代表所有成员的利益，独立于合作伙伴内的各个组成团体。在健康城市建设中，在政府的领导下，需成立由政府、企业、非政府组织、群众组织等多部门组成的具有极具号召力、凝聚力的权威性机构——健康促进委员会或健康城市委员会，打破传统的卫生工作由卫生部门单独承担的局面[60]。健康促进委员会的成员应包括政府各部门、群众性组织、企业、学术机构、私人组织和市民代表等，其领导由市、区、街道主要负责人承担，城市的爱国卫生运动委员会可负责协调工作。如海口市政府成立了健康

城市工作委员会，成员由市长和副市长、各职能部门及各区负责人组成。下设两个部门：一个是办公室，负责日常工作和协调工作；另一个是研究中心，该中心拥有各学科的专家、顾问，专门制定健康城市发展规划和实施方案，为政府的决策提供依据。

（3）参与者之间的平等关系与信任　合作伙伴关系所体现的基本属性是互补，每个参与者所具有的相对优势和弱点都相互弥补。在健康城市建设中，政府、企业、市民（非政府组织）之间应建立真诚、对等的合作关系，主体间关系的对等有助于增加主体的积极性。虽然每个参与者都具有很大的行动自由，但要互相信任，为了共同的目标而平等地参与计划、行动，充分发挥各自的优势，联合他们的长处而促进发展（图3-2）。政府、企业、市民分属不同的部门，各自拥有不同的目的、行动方式、资源等，各自的组织形式也不相同，要在互相理解、尊重的前提下发挥各自的积极作用。当然，这是个需要时间的过程，但可以认为时间是对期待实现伙伴关系的几何效果的投资。另外，伙伴成员必须要对他们的相关行动结果共同承担责任[61]，并保持合作关系的稳定性与持续性。

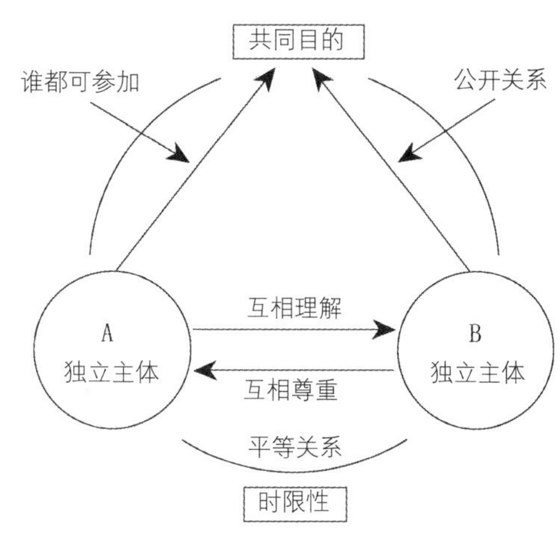

图3-2　合作主体间的平等关系

（4）高水平的人才资源　高水平的人才资源是合作伙伴关系的基础，合作伙伴须对当地情况有足够的了解并具有广泛的代表性，应体现共同利益、共同权益、共同目标和共同认识。

（5）健全的沟通网络　跨领域、跨部门之间的合作，良好的双向沟通与协调是非常关键的。为方便合作伙伴间的信息交流，保证所有参与者对基本信息的充分知情权，成功的合作伙伴关系，在相当程度上要依靠一个具有运作质量的沟通网络。同时，合作伙伴间的有效联系与沟通还可以强化各自的实力。

情报公开是创造市民社会的重要前提，是保证非政府组织等开展有效活动的基础，使社会更加民主化、透明化。政府应有目的、定期地举办各种讲演会、讨论会、展览会等，或开设关于城市建设的谈话窗口，或通过因特网等科技手段，为市民提供学习的机会和场所，为市民及时提供各种有关城市建设的各种情报和咨询宣传。同时，为方便市民、企业、政府之间情报信息的相互交流，可设立协调人制度，负责市民与行政间的联系。

（6）必要的资金和其他资源　在健康城市建设中，要保证必要的资金投入，以创造良好的城市环境与基础设施，同时保证合作伙伴组织的正常运转。政府主要对非营利性公共卫生、公共设施等公共领域投入，引导企业和市民对健康给予积极的投入。能够进行市场化运作的那部分公共健康事业，可采取市场机制运作，发挥好非公有资本的运作优势。

3.2　政府的角色定位

在健康城市多元建设主体中，城市政府是创建健康城市不可替代的组织者和指挥者，政府的行为决定和影响着其他城市建设主体的活动方式和活动效果。而且在中国这样的社会文化背景下，要以“上游策略”来解决人群健康问题，必须由政府主导才能奏效（傅华等，2006）。

3.2.1　转变政府职能

政府的七项基本职能为：提供经济基础、提供各种公共商品和服务、协调与解决团体冲突、维护竞争、保护自然资源、为个人提供获得商品和服务的最低条件、保持经济稳定[47]。政府应以制度建设为中心，确立环境观、法制观、区域观、税收观、服务观，实现政府再造，创造无缝隙政府。

3.2.1.1　建立服务型政府

政府是公共利益的代表，也必然是公共服务的提供者。为企业和市民服务是政府的一项重要职能，建立服务型政府，就是要树立为企业、市民和全社会服务的意识，因为管理的本质就是服务。政府行使权力不是目的，只是一种现象和手段，通过权力的行使维护全局利益，实现为企业和市民服务才是最终目的[62]。“公共管理理论的变迁让城市政府明白，以政府控制为手段的指令型管理并非可取，物质导向的营销型管理也不完美，只有面向发展的服务型管理才是其最终归宿。城市政府应将满足公众的需要作为政府服务工作的逻辑起点，将公众的满意度作为政府服务水平与质量的评价标准，从而实现政府对其契约的承诺。”服务型政府不是全盘推翻现有的行政运行程序，其以顾客为导向，以结果为导向，以竞争为导向，使政府每一项资源投入、人员活动、公共产品或服务的提供等，都能真正而有效地满足顾客无缝隙的需要。

（1）为企业服务。要为企业正常顺利经营创造良好的硬件和软件条件。硬件条件主要指完善的基础设施，如便利的交通、通信设施等；软件条件包括提供公平的竞争环境，成熟、有序、顺畅的市场体系，充分的信息指导等。政府要与企业合理分权，实行政企分开，建立新型政企关系。

（2）为市民服务。要努力改善市民的物质和精神生活条件和质量。提供完备优质的社会公共设施，通过加强社区建设等为市民提供优美、整洁、安全的生活环境和方便的服务，建立和完善社会保障体系，进行医疗体系改革，解决居民看病难、看病贵问题，保证居民的生存需要并维护社会的安定等。

（3）为全社会服务。包括为全社会提供文化、卫生、教育服务，防治自然灾害和社会灾害等，促进社会的发展和进步。

3.2.1.2 建立学习型政府

学习型政府是指通过集中学习，借助知识管理，培养整个组织的学习气氛，充分发挥成员的创造性思维能力，而建立起来的一种有机的、高度柔性的、横向网络式的、符合人性特点的、能持续健康发展的政府组织形式[47]。通过建立学习型政府，要从领导学起，提高政府管理人员的业务素质和道德修养，营造一个爱学习、重学习的良好氛围。建立学习培训制度，建立鼓励、激励机制和考试淘汰等制度。

学习型政府是一个全新的理念，意味着对传统政府管理模式和管理方法的重新定位和调整，其中，首当其冲就是要完成传统行政向新公共管理的转变。“政府要实现全新的城市管理模式——以城市人类发展为目标，以提高良好服务为主线，以政府—市场、政府—公民的双重伙伴关系为基础的管理。”[63] 学习型政府要与社会进行合理分权，培养和发展非政府组织，形成政府权威组织、市场交换组织、非政府组织三种相对独立而又互相支持的组织。

3.2.1.3 建立廉洁高效的政府

市场经济需要办事高效、作风清廉的政府。休斯在《公共管理导论》中指出政府的角色及其效率是决定总体经济效率的重要方面。如果政府效率低下，则可能出现高额赋税，而顾客却只能得到劣质的服务。结果，“税收负担以及税收总额的损失将由整个社会来承担。”另外，政府腐败的危害也极大，不仅会给城市经济发展带来重大损失，还会严重败坏社会风气，阻碍城市精神文明建设。因此，只有实现“再造政府”，避免官僚主义，反腐倡廉，建立廉洁高效率的政府，才能节约社会资源，促进城市经济社会的发展，改变政府在群众心目中的形象。

3.2.2 制定健康公共政策

3.2.2.1 政府对健康的承诺

墨西哥第5次健康促进国际大会发表的《卫生部长宣言》指出："承认促进健康和社会发展是政府的核心义务和职责。"城市政府是推动该城市建设健康城市的第一位力量。很难相信，没有城市政府的鼎力提倡和身体力行，健康城市的建设活动会自发地运行起来。城市政府要从战略高度重视健康城市建设，城市的决策者和领导者必须在思想上和行动上无条件接受健康城市理念，从而自觉地将健康城市的思想和战略贯彻到整个城市管理过程中，带动城市健康地发展。可见，城市政府在政治上对健康的承诺是迈向健康城市成功的第一步。政府的承诺不应仅仅限于口头和红头文件上，应体现在组织上、政策上和资源上。①促使市民对健康的关注，并认识到对自己健康所负的责任；②创造健康促进的支持性环境；③采取各部门联合行动以达到有效的成果。另外，政府要增加对健康的投资，包括增加教育资源、住房以及卫生部门的投资等。政府应承担组织主体的责任和义务，建立活动管理机构或协调办公室，组建技术指导队伍，开展充分调研，保证相应经费投入，建立监督机制。

3.2.2.2 发展健康的公共政策

健康的公共政策有别于单纯的卫生政策，它是对健康有重要影响的、涉及多部门的政策。城市政府有必要从市情民意出发，紧扣地方特色，以现代健康观为指导，把健康作为考虑的基本要素，统筹卫生、交通、住房、教育、劳工等各部门出台制定一系列与WHO目标相吻合的、符合市情的、促进市民健康的健康城市政策，并付诸实施，从而有效调动城市各种资源，与时俱进地推进健康城市建设进程。卫生部门同时要积极参与、评估政策可能带来的健康后果。可以说，健康的公共政策的出台和实施是经验合算、有广泛影响、作用持久的健康促进策略。

在健康政策的制定过程中，要体现社会公正原则、连续性原则、可行性原则、预测性原则、信息完备原则。健康政策必须同健康的社会和经济决定因素联系起来，保障全民的基本健康权利，在以下领域做出更多的努力[64]。

（1）向儿童投资　儿童成长是健康的关键因素，童年干预是改善人一生的健康和幸福，并且从根本上解决健康状况方面的社会经济梯度。通过清晰地确认在整个人的一生中早期成长重要性的政策来实现，例如改进的双亲计划、综合的学龄前计划、家庭资助和教育等。

（2）向最需要的人提供服务和机会 通过探索把较高社会经济地位者的利益给予较低地位者以防止歧视和培育文明社会的政策来实现，例如改善住房、教育、营养、职业培训、疾病预防和享受医疗等。

（3）改善工作环境 包括雇员适当参与决策，有更多的雇员自主支配工作，工作更加多样化，有发展机会，合适的报酬和奖励，增加工作稳定，改进离岗政策以及工人保护等。

（4）加强对社区支持 通过构建社会网络、鼓励经济发展和授权、增加民间参与和信任以及减少或减轻经济和种族隔离的影响等方面的政策来实现。

（5）创造更加平等的经济环境 主要通过税收、转让和就业等方面的政策来实现。

（6）评估经济和社会行动对健康的影响 随着所考虑政策的改变，通过正在进行的研究和公众健康影响报告书来实现。

政府创造条件，鼓励非政府部门和市民积极介入健康的公共政策制定过程中，通过健康政策充分协调私人部门与市民之间的利益冲突以及私人部门与市民之间进行良性互动，使得社会总体的健康收益与成本之差，即健康的纯收益最大化。另外，政府要对公共政策的制定和实施投入必要的资金，在实施时广泛宣传，做好说服教育工作，使受政策影响最大的人群都知道并能自觉地执行政策。

3.2.3 编制健康城市发展规划

科学编制健康城市发展规划是成功建设健康城市的关键因素之一。城市政府应根据具体情况，综合考虑城市背景情况（区域地形地貌与气候、城市历史文化传统、城市政府组织管理结构、城市人口学信息）、城市卫生情况（人群健康、生活方式和预防性活动、卫生保健福利、环境卫生机构）、城市物质环境（环境质量、生活环境、城市基础设施、土地使用状况）以及社会环境（地方经济、就业、教育、社区活动）等因素，科学编制适合城市自身特点的健康城市发展规划。

3.2.3.1 编制过程

健康城市发展规划的编制过程本身也是可持续发展的良性运行机制的形成过程。城市政府要首先组织成立规划编制小组，与地方各利益团体建立友好合作伙伴关系，共同形成宏观发展战略，明确远近期城市健康发展目标，进行微观优先项目选择，并根据项目的执行过程和绩效的反馈信息不断改进、补充战略规划。这样从战略到战术、从宏观到微观，滚动循环，不断完善[54]。

具体的决策与实施过程包括：参与分析、项目分析、行动计划、实施和监测、评估和反馈等步骤。可运用 PDCA 循环法来指导规划工作的整体运作过程，以提高健康城市建设的工作效率。PDCA 循环的含义为：P（Plan）—计划，确定方针和目标，确定活动计划；D（Do）—执行，实地去做，实现计划中的内容;C（Check）—检查，总结执行计划的结果，注意效果，找出问题；A（Action）—改进，对总结检查的结果进行处理，成功的经验加以肯定并适当推广、标准化，失败的教训加以总结，以免重现，未解决的问题放到下一个 PDCA 循环中处理。

3.2.3.2 编制思路

健康城市发展规划在编制思路上应考虑以下几方面[60]：

（1）社会需求评估注重多方参与性和方法综合性相结合。对市民、职能部门、专业机构、多学科专家进行广泛调查，动员不同层次、不同群体积极参与行动规划的编制设计，以便使目标人群在参与过程中对主要健康问题和预期目标达成共识。在实践中，可采用多种社会学调查方法进行基础调查，主要包括问卷调查、专题座谈会、个体访谈、德尔菲法、专家咨询会、文献检索、网络查询等方式。

（2）确定优先项目注重以人为本和突出重点相结合。在众多社会需求中，根据重要性、可行性和有效性分析，优先解决最重要、最有效、最经济的健康问题。在确定优先项目的过程中，坚持以人为本，坚持突出重点，在社会需求评估的基础上，根据“市民有需求、部门有措施、解决有可能、评估有标准”的原则，综合多方意见，聚焦重点，有步骤地确定新一轮行动规划的优先项目。

（3）确定规划目标注重连续性和前瞻性相结合。规划目标分为总目标和具体目标。在确定规划目标期间，无论是总目标，还是具体目标，都必须处理好承前启后的关系。编制规划必须充分考虑可持续发展的问题，规划目标要与城市定位相结合，与城市的全面发展相结合，将健康的理念和要求有效地整合到地区的发展规划中使发展经济效益、社会效益和生态效益得到有机统一。

（4）制定干预策略注重部门协作和社区参与相结合。在规划中，必须提出明确、具体的干预策略。根据策略所采取相关措施是为实现目标而确定的具体执行方法。干预措施的制定是以现状分析结果为基础。主要策略有加强条块协作、强调社区动员、注重人力资源开发等。

（5）实施监测评估注重定性和定量相结合。在编制规划的同时，必须明确监测评估的内容和要求。为力求全面、科学、公正地评估行动计划的进展效果，应建立定量和定性指标相结合的健康城市科学指标体系。对于定量指标，主要是反映规划目标达到的量化程度;对于定性指标，主要是反映定量结果的原因、了解人群对某些问题的看法等较为深层次问题。

3.2.4 参与健康城市联盟

“为使人类面对我们时代的挑战，一切人和一切国家之间积极团结合作的精神是必不可少的。”（萨尔茨堡宣言，1974）健康城市联盟是WHO建立的一个国际性网络，目的是为了更好地支持与促进各地区健康城市的建设与发展，保护和提高城市居民的居住质量和健康水平。为出色地完成健康城市的建设，城市政府必须在立足本市具体情况的基础上，着手本市（地区），放眼全国（世界）。积极参与健康城市联盟，努力寻求地区性、全国性乃至全球性健康城市网络的支持，充分借鉴其他城市的经验，可通过文献研读、网页设置、出版学刊及举办研讨会等方法来进行健康城市的经验分享与资讯交流。如建立健康城市规划的进展情况、交流卫生和环境技术资料以及成功工程的经验，也包括提供健康城市评估报告和所有国家的有关成功工程的经验。

另外，许多城市已经意识到了全球性的合作对于城市自然环境和经济、社会生态发展的重要性。

作为全球性的行动，主要有以下几个方面：一是大气层的保护，包括共同限制温室气体排放、破坏臭氧层气体的排放等；二是全球生物圈计划，主要是保护生物的多样性及特殊的生态系统；三是海洋环境的保护，包括海洋生物的保护、海水环境的保护等;四是流行病的预防,有些流行病的扩散是极为迅速的,特别是那些可以通过空气传播的疾病，如SARS，必须进行全球性的预防。在战胜SARS的斗争中，正是通过全球性的行动与合作，才使这种传染性疾病在短时间内得到有效控制；五是要避免战争，维护和平。战争是人类社会的巨大威胁，也是城市建设和生态环境的毁灭性的破坏因素，战争之下是不可能建设“健康城市”的；六是加强经济、社会合作。从经济和社会的角度看，“健康城市”的建设需要一个适宜的宏观社会经济环境，这就是要形成一个循环型、节约型的社会经济体系。同时，由于人口和信息的流动性，城市在社会治安、文化交流、历史文物的保护等社会问题上进行合作也越来越具有必要性[65]。全球性的行动是以区域性的、地方性的乃至每个人的行动为基础的，因此要从区域性的和地方性的共同行动开始。

3.3 企业的角色定位

企业是承担经济的主体，是建设健康城市的基础之一。创建健康城市，就必须“清流活源”——打造城市健康型企业，促进企业合理利用开发资源，实现企业可持续发展（蔡社会，2005）。只有企业健康、和谐地发展，城市的健康和稳定发展才有保障的基础。

3.3.1 倡导绿色价值观

企业在环境污染中扮演了主要角色，也是消耗、浪费资源最大的主体之一，因而，企业在消除环境污染、保护环境中肩负着不可推卸的责任。企业必须树立绿色价值观，强化绿色角色意识，实施绿色管理，积极倡导绿色生产和绿色消费。绿色价值观是当今环保事业的新型价值理念，它以人与自然的和谐为宗旨，号召尊重自然、爱护自然与自然和谐相处，反对破坏自然和谐的任何态度和做法。企业需把对环境负责和获取利润当成同等重要的问题来看待。企业追求利润最大化和环境保护是不相冲突的，而且是双赢的结果。任何生产投资计划和宣传计划一定要考虑到对环境有什么影响；在管理的过程中贯彻绿色价值观和绿色角色意识，设法改变产品的工艺流程，提高技术含量，降低污染指数；财务部门开发出有效的环境评估系统，计算出毁坏环境的潜在成本；营销部门积极倡导绿色消费理念，引导消费者走入合理健康、安全经济的消费轨道。

3.3.2 推行清洁生产

企业提高生产效率，开发更清洁的技术和生产工艺，改善污染治理技术，达到环保要求，推行清洁生产。清洁生产是保持整个生产过程（从原料到最终产品）处于清洁状态。《中华人民共和国清洁生产促进法》第二条对清洁生产的定义为，不断采取改进设计、使用清洁的能源和原料，采用先进的工艺技术与设备、改进管理、综合利用等措施，从源头消减污染，提高资源利用效率，减少或者避免生产、服务和产品使用过程中污染物的产生和排放，以减轻或者消除对人类健康和环境的危害[8]。许多研究表明，清洁生产可以为企业带来经济上的利益，包括：减少废物处置成本；减少原材料成本；改善员工安全；改善公众形象；减少物业损失的风险和员工的责任[66]。

企业要尊重消费者的知情权和自由选择权，向消费者提供安全可靠的产品。消费者购买企业提供的产品是为了满足自己的物质和精神需求，而如果企业向消费者提供了有安全隐患的产品，不仅消费者的消费需求得不到满足，而且未来还要付出人身伤害和财产损失的巨大代价，这一切企业负完全责任。

3.3.3 创造健康工作环境

为员工提供安全和健康的工作环境是企业的首要责任。企业要将健康问题纳入发展议程，定期对职工进行安全教育、健康教育，职代会每年审议的提案中要包含健康提案。员工为企业工作是为了获得报酬维持自己的生存和发展，但是，企业不应以为员工提供工作为由而忽视员工的生命和健康。很多工作对员工的身体健康有伤害，如化工、采矿和深海作业，对于工作本身固有的伤害，企业必须严格执行劳动保护的有关规定。另外，工作环境的安排也必须符合健康标准，工人不得在阴暗潮湿的环境下长期作业，工作间要通风透气等，这些都是安全健康的工作环境的基本标准。

3.3.4 积极参与社区活动

世界著名的管理大师孔茨和韦里克在《管理学》一书中揭示了企业与社区的关系，他认为，企业必须同其所在的社会环境进行联系，对社会环境的变化做出及时反应，成为社区活动的积极参加者。企业与社区建立和谐的关系对企业的生存发展和社区的进步繁荣具有重要意义。企业与社区要相互促进、共同发展。企业存在于一定的社区内，社区内的人员素质、文化传统对企业的员工素质和价值观有一定影响，良好的社区环境和高素质的人群是企业发展的有利条件。企业要担负起“社会公民”的职责，积极主动参与社区的建设活动，利用自身的产品优势和技术优势扶持社区的文化教育事业，吸收社区的人员就业，救助无家可归人员，帮助失学儿童等活动，不仅能为社区建设做出贡献，而且可扩大企业知名度，提高企业良好声誉，为发展打下良好的基础。企业为社区建设所做出的努力，会变成无形资产对企业的经营发展起到不可估量的作用[67]。

3.4 市民的角色定位

市民是建设健康城市的社会基本力量，没有市民层面的广泛参与，健康城市的实现是不可想象的。可以说，任何一项市民自觉参与健康城市的行动，其作用和效果都胜过由政府制定的任何一打法律条文和行政命令（诸大建，2003）。

3.4.1 提高自身素质

市民自身素质不仅关系到个人的健康问题，也会由于个人健康是公共健康的组成部分和基础，关系到个人对公共健康资源的消耗，关系到他人的健康权益，影响到子孙后代的健康福祉（余涌，2003）。为此，人们在享受和维护健康权利时必须自觉地履行相应的健康义务，通过养成健康的行为生活方式，不断提高自身的素质（身体素质、心理素质、道德素质）以增进健康，承担相应的健康责任。

3.4.1.1 基本行为生活方式

个人的行为生活方式不仅与慢性疾病有关，而且也是其他类型疾病的重要因素。美国加州大学公共卫生学院院长布瑞斯洛及加州公共卫生局人口实验室的毕洛克自 1967 年起，对 6828 名成年人进行了为期五年半的随访观察，发现 7 项简单而基本的行为与人们的期望寿命和良好健康有显著的相关性[34]。这 7 项基本的行为生活方式为：每天正常规律的三餐而不吃零食、每天吃早餐、每周 2 ～ 3 次的适量运动、适当的睡眠(每晚 6 ～ 7h)、不吸烟、保持适当的体重、不饮酒或少饮酒。

3.4.1.2 健康相关行为

健康相关行为指人类个体和群体与健康和疾病有关的行为。按其对行为者自身和他人的影响，可分为健康行为和危害健康行为。

健康行为客观上有益于健康，分为 5 类：①基本健康行为：指一系列日常生活中基本的健康行为，如积极的休息与睡眠，适量运动，合理营养与平衡膳食等；②预警行为：预防事故发生以及事故发生后如何处置的行为，如驾车系安全带，火灾发生后的自救和他救等；③保健行为：合理、正确使用医疗保健服务以维护自身健康的行为，如预防接种、定期检查等；④避开环境危害行为：环境危害既指环境污染，又指生活紧张事件；⑤戒除不良嗜好行为：如戒除吸烟、酗酒和吸毒等。

危害健康行为，包括不良生活方式与习惯（如吸烟、高盐饮食、缺乏锻炼）、致病行为模式（导致特异疾病发生的行为模式，如不耐烦和无端敌意）、不良疾病行为（疑病与讳疾忌医）以及违反社会法律和道德的危害健康行为（如性乱、吸毒）。

为提高自身素质，市民在日常生活中应自觉遵循健康行为，远离危害健康行为。养成良好文明行为规范，自觉“从我做起，从现在做起”，认真保护环境，注意节约资源，杜绝铺张浪费。市民在提高自身身体、心理素质的同时，努力培育下列素质："竞争性，表现为各行各业人员的工作责任心和工作效率；知识性，表现为对服务对象提供满意的解答和解决问题的能力；形象性，表现为从着装到为人处事都能予人以诚恳、精明强干的印象；礼貌性，表现为良好的谈吐习惯，能满足客人的期盼，为人排忧解难，注重小节；奉献性，表现为使业绩达到对其所期望的水平之上"。[68]

3.4.2 参与志愿者行动

所谓志愿者行动，是指具有志愿精神的居民自发组织的志愿服务网络。这是一种公益性的服务网络，提供义务服务，它的产出为社区全体成员共享。随着社会的发展，自由时间增多和生活富裕，市民积极参加志愿者行动已成为为社会服务和体现自身价值的一种体现。21世纪将是"志愿者的新世纪"。

3.4.2.1 关于志愿者

传统意义上的志愿者概念可以从5个方面界定：①自愿。即主观自觉选择，没有强制性；②不图物质报酬。即动机上不追求物质报酬，但不否定开展志愿服务需要一定的物质条件；③服务于社会公益事业。即服务的内容应是社会公众的公共利益和困难群体的利益，不是社会非困难群体的小团体利益；④奉献自己的才智。除奉献自己的时间、精力、智力、经验的人是志愿者外，出于自愿的献血、捐献骨髓、捐款捐物的人，也是志愿者；⑤非本职职责范围内。

由于生活方式和思想观念的变化，从1980年代开始西方国家出现了新的志愿者理论，相对于原来的"社会奉献型"志愿者，导入有偿志愿活动观念，出现了"社会运动型"志愿者。志愿者的概念和活动方式与以往相比都发生了较大变化，主要表现在以下三方面：①由过去的一方单向援助的"纵向型"转变为双向性的"横向型"；志愿活动的提供者和受与者不再是"上"与"下"关系，而是更加平等的关系；②由过去的无偿性慈善活动向强调互酬性活动转变。虽然不少专家学者对有偿性志愿活动提出批评和反对意见，但现实中有偿志愿活动却得到迅速发展，取得较好的社会效果；③由过去的以个人为主的活动向强调持续性、组织性的团体活动转变。

3.4.2.2 志愿者行动的作用

志愿服务可以作为国家和社会之间的一种媒介物或（双向）传送带，在一种乐观的场景中，通过传送民众中各个不同部分的需要和表达他们的利益，而有利于改善民主政体的运作，推进国家和社会之间的政治沟通（戈登·怀特）。在健康城市建设中，市民（志愿者）的志愿者行动起着不可忽视的作用。

（1）对社会保障体系的强有力的支持和补充。由于政府机制追求的是公民的普遍权利保证，即从最普遍意义上关怀公民的现实生活，不可能照顾到每个公民或者某些特殊群体的方方面面。于是，市场机制和政府机制之间就出现了一定的“剩余空间”，或称“内在缺陷”。在这个空间内，一些弱势群体既是市场所不能顾及的，也是政府无力关注的。这些都需要志愿服务来弥补社会弱势群体在物质、服务和精神保障方面的需求。目前志愿者的志愿服务已成为解决包括老龄化问题在内的各种社会问题的重要方法之一。

（2）促进社会的和谐与进步。志愿者活动可以成为国家、政府与市民之间以及市民与市民之间相互沟通的媒介。随着志愿者行动的开展，将促进人和人之间的和谐互助，加强人与人之间的关怀与接触，减轻、消除彼此之间的距离感和隔阂，缓解由于社会群体分化所带来的矛盾。同时，通过志愿者的积极活动可补救或预防某些社会问题的发生和恶化，是对社会良知运作的一种维持和推动。

（3）志愿者的志愿活动能创造良好的社会经济效益。志愿者的志愿行动不需要政府较多的投入，成本较低，却能创造出较好的社会经济效益。根据一些国家的统计，志愿服务创造的经济价值能够达到国民生产总值的8%～14%左右。在美国，每个美国人的年平均志愿者活动时间为240小时左右，志愿者的服务相当于900万工作者的全时工作量，每年可创造2550亿美元的经济价值。

3.4.2.3 确保志愿者行动合理发展的条件

为保证志愿者队伍的逐渐壮大和活动的合理发展，志愿者行动必须具备：①确保人员。包括两方面含义，一是尽可能吸引更多的人参加到志愿者团体中；二是要保证人员的持续参加。表3-2为E. Schindler-Rainman、R. Lippitt（以美国为研究对象，1971～1979），R. Hedley、J. D. Smith（以欧洲为研究对象，1992～1993），田中尚辉（以日本为研究对象，1998）等为确保志愿团体人员所提出的对策[69]；②需要行动领袖。行动领袖是那些具有志愿精神、创新意识和组织能力的人或群体，志愿精神是行动领袖应具备的个体品质，创新意识和组织能力是行动领袖之所以成为领袖的核心素质；③固定的据点或事务所；④保证持续活动的资金；⑤安全的保证（特别是从事救灾活动的志愿者）；⑥政府的适度介入。政府可以通过制定制度来建立市民参与的激励机制[70]：制定规定性志愿服务制度；如美国明文规定所有的公务员都必须完成一定时间的公益劳动，所有的学生都必须从事一定时间的社区志愿服务才能毕业。1993年下半年，美国总统克林顿签署了“国家与社区服务法案”鼓励青少年服务社区。法案中明确规定，凡是做满1400小时义工的青少年，美国政府每年奖励其4725美元的奖学金，这笔钱可以用作大学学费或职业培训费，还可以用来偿还大学贷款。此外，美国的许多学校把“社区志愿服务”作为一项固定的“学分”，学生只有在完成要求的学分，拿到社区委员会开具的社区服务证明书，才能毕业。否则，成绩再好，也拿不到毕业证书。规定性志愿服务虽然带有一定的强制性，并给人们带来一定的机会成本（如减少了部分休闲和娱乐时间），但这种“强制性志愿服务”有利于增进全社会福利，每一个参与者都会从中受益，它有助于培养公民的奉献精神、增进社会团结、塑造互惠和互信道德规范。特别是像我国这样的缺乏志愿者精神的国家，更需要政府制定规定性志愿者服务制度，这是社区志愿者发展壮大所必需的社会环境。制定企业捐助志愿者组织的免税政策。例如2000年韩国的调查资料显示：69.19%的受访者认为自己参加志愿服务是为了“免税”。目前，我国由于缺乏这样的制度，因而制约了企业向社区的捐助行动[71]。

确保志愿人员的对策 表3-2

	吸引人员参加	保证人员持续参加
E. Schindler-Rainman R. Lippitt	1. 提供参与解决问题和进行决策的机会； 2. 人员安排要综合考虑兴趣、需要、动机等； 3. 提供既能实现自我价值又能满足他人需求的服务机会	1. 在有实行可能条件下，明确志愿者的责任； 2. 提供事后评价等各种继续参加的机会； 3. 允许志愿者个人向高层次进取； 4. 有完整活动记录； 5. 有支持活动的正规机构，并有正规表彰； 6. 使其参加团体内外的培训活动
R. Hedley J. D. Smith	1. 考虑满足志愿者个人的高层次需求，如充分发挥个人的技能、对社会实现价值等； 2. 宣传利他主义； 3. 积极进行各种志愿者征集活动	1. 考虑志愿者个人时间、家庭等因素，制定充分发挥个人兴趣和技能的计划； 2. 保证活动经费； 3. 明确的活动目标； 4. 志愿者团体的工作人员应作为志愿者中的一员共同工作； 5. 明确对志愿者的期望
田中尚辉	1. 满足个人生活充实的需要； 2. 满足个人素质提高的需要； 3. 满足“共感”的需要（如满足其想和有相同想法、观点的人在一起的愿望）； 4. 满足社会改革的需要	1. 个人动机的满足； 2. 个人成就感的满足； 3. 使其参与团体运营与决策

从我国目前的志愿者发展情况来看，志愿者的主体仍以青年志愿者为主。中国自 1993 年底以来实施了青年志愿者行动，累计已有 3.82 亿人次的青年向社会提供了超过 72 亿小时的志愿服务。青年志愿者在社会保障、社区服务、救援抢险、大型活动、扶贫开发、城市社区建设、环境保护以及促进社会稳定中发挥了重要的作用。2013 年，共青团中央办公厅将 2006 年颁行的《中国注册志愿者管理办法》进行了修订。新修订的《中国注册志愿者管理办法》对于进一步规范注册志愿者管理工作，大力弘扬“奉献、友爱、互助、进步”的志愿精神，推动志愿服务项目化运作、社会化动员、制度化发展，深化青年志愿者行动起到积极推动作用。

3.4.3 实现真正意义的市民参与

市民参与是城市政治文明建设的重要内容和政治现代化的重要标志。市民或市民团体可通过一定的途径和形式向政府及其领导人员提出各种要求和建议（亦称市民的利益表达），向有关部门进行检举、揭发，行使选举、罢免、监督等权利，阻止或促成某项政策的行为，参与城市管理与决策的各项活动[72]。但以往市民参与往往是市民以个体身份参与的，忽视社会团体的介入，使得市民参与常流于形式，不能起到实质性作用。在健康城市建设中，市民参与不应再是一种姿态、操作方法或表面文章，市民应以非政府组织等团体形式真正参与到城市建设中去，积极参政，参与健康公共政策的制定，参与到环境保护、城市规划建设、医疗保健等各领域中去，实现真正意义上的市民参与。

非政府组织广泛参与到城市建设发展项目中，可以极大弥补城市能力的不足，并促进以官民合作为特征的治理和善治。参与其中的市民必须具有公平与正义的理念，热心于公益活动，有一定的献身精神，能够承担民主责任，并有能力积极参加民主政治所需的各种活动。

3.4.3.1 市民参与的层次

根据市民参与程度的不同，市民参与可分为若干个层次。Shery Arnstein 从市民的力量观点出发，将市民参加的形态分为 8 个阶段，从低级层次向高级层次依次为[73]：

（1）操作（Manipulation） 在这一阶段，参加者虽然作为协议会或委员会的成员被邀请出席会议，但实际上是拥有决定权的人出于自己的意见得到支持而做的表面文章。与其说是反映市民的意见，倒不如说是决定者对自己决定的事项进行的说明会议。这仅仅是采用了市民参与的形式。

（2）医治（Therapy） 将市民参与作为一种集体疗法而采用，不能解决市民不满的本质原因，目的只是安抚市民的感情。

（3）告知（Informing） 行政部门向市民单方面传达情报，市民一侧没有反馈的机构和陈述意见的机会。常见的多是发放宣传册、宣传画以及举办表面的听证会。

（4）咨询（Consultation） 一旦有什么事情发生及时通知市民，并听取意见是作为市民参加的第一步，但是不能保证市民的意见能得到体现。比如，虽然利用问卷调查和工作小组会议等形式听取了市民意见，但市民的意见有多大程度反映到计划中就不得而知了。

（5）安抚（Placation） 在这一阶段，市民真正开始拥有决定的权利，但是多少还受到限制，权力者还保留着对市民意见的合法性和正当性的判断权力。

（6）合作（Partnership） 在这一阶段，市民实际上和权力者共同拥有决定力。例如，在委员会等组织中，责任被分配给市民，如果没有市民的协议，单方面很难变更决定。

（7）代表权利（Delegated Right） 市民被赋予更大的决定权。例如在组织的核心成员或委员会中，市民与以前的权力者相比占大多数，在意见不同时，权力者要和市民交涉协商。

（8）公民控制（Citizen Control） 市民在项目、组织的运营上拥有自治权。如非政府组织等。

在以上8个阶段中，1～2阶段并不是市民参与，3～5阶段是表面上的市民参与，6～8阶段是开始真正发挥市民力量的市民参与（图3-3）。由此可见，市民以非政府组织的形式参与到健康城市建设，是最高层次的市民参与，能真正体现自身的价值。

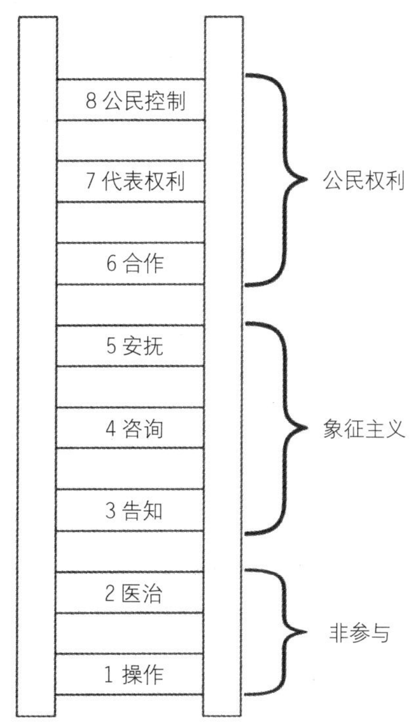

图3-3 市民参与的8个层次[73]

3.4.3.2 非政府组织的优势

非政府组织的出现，在某种意义上讲具有划时代意义，是“市民革命”的结果。非政府组织是在一定的价值观指导下进行活动、不以营利为目的、致力于社会公益性事业的社会中介组织。非政府组织这种特有的性质，使它们能够在健康城市建设中相对于市场体制中的企业组织和国家体制中的政府组织具有更多优势[74]。

（1）价值取向优势　一般来说，非政府组织的组织使命和活动目标都是社会公益性的，贯穿的是利他主义和人道主义，致力解决的是被主流社会组织，即企业—市场机制和政府—国家机制顾及不到的一些重大社会问题，如人权、环保、就业、贫困等。相对于政府或企业的反应式行为模式，非政府组织可以持续不懈地致力于特定问题的解决，这使得非政府组织在特定工作中能成为具有专门知识和技能的组织，从而成为政府或企业在解决一些重大社会问题时不可或缺的合作伙伴。

（2）降低解决社会问题的成本　非政府组织作为一种互助合作的组织形式，它们的活动能够减少交易成本。非政府组织依靠积极动员社会力量参与，提升公民的社会责任感，从自己身边的事做起，从我做起，将产生的社会问题，以一种社会的方式解决，从而降低行事成本。

（3）促进社会融合　非政府组织既没有企业那样的营利目标，也不像政府那样需考虑税收、安全等多方面事务，可以用主要精力为边缘社会群体服务，将他们带入经济、政治与社会发展的主流。

（4）贴近民众优势　非政府组织能够接近社会基层中的弱势群体，促使这些社会成员参与同他们切身利益有关的决策和资源分配。非政府组织同社会基层和贫穷民众的密切联系，使之真正了解问题的实质，从而为提出切实有效的解决方案打下基础。

（5）承担风险优势　作为民间团体，非政府组织便于从事一些有风险、前景不明确的活动。在取得成功经验之后，其方法可以为政府或企业所采纳推广。这种先导作用使得一些受地方历史、传统、文化以及政治等条件影响和限制、政府不便于推行的活动的开展成为可能。

（6）社会沟通优势　非政府组织一般既能深入基层民众，又能与政府保持较密切的关系。一方面宣传和普及国家的法律和政策，教育和动员民众，使他们认识自己的权利和义务；另一方面又可作为传达民情的渠道，反映民众的愿望和意见，去影响政府政策和计划，使其更适合民众的需要。

（7）灵活调整优势　非政府组织由于机构较少，在组织体制、组织结构以及活动方式上有很大的弹性；在服务内容的转变方面能更容易、更灵活地满足基层百姓不断变化的需求。

以上优势是非政府组织在健康城市建设中大显身手的有力保证，但具体操作中还需要政府建立一套适应我国当前国情的法律环境和组织制度环境。哈佛大学肯尼迪学院亚洲部主任 Nathony Saich 指出：“很多政府已经认识到，政府常常在执行某些项目方面缺乏足够的能力，如果把它们交给非政府组织去做，会做得更好。”如孟加拉国政府曾计划让 95% 以上的儿童能接种牛痘，但依靠政府的力量，很多年仅完成 5% ～ 10%，于是政府意识到既没有这个动力也缺乏基础设施来做这件事，因此求助于非政府组织，由它们来执行计划，最后达到了 80%。

3.4.3.3　非政府组织的活动领域

在市场经济的“小政府、大社会”格局下，非政府组织已经成为调节社会关系不可或缺的社会自治组织。政府代表着自上而下的努力，非政府组织代表着自下而上的努力，政府部门和企业之外的大量空间，正是非政府组织的用武之地（连玉明，2003）。非政府组织作为整合发展的一项组织创新，在促进经济社会环境协调发展方面具有很大潜力，可促进政府机构改革与政府职能转变，促进与社会主义市场经济相适应的新型伦理道德体系形成[23]。

借鉴日本等国的成功经验，非政府组织可以在以下领域活动：①促进保健、医疗和福利水准的活动；②促进社会教育水平的活动；③促进城市建设质量的活动；④推进文化、艺术、体育振兴的活动；⑤环境保护活动；⑥灾害救援活动；⑦地域安全活动；⑧维护人权和促进和平的活动；⑨国际协助的活动；⑩促进男女平等社会参与的活动；⑪保障儿童健康成长的活动；⑫对从事上述活动的团体进行联络，提供咨询、支援的活动；⑬促进情报化社会发展的活动；⑭促进科学技术振兴的活动；⑮促进经济活动活性的活动；⑯支援职业能力培训和扩大就业机会的活动；⑰保护消费者权益的活动等。事实上，非政府团体在更为广泛的社会领域内活动着[75]（图 3-4）。

中国的非政府组织仍处于起步阶段，但在环保等领域已取得了不少令人瞩目的成果，主要活动领域见表 3-3。“北京地球村环境文化中心”就是中国众多“草根层”NGO 的一个成功范例。1996 年，放弃了美国学业和绿卡的廖晓义在北京成立了这个民间环保组织，其宗旨为：通过提高公民环境意识，加强公众参与，促进中国的可持续发展。“地球村”通过制作电视专栏《环保时刻》，用电视媒体来唤醒国人的绿色环保意识，并倾注心血来推动公众参与推广绿色环保。他们在北京建安南里推广建设绿色社区活动，动员了多方力量，包括城区精神文明办、环卫居、环保局、居委会、街道办事处、物业和小区居民等都参与了活动。另外，“地球村”还建立了一个 2800 亩的包括山地、林地、湿地、

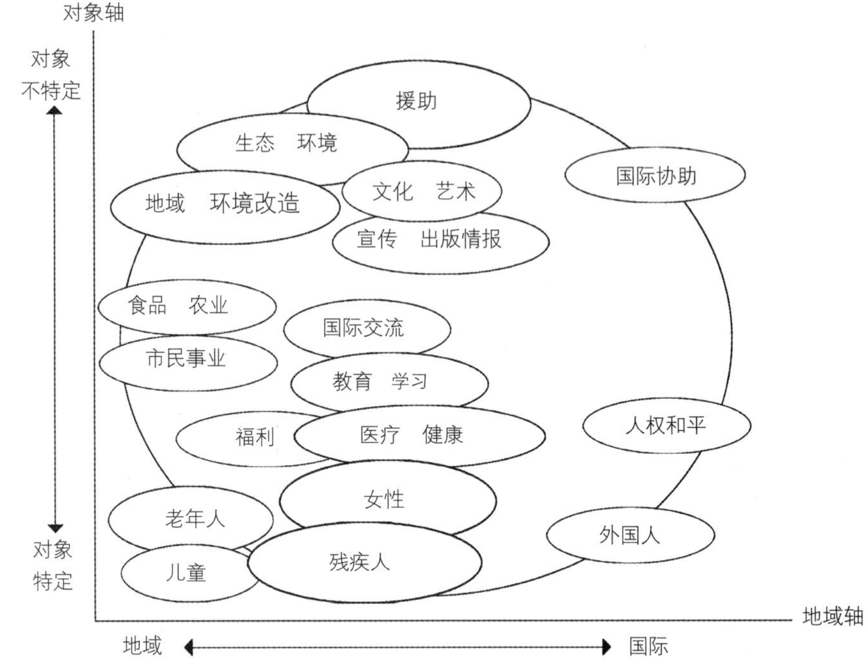

图 3-4　非政府组织的活动领域

山泉、小溪在内的环境教育基地，教育农民改变传统的生活和生产习惯，走上经济发展和环境保护相结合的道路。由于“地球村”集结了公众、政府、企业和 NGO 四方的资源，在创建绿色社区上获得了巨大成功，于 2000 年 6 月获得了有“诺贝尔环境奖”之称的苏菲环境奖。这也是中国的民间环保人士第一次获得这样的国际环保大奖。苏菲奖的颁奖理由就有，“在动员中国大众参与环保以及加强民间组织与政府和媒体之间关于环保的建设性对话与合作中表现出卓越的能力。”并指出，永远不要低估个人改变世界的能力[47]。

中国非政府组织活动领域分布（%）　　　　**表 3-3**

活动分类	比例（%）	活动分类	比例（%）
文化、艺术	34.62	动物保护	3.12
体育、健身、娱乐	18.17	社区发展	17.04
俱乐部	5.31	物业管理	6.17
民办中小学	1.99	就业与再就业服务	15.85
民办大学	1.13	政策咨询	21.88

续表

活动分类	比例（%）	活动分类	比例（%）
职业、成人教育	14.19	法律咨询与服务	24.54
调查、研究	42.51	基金会	8.62
医院、康复中心	10.54	志愿者协会	8.16
养老院	7.03	国际交流	11.47
心理咨询	9.75	国际援助	3.32
社会服务	44.63	宗教团体	2.52
防灾、救灾	11.27	行业协会、学会	39.99
扶贫	20.95	其他	20.56
环境保护	9.95		

资料来源：《管理世界》2002 第 8 期．

3.4.3.4 对非政府组织的支援对策

目前，中国的非政府组织“仍处于起步阶段。其发展需要来自政府、企业和海外的理解和支持，更需要来自公民的理解和大力支持。一个成熟的公民社会是支撑 NGO 发展的唯一健康的社会基础。”作为对非政府组织的社会支援对策，首先要从国家的角度出发，完善制定符合非政府组织公益性的法人制度、税收优惠政策等相关法律制度，取消各种各样的无效率的限制，改登记制度为备案制度[76]；各地方城市根据自己城市的具体情况制定市民活动促进条例等。其次，作为支援对策，不能有损非政府组织的自发性和主体性；第三，国家、城市政府、企业、民间团体等要根据各自的作用对非政府组织进行资金、人员、信息咨询等各方面支援（表 3-4）。政府要在制度上与非政府组织之间建立合作伙伴关系，如在财政上给予积极的支持，包括直接的财政项目拨款，也包括间接的支持，在市民社会组织融资和公共服务收费方面提供更多的空间。在专业技术上给予积极的培训和帮助，在公共管理上，让非政府组织参与到公共问题的解决、公共事务的管理和公共服务的提供上并发挥其独特的重要作用。

对非政府组织的支援办法 表 3-4

	环境整治	直接支援
资金	减免相关活动的税金； 制定增加 NGO 资金的对策（如减免对 NGO 捐款的税金、设立企业 NGO 支援促进制度等）； 金融机构扩大对 NGO 的融资	设立 NGO 助成金、援助金制度； 扩大对 NGO 的事业委托； 加强和 NGO 的协作

续表

	环境整治	直接支援
人才	在教育过程中重视志愿者活动； 在大学等开设 NGO 管理人教育课程； 普及向 NGO 派遣人员和志愿者休假制度	开设为培养人才的研修讲座； 实施向 NGO 的人才派遣
情报	完善对 NGO 的各项统计； 建立促进 NGO 个别信息收集的制度	NGO 个别情报的整理与公开； 保证对民间 NGO 信息机构的情报公开
组织	法人资格制度	组织化方法的技术支持
场所	促进公共机关、企业等设施的开放	提供出租会议室、事务所等

中 篇

策略篇

CHAPTER 4

第 4 章　健康城市建设的总体实施策略

建设健康城市必须贯彻可持续发展观和科学发展观，坚持以人为本原则、系统性原则、共治原则、和谐发展原则，依靠科技兴市，倡导市民与非政府组织的广泛参与，整合社会各方面的资源，完善城市各项公共服务设施和基础设施，在努力创造优美、生态的城市环境的同时，实施以下策略。

4.1 消除城市贫困

在世界范围内深有影响的英国黑皮书（Black et al，1980）作为结论明确指出：健康差异主要源自社会不公平，特别是贫困。在发展中国家，特别是贫困国家，贫困是对健康的最大威胁，由于贫困使人们缺乏住房、物质丧失和缺乏教育和经济上的机会，甚至不能及时得到充足的食品，更不要说是健康、营养均衡的食品。英国著名城市问题学者霍尔爵士在中国的一次演讲中也指出：高速发展的城市当务之急是帮助最贫困的公民融入主流社会。因此发展中国家的城市改善其基本生活条件是极为关键的，不断增长的财富将是其改善健康状况的强相关器，期望寿命会随着人均国内生产总值（GDP）的增长而快速增加。健康的城市“绝不是一个将穷人交给硬纸箱文化的城市，使得穷人成为一个蜗居在高架桥下的无家可归的底层阶级。”[17]

4.1.1 关于城市贫困

贫困是一种普遍存在的社会经济现象，是一种因缺乏一定资源（包括社会的、物质的、文化的和精神的）而处于特定社会、特定时期基本生活水准之下的状况，其典型特征是不能满足基本生活之所需（Popenoe，1995）。而城市贫困即城市社会的贫困状况，主要包含有绝对贫困和相对贫困两层含义。绝对贫困是指人们获得的物质生活资料和服务满足不了基本生存的需要；相对贫困则把任何社会成员中一定比例的人口看作是贫困的，具体指那些在一定社会经济发展水平下，收入虽能达到或维持基本生存的需要，但相比较仍处于较低生活水准的人群[77]。尽管绝对贫困危害多多，但是富裕环境中的贫困却更加可怕。相对贫困实际上就意味着不平等，不平等长期恶化、被集中和扩大后，就会造成两极分化。在许多发展中国家和发达国家的城市中，都存在着“正式”和“非正式”这样两个城市。在这样的“双城”中，最受排斥的是城市贫民，他们被迫居住在市政当局既不承认其为合法，也不为其提供基本服务的“非正式住区”中。联合国人居署对此明确指出，在同一城市中有贫富两个城市的现象是现代城市发展过程中的最大失败。另外，贫困问题不能仅仅从收入与生活费用的关系来看。维持最低生活标准的能力还依赖于医疗保健、安全饮用水、垃圾处理及排水等基础设施的可获得性。《1999年人类发展报告》提出贫困也包括暴露于污染环境或有可能受到犯罪侵害。“在目标为‘能够’的政治体制下，贫困就意味着缺少选择的机会，低收入人群缺少有意义的能力提高活动的参与机会和支持”。[78]

在中国，从1990年代以来，城市贫困逐渐成为影响社会经济发展的严重问题，其造成因素错综复杂，综合起来包括：宏观背景、就业不足、社会保障体制不健全、不公平分配、经济全球化、个人能力缺乏[79]。

截至2013年4月，我国民政局的排查结果表明，全国享受城市低保待遇的贫困居民已达2081.1万人，城镇绝对贫困人口约占城镇总人口的4.02%，但也有学者研究认为，城市的总贫困率为7.4%，比政府公布结果高出3.4个百分点[80]。就城市贫困人口的构成而言，民政部门2000年对最低生活保障对象调查摸底表明，在城市贫困人口即最低生活保障对象中，在职职工、下岗职工、企业离退休人数占总数的54%；失业人员占总数17%；“三无”人员占总数的6%；其他人员占总数的23%。从1981年到2012年，中国的衡量贫富差距的基尼系数从0.28上升至0.73[81]。

4.1.2 消除城市贫困

消除城市贫困不仅是经济问题，更是社会问题和政治问题。必须视消除贫困为一项公共利益，改善贫困人口获得政治、社会和经济资源的途径，通过政府、社会和个人三方的共同努力与行动来消除贫困。

4.1.2.1 扩大就业

失业问题是导致当前城市贫困阶层产生的根本原因。研究表明，无失业家庭的贫困率为5.1%，有失业家庭的贫困率为19.9%（薛进军，2005）。据劳动和社会保障部统计，我国年失业人口800万人，下岗职工1400万人，按8%的GDP增长率可吸纳900万人，加上退休200万人，才可消化1100万人，仅占一半，仍有大批人面临失业的危机[82]。

对贫困人口而言，就业是实现其参与经济发展、分享经济发展成果的有效途径，是消除贫困的最基本手段。政府通过创造就业机会，促进收入的均衡分配，具有平衡社会差异的效应，在一定程度上可缓解城市贫困问题的激化。德国就已实施统一的就业政策以阻止潜在的贫困的产生。城市政府应积极发展地方经济，扩大就业及建立多种再就业渠道，完善劳动力市场体系，并把有效的、劳动密集型产业发展和提供足够的社会服务结合起来（World Bank，1990）。如在城市中开展大规模的公共设施建设、环境改造工程，为社会提供大量的公共就业机会；鼓励中小型企业的发展，为小规模的和微型的企业设立贷款等。城市政府要为经济的发展提供软、硬件良好的支持环境，为贫困人口以及妇女、老年人、残疾人提供必要的职业培训和就业安置，减少失业率，结束贫穷的恶性循环。

4.1.2.2　提供社会保障

完善的社会保障体系应该包括社会保险、社会福利和社会救济等多个方面，且社会保险应该是社会保障的主体。城市要建立起三层保障网，主要依赖三个保障项目，分别是再就业中心提供给在中心登记的下岗职工的生活津贴补助项目，劳动社会保障部门提供的出中心后仍没有工作的下岗职工的两年期限的失业保险金项目和民政部门提供的城镇最低生活保障项目。由于，前两个项目主要是针对下岗职工的短期、低标准保障项目，城市政府更应大力实施城镇最低生活保障线制度。通过制定城市最低生活保障线，即“贫困线”标准，建立健全新的社会救助体系，保持良好的社会救济，为贫困阶层提供最低生活保障。我国已于 1999 年 9 月由国务院正式颁发了《城市居民最低生活保障条例》，明确指出确定城市居民最低生活保障线，向低于保障线的公民提供满足最低生活的保障。各城市应根据社会经济发展状况，及时更新制定居民最低生活保障线。确定最低生活保障线的方法包括恩格尔系数法、市场菜篮子法、国际贫困标准法和生活形态法等（刘伟能等，1996；唐钧，1997）。

4.1.2.3　重视下一代的教育

布迪厄在《世界的贫困》一书中指出，权力决定着教育制度，决定着文化资本的分配和再生产。原本缺乏文化教育的穷人，在贫困的生存状态下，难以保证子女的受教育更多，从而可能代际传递，形成教育程度相对低下的历史。城市的贫困者或贫困家庭，文化资源缺乏，子女受教育机会不平等，教育支出已经成为许多家庭的最沉重的负担，对贫困家庭来讲更是奢侈的高消费[83]。应建立教育救助制度，对贫困家庭的子女，适当减少教育费用或视情况给予适当的补助。教育不应该成为家庭的负担，对于贫困者来说，它应当是走出贫困的一种有效方式。鼓励贫困家庭子女接受更多的教育，既能减少子女受父母影响的程度，同时又能使子女对父母发挥反向社会化作用，帮助贫困者摆脱被贫困束缚的价值观念，至少是摆脱精神贫困。

4.1.2.4　发动社会帮扶送暖

进一步弘扬扶贫济困这一中华民族的传统美德，广泛发动全社会力量，发挥个人、非政府组织的作用，充分整合和利用社会资源，大力援助城市贫困群体。要积极倡导、组织开展公益募捐活动，广泛募集善款善物，并使之经常化、正常化、制度化，动员和引导城市一部分先富起来的人和社会各界人士慷慨解囊，携手合力济贫救困。

4.1.3 缩小贫富差距

社会健康指数（Index of Social Health）与社会经济发展水平不成正比关系（Miringoff 1996，1999）。英国苏瑟克司大学的理查德·威尔金森指出，虽然对发展中国家而言，平均收入与健康紧密相关，但在发达国家，收入差距（不是平均收入）却是决定健康的最重要的因素[64]（图4-1）。健康与社会经济地位之间有一个梯度关系，而且不只是在贫困层面。目前，研究表明收入差距影响健康有三个通道：①收入差距同公众教育和其他形式社会消费投资低下相关联；②收入差距会导致社会凝聚力和社会资本的腐蚀；③收入差距会通过令人厌恶的社会攀比给人以压力并损害健康（Kawachi et al.，1994；Lynch and Kaplan，1997）。

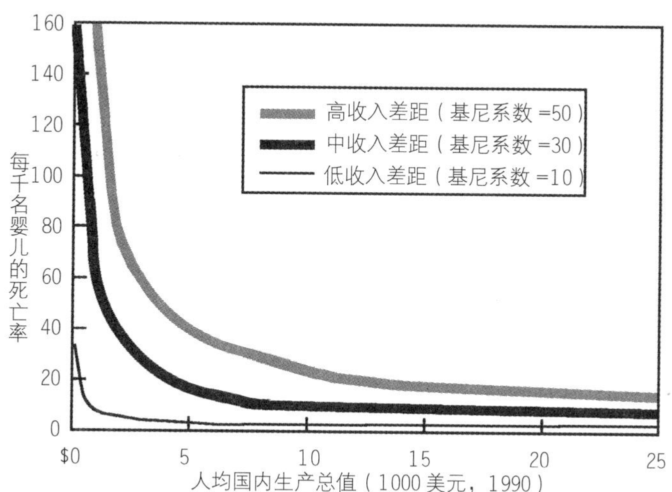

图4-1 不同国家婴儿死亡率，平均收入和收入差距，1990[78]

经济增长并不能保证消除贫困问题，专注于经济增长而忽略收入差距会对健康有害，认识这一点至关重要。尽管美国经济蒸蒸日上，但饥饿和无家可归问题却越来越严重。研究表明，缩小收入差别，缩小贫富差距具有与更高的经济增长相同的消除贫困的作用。

中国现在正处于基尼系数的上升期，也就是库兹涅茨曲线的第二阶段，尚未达到顶峰期（图4-2）。可以预想，在今后一段时期，也就是接近库兹涅茨曲线顶峰期时，中国的收入差距将进一步扩大。虽然库兹涅茨曲线是倒U曲线，其政策结论是顺其自然。但中国与日本、欧洲等发达国家的情况有所不同，中国的经济差距和收入分配不公主要是由某些政策(比如城乡隔离的户籍政策等)引起的，因而要靠自然而然的解决是不大可能的。换而言之，中国收入分配差距的缩小有赖于政府强有力的政策[80]。

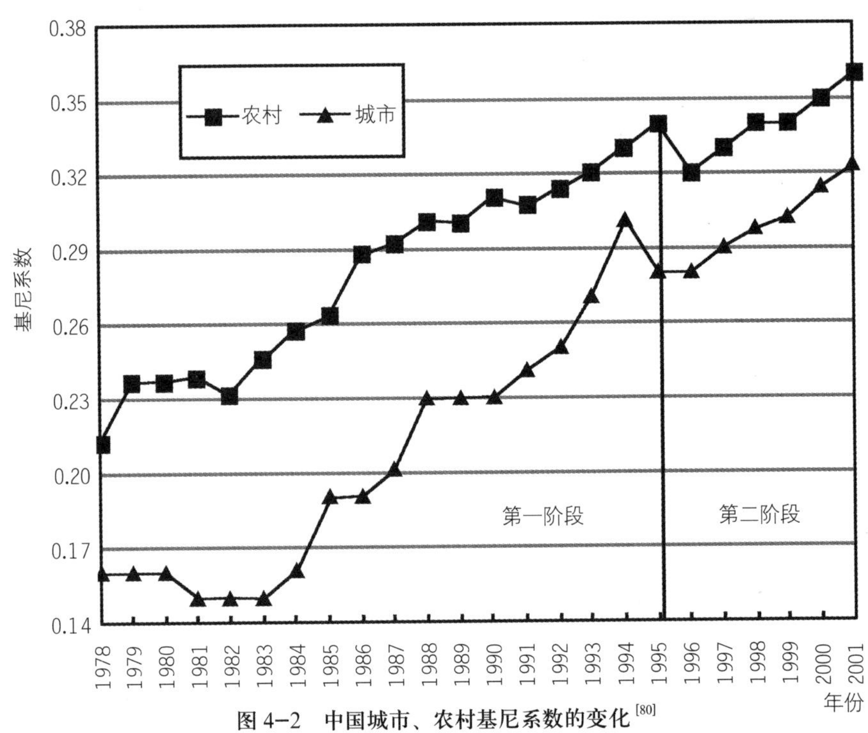

图 4–2　中国城市、农村基尼系数的变化[80]

4.2　关注弱势群体

由于平等的社会里存在着相对低的死亡率，培养健康人群，工作的重中之重是努力改善城市弱势群体的健康状况。健康城市要按照“公平逻辑”，优先关注、关心和救助社会弱势群体，切实保护弱势群体的权益，逐步转变弱势群体的弱势地位，体现人文关怀，以保持城市稳定、健康、持续发展，维护社会的总体和谐与公正。社会公平是可持续发展的四大原则之一（Elkin 等，1991)，是一种使社会中自然形成的弱势群体和强势群体获得平等的发展条件的分配政策或行为过程（Lans，1994；Smith，1994)。科菲·安南在 1998 年 9 月 28 日于纽约召开的第八届最不发达国家部长年会上曾说：“世界判断社会好坏的标准会变为它对待其最低层次、最弱势群体的态度。”

从社会学上来说，弱势群体是相对强势或优势群体而言的，一般将他们看成是在社会性资源分配上具有经济利益的贫困性、生活质量的低层次性和承受力的脆弱性的特殊社会群体。由于弱势群体在经济资源、社会权力资源以及身心(残障人)等诸多方面的弱势地位,仅仅靠自身的力量他们很难摆脱弱势地位。这就需要政府倾听弱势群体的呼声，多为他们的切身利益和实际困难考虑，尤其在规划引导上以公平为首要目标，通过社会资源和收入的再分配等手段，建立公正合理的社会秩序[84]。建立弱势群体社会救助制度，在社会福利政策上向弱势群体倾斜，实行全方位社会救助。如张家港市从2003年以来，累计投入6.44亿元帮扶弱势群体,困难人群的医疗救助限额每年每人最高可达3万元。

目前，我国的立法、行政、执法和司法机构虽然为保障弱势群体的利益做了一定工作，但仍存在很多不足之处。例如，尽管相关法律规定了对妇女、未成年人、残疾人等的特殊保护，但对实现这些保护所需要的经费和其他物质条件，在法律中却没有具体的量化规定；对于侵犯这些弱势群体权利的行为，也缺乏具体的、可操作性的惩治规定。

4.2.1 关心老年人

我国已进入老龄化社会（表4-1），关心老年人已成为了全社会的话题，创建健康城市必须对此有所反应。人口老龄化带来的挑战，主要表现在经济压力、社会活力、生活照料、老年发展问题上。另外，发达国家的调查结果表明，在医疗保健及社会福利很发达的条件下，老年社会的最大问题是缺乏人与人之间的交流，即精神生活得不到足够的关心与爱抚，老年孤独已成为影响老年人生活质量的一种不容忽视的健康问题[85]。

中国老年人比重增长趋势(单位：%) 表4-1

老年人年龄	1982	1987	1990	2000	2010	2020	2030	2040
65岁及65岁以上	4.90	5.48	5.61	6.93	7.88	10.55	13.51	17.44
60岁及60岁以上	7.64	8.40	8.64	10.30	12.70	15.90	22.30	31.20

为尽可能地给老年人的健康生活创造条件，城市政府需解决的问题包括：①如何维持和提高老年人的生活质量，老年人不仅要长寿，而且要健康地生活，尽可能长久的保持生活自理能力;②如何充分发挥老年人的智慧、经验、才能，促进老年人参与社会；③对需要看护的老年人，政府与国家的作用如何取得最

佳平衡；④随着老年人的增多，医疗（健康管理）与社会保障系统如何保证其有效运转。

为此，城市政府要高度注视老龄化问题，遵循“独立、参与、照顾、自我充实、尊严”的原则，公平对待每个老年人，统筹及制定各项安老服务政策，实现“老有所养，老有所医，老有所为，老有所学，老有所乐”的目标。在建立和健全社会养老保障和社会支持体系的基础上，强化家庭养老功能，努力实施以下策略。

（1）发展老龄产业。健康老龄化不是健康城市的终极目标，应倡导效益老龄化战略，强调老年人力资源特别是人才资源是社会的宝贵财富，鼓励老年人就业，尽量使老龄化产生出积极的政治、经济和文化影响力。设立老年人力资源库，构建老年人力资源信息网络；组建老年人才市场，定期举办老年人才交流活动；改革退休制度，适当延长、特别是延长高级科技与管理人才的退休年龄；对雇用老年人的企业与公司，在政策上给予优惠和扶植。

（2）建设完善的老龄化设施。加大对老龄化设施的建设力度，从老年公寓到各层次的城市空间以及各种公共设施（老年医院、老年疗养所等），在软硬件两方面满足老年人的使用要求，保证安全性、便利性与舒适性。

（3）丰富老年人的业余生活。鼓励社会力量开办老年大学，充分利用广播、电视、计算机等现代化传媒技术，发展远程教育，建立城乡老年教育网络。组建各种形式的老年俱乐部或兴趣团体，积极促进老年人的社会交往，多渠道地丰富其业余生活。

（4）开展老龄化问题研究。动员和协调社会学家、行为学家、心理学家、流行病学家及政府官员等社会相关部门人员共同参与，积极开展社会人口老龄化问题的研究，以对老年人关心、尊敬、爱护的态度，研究老年人的生理需求、心理状态需求，研究当前社会经济的发展和老年人在社会中的关系、作用以及城市设施是否适宜老年社会的特点、需求等。

4.2.2 关心儿童

儿童成长是健康的关键因素。研究表明，早期生活环境会通过潜伏效应、通道效应、累积效应三种方式影响成人健康。在人的早期的敏感时期，特定的生物因素（如婴儿重量轻）或成长因素（如视力敏锐），不论其后来生活条件如何，对健康和幸福终身都有影响。国外研究表明，在儿童成长过程中，不太理想的成长，长期的压力及其生理影响，无能为力和情感疏远的感觉以及机能失调的社会支撑网络会产生恶性循环。这个循环，在短期和学历、犯罪、吸毒和少年怀孕有关，在长期则和工作寿命质量、社会支持、中年时的慢性疾病以及晚年的加速老化有关[64]。为此，对童年因素的关注应当被视为解决健康差距战略的一部分。

联合国儿童基金会预测，到2025年，发展中国家的每10名儿童中就有6名生活在城市中[86]。联合国人居中心正从战略角度将其活动定位于使人类住区的发展越来越以儿童为中心。关心儿童生活环境（家庭、邻里、社区），关心儿童营养状况，关心儿童教育以及制定政策促进对儿童的社会与情感支持，使城市在保证为下一代提供健康生存环境的原则下有序发展，是健康城市建设必须关注的重要问题。城市政府可制定“儿童早期成长战略”，作为改善成长轨迹的一个途径，帮助改善儿童的社会经济、社会心理和营养条件，从而改善成年生活的健康状况。

4.2.3 关心残疾人

江泽民同志曾指出：“人权保障，是国家的责任。对残疾人这个社会弱势群体给予帮助，是社会文明进步的标志”。目前我国残疾人占总人口的6.24%，是世界上残疾人最多的国家，平均每5户家庭就有1个残疾人或1个残疾人家庭，他们的生存状况影响到近3亿的亲属和各方有关人士。“以健全人为中心的社会是不健全的社会”，要尽最大可能保障残疾人正常生活的条件，制定政策，通过对企业进行奖励等措施，积极开拓渠道促进残疾人就业，强调残疾人在公共社会中与健全人一道生活的重要性。

由于环境中的物质障碍是最主要、最明显的阻碍残疾人参与社会的因素[87]。因此，为使残疾人以平等的条件完全融入社会，能够达到城市的所有地方，健康城市建设必须贯彻通用设计理念[88]（图4-3），建立起从建筑单体到户外环境以及交通设施的全方位的无障碍体系。

除开发建设通用住宅外，为公众服务的公共建筑，不论规模大小，其设计内容、使用功能与配套设施均应符合乘轮椅者、拄拐杖者、视残者等不同残疾人通行和使用上的要求。其中，建筑入口、水平与垂直通道、洗手间等处是重点考虑位置。

城市公共广场与绿地等开放空间，人行步道以及城市中心区、交通枢纽等重点地区的过街天桥、过街地道等处亦应考虑通用设计，方便所有人的使用。并尽可能考虑盲道与主要公共设施的顺接。同时，户外的导示牌、标识牌等设施的形式、材质、色彩等也应按通用设计的要求进行合理设计与安放。

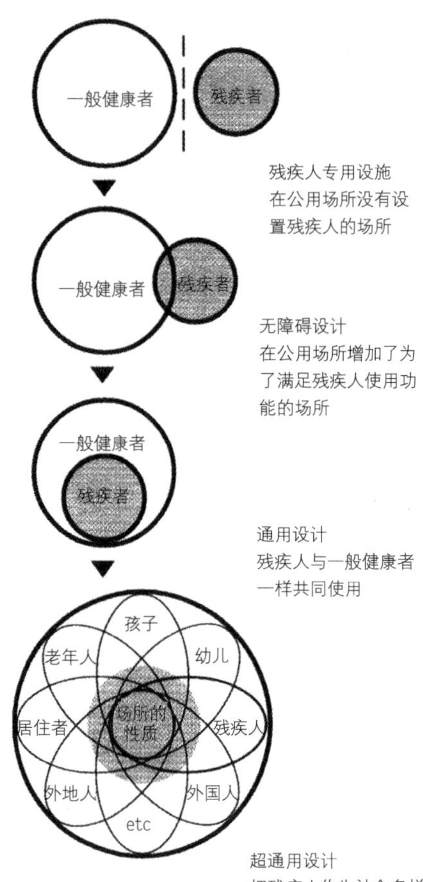

图 4-3　通用设计概念示意[102]

为实现无障碍的城市交通，在对城市出入口等重点地区的公交候车站设施（站台、站牌等）进行通用设计的基础上，有条件的城市，应逐步实现公共交通车辆的通用设计（图 4-4）。

4.2.4　关心农民工

国家统计局的统计公告显示，2011 年末全国就业人员 76420 万人，其中农村就业人数是 40506 万人，占就业总人数的 53.0%，这表明农民工已成为一个不容忽略的庞大社会群体。

由于传统户籍制度的限制，以农民工为代表的大量流动人口不能平等地享受城市人的各项权利，使他们在城市生活举步维艰，主要表现在住房、劳动、教育、低保、选举权等方面（王明浩，李小羽，2003）。

图 4-4　公共交通的通用设计

各级政府要认真研究农民工问题，按照城乡统筹的要求，避免可能形成城市内部的新的二元结构。应清理和取消各种针对农民工进城就业的歧视性规定和不合理限制，实行城乡平等的就业制度，依法保障他们在城市的合法权益；努力降低农民进城就业和定居的门槛，尊重他们选择就业和居住的自由权；重视和开展农民工职业培训，提高农民工的素质；帮助他们解决子女教育问题；帮助解决农民工居住问题，对进城农民购买或者租赁城镇住房上给予政策支持；完善外来人口管理制度，对在城市有稳定收入、有固定住所的农民工给予市民身份。

4.3 永续利用资源

我国能源紧张已经影响城市发展，能源因素成为城市发展的“门槛”之一，并且城市能源效率落后于世界先进水平，中国2000年能源效益大致只相当于欧洲1990年代初的水平，日本1970年代初的水平[89]。

中国是一个能源消耗大国，能源消耗总量排在世界第二。而中国人口众多，能源相对缺乏，人均能源占有量仅为世界平均水平的40%，建筑能耗已经占到社会总能耗的40%左右。而能源效率目前仅为33%，比发达国家落后20年，能耗强度大大高于发达国家及世界平均水平，约为美国的3倍，日本的7.2倍。如何提高能源利用效率，已经成为中国政府在中国未来经济发展中一个紧迫的问题。

我国正处于以轻化工业向重化工业发展的转型期，工业特别是重工业将成为经济增长的主导力量。如果仍沿袭粗放型经济增长方式，将有可能陷入新一轮资源环境约束的困境。为此，建设健康城市应通过制定法律和经济鼓励政策来倡导循环经济，运用3R原则实现企业、区域、社会等三个层面的物质闭环流动，建设循环型社会。由于GDP不能充分反映人民生活的水准，应重点提倡绿色GDP，实现经济低代价增长，以资源生产率（生态效率）作为衡量经济发展的指标，强调资源的合理高效利用。

4.3.1 可再生能源的开发

随着不可再生能源资源的日渐枯竭以及大量使用不可再生能源对全球环境、气候所带来的危害，在不久的将来，人类将别无选择地转向可再生能源的开发和利用。据估计，采用5%的可再生能源可减少14%二氧化硫、13%氮氧化物、5%二氧化碳排放。

在联合国 UNDP/OECD/WEC2000 的报告中，全面总结了目前所有的能源资源。其中包括对各种可再生性能源的描述和预测[90]：

水力发电：全球大约有 30EJ/J 的水力发电资源，目前只利用了 9.3EJ/J。如果提高技术效率的话，可利用的水力资源可达到 50EJ/J，但从生态的角度来看，对环境的效应是负面的，不适合作为未来重要的能源来源。

生物能：主要指植物所具有的能源，众所周知的生物能是木材，煤矿不包括在内。目前生物能的总量为 280 ～ 450EJ/J，人类迄今为止已经用掉了地球上的 40% 生物能。

风能：原则上有着相当大的潜力，如果有 4% 的适合建风力发电的场所拿来建风力发电的话，每年可生产 230EJ/J 的电能。

光电池：适合所有地区，有不可预测的潜力，据估计在 1500 ～ 50000EJ/J 之间。但到今天为止，从价格上看很不经济。

太阳能：适合所有地区，有着不可预测的潜力。可利用太阳能发电，或者利用太阳能热水、采暖装置使太阳能利用技术进入千家万户。

地热：火山、间歇性地热喷泉等，从技术和经济的角度看有很大局限性。

海洋潮汐发电：量小，不起重要的作用。

健康城市建设要改变对可再生能源利用不重视的现象，大力开发利用新能源和可再生能源，同时将“转废为能”作为城市可再生能源利用的重要方面（沈清基，2006）。国外城市较早就已重视可再生能源在城市中的开发利用。芝加哥计划在未来 5 年内将 20% 的城市能源转向使用可更新能源，包括太阳能、风能、生物能源、水力发电等。研究认为，我国有足够的可再生能源可供开发利用，国家发改委能源研究所可再生能源发展中心预测到 2050 年我国可再生能源将成为能源结构中的主角之一，达到 30% 以上。建设领域可再生能源利用的重点为：太阳能光热在建筑中的推广应用及光电在建筑中的应用研究；地源热泵、水源热泵在建筑中的推广应用；热电冷三联供技术在城市供热、空调系统中的研究与应用；生物质能发电技术的研究与应用；太阳能、沼气和风能在集镇中的推广应用；垃圾燃烧在发电、供热中的应用。

可再生资源的储量可能增加也可能减少。一旦利用率超过资源的自然增长率，可再生资源就很容易衰竭。所以也必须适度使用可再生资源，其使用基本原则为：从目前增加资源使用量所获得的直接边际收益，必须与由这种变化带来的未来租费损失的现值相等[91]。

4.3.2 水资源的利用

4.3.2.1 雨水资源化

确立雨水是资源的观念，改变传统的“使雨水尽快远离城市”的防水思路[92]。雨水再利用系统概念流程如图 4-5 所示。

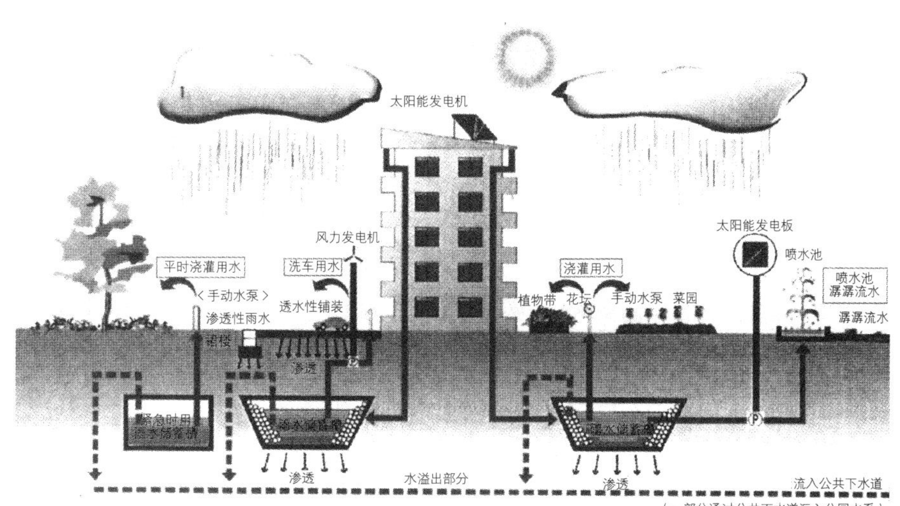

图 4-5　雨水再利用系统概念流程

资料来源：城市规划，2004（9）：87

（1）推广透水性铺装　透水性铺装是由一系列与外部空气相连通的多孔结构形成骨架，同时又能满足路用及铺地强度和耐久性要求的地面铺装形式，包括透水沥青路面、透水性混凝土路面、透水性地砖等，主要应用在公园广场、停车场、运动场及城市道路（图 4-6）。东京在 1996 年初就已铺设透水性铺装 49.5 万 m^2，使透水性铺装市区的雨水流出率由 51.8% 降低到 5.4%。在海绵城市建设中要结合城市水系、道路、广场、居住区和商业区、园林绿地等空间载体，建设低影响开发的雨水控制与利

图 4-6　渗透式地面做停车场

用系统。在居住区、商业区等的低影响开发设计中，改变传统的集中绿地建设模式，将小规模的下凹式绿地渗透到每个街区中，在不减少建筑面积的前提下增加绿地比例，可实现透水性地面≥ 75%，绿地率≥ 30%（其中，下凹式绿地≥ 70%），径流系数≤ 0.45。

（2）建立雨水收集储存系统　城市市区范围内的建筑屋顶、城市广场、运动场、草坪、庭院、城市道路等是收集雨水的有效界面，其中建筑屋顶对于雨水的收集起到至关重要的作用。城市雨水收集利用应将屋顶水落管下引的雨水导入附近储水池中，再通过过滤、杀菌及沉淀等措施进行水质净化。[92] 如美国西雅图市要求坡屋顶的住宅、景观建筑、小型公共建筑等屋顶坡度必须达到 1/3；建筑材料光滑、无明显的反向斜坡坡度达到 1/3；困难地点达到 1/2，目的是保证雨水的快速有效收集。这项措施被证明是雨水回用的有效方式之一 [93]（图 4-7）。通过城市道路、庭院地面、运动场、广场等城市地表收集的雨水，由于径流过程中容易混入有害杂质，污染程度相对较高，储存的雨水经过处理宜用于灌溉、洗车、冲洗厕所等非饮用目的。在扩建和新建城市水系的过程中，采取一些技术措施，如加深蓄水池深度、降低水温来增加蓄水量并合理控制蒸发量，充分发挥自然水体的调节作用。在我国新疆一些地区年降雨量仅为 50mm，蒸发量却高达 4500mm，当地民众自古以来就使用坎儿井来输送水，由于水温低、又能避免阳光照射，从而达到降低水蒸发损失的目的。改造城市的广场、道路，通过建设模块式的雨水调蓄系统、地下水的调蓄池或者下沉式雨水调蓄广场等设施，最大程度地把雨水保留下来。在一些实践中，实现了道路广场的透水地面比例≥ 70%，下凹式绿地比例≥ 25%，综合径流系数≤ 0.5。

图 4–7　住宅立面及雨水回收再使用设施 [93]

（3）利用凹地截流暂储雨水　利用市区天然地形地貌或人工凹地作为截流雨水的暂储空间，可以消减雨水的地面径流量，进而减轻城市排水系统的压力，并减少雨季合流制管网污水处理厂的负荷，它是解决夏季暴雨内涝的一条有效途径。下沉式广场、停车场、运动场、露天内庭院及景观池塘等都可在多雨季节作为临时储存雨水的空间。在海绵城市建设中，园林绿地采用LID设计，绿地的生态效益更加明显。在海绵城市建设实践中，通过建设滞留塘、下凹式绿地等低影响开发设施，并将雨水调蓄设施与景观设计紧密结合，可以实现人均绿地面积≥ 20m²、绿地率≥ 40%、绿化覆盖率≥ 50%、透水性地面≥ 75%（其中，下凹式绿地≥ 70%）的目标，径流系数可以控制在0.15左右。同时，收集的雨水可以循环利用，公园可以作为应急水源地。根据日本的抗震经验，每一个城市公园都建有雨水调蓄池，可以供应周边居民三天的用水量。日本东京等城市纷纷利用当地的球场和田径场汇集截流雨水，汇集的雨水经过处理可用于冲洗厕所和绿化灌溉（图4-8）。中国城市科学研究会水技术中心也推出了一些先进技术，例如，通过在池底铺设表面经过处理的砂层，沙地雨水处理池的含氧量比普通池提高3倍，从而能长久保持水的新鲜度。

图4-8 截流凹地的多功能使用

（4）改造现有非透水性排水管沟为透水性排水管沟　英国、日本等国在1980年代就提出了“渗透型雨水管道”的设想，采取各种措施利用渗透型雨水系统截流渗透雨水，并将此纳入国家下水道推进计划。该做法是将传统的非透水性排水管道或沟槽改造成类似于打孔PVC管的可透水结构，雨水通过渗透型管道同样可以下渗到底部土壤层。为了防止杂物沉淀堵塞渗孔，可附加不织布（土工布）过滤[92]。

（5）建筑雨水利用与中水回用　在海绵城市建设中，建筑设计与改造的主要途径是推广普及绿色屋顶、透水停车场、雨水收集利用设施以及建筑中水的回用（建筑中水回用率一般不低于30%）。首先，将建筑中的灰色水和黑色水分离，将雨水、洗衣洗浴水和生活杂用水等污染程度较轻的“灰水”经简单处理后回用于冲厕，可实现节水30%，而成本只需要0.8～1元/m³。其次，通过绿色屋顶、透水地面和雨水储罐收集到的雨水，经过净化既可以作为生活杂用水，也可以作为消防用水和应急用水，可大幅提高建筑用水节约和循环利用，体现低影响开发的内涵。综上，对于整体海绵建筑设计而言，为同步实现屋顶雨水收集利用和灰色水循环的综合利用，可将整个建筑水系统设计成双管线，抽水马桶供水采用雨水和灰水双水源。

既然可以做到建筑中水回用，那么在城市中市政污水再生水更有利用价值。通过铺设再生水专用管道，就能够实现再生水的有效利用，从而能大幅降低对水资源的需求。以北京市政部门测算，如果 80% 的建筑推广这种中水回用体系，市政污水的 1/3 能作为再生水利用，该市每年约可节约 12 亿 m^3 水，相当于南水北调工程供给首都的总水量。

从 2000 年开始，中国和德国合作开展了“北京城区雨洪控制与利用研究”，并于 2001~2002 年建成北京双紫园示范小区。在示范小区的雨水综合利用试验中，将雨水的直接灌溉、洼地蓄水、绿地回渗、可渗透性的路面与停车场、景观水的循环使用等方式综合起来，实现了有效的水资源管理，获得良好的经济效益与生态效益[94]。

4.3.2.2　污水资源化

一般情况下，城市供水经使用后，有 80% 转化为污水，经收集处理后，其中 70% 是可以再次循环利用的。这就意味着通过污水回用，可在现有供水量不变的情况下，使城市可用水量增加 50% 以上。统计显示，发达国家水的重复利用率平均为 75% ～ 85%，而我国平均只有 40%，城市生活污水绝大部分没有得到有效利用就排入江河湖海，造成污水资源的浪费。

国内外实践经验表明，城市污水的再生利用，实施污水资源化是开源节流、减轻水体污染、改善生态环境，解决城市缺水的有效途径之一。在城市中可以兴建深度污水处理厂，或利用人工湿地生态方式处理城市污水，提高中水在城市绿化、城市清洁、工业生产等领域中的使用比例，实现水资源在城市系统中的循环利用。日本建设省城市局下水道部和东京都下水道局已开始将城市废水作为能源利用，主要表现在：①利用下水热能；②小规模水力发电。据测算，日处理量 40 万 m^3 的处理场中，平均水流量为 0.85m^3/s，平均有效落差为 5.4m，综合效率为 0.75 时，功率可达 34kW，年发电量可达 17 万 kW·h；③下水道污泥燃烧炉废热用于蒸汽发电；④下水道污泥用于生产水泥[95]。

2003 年国家标准化管理委员会颁布了城市污水再生利用 3 项国家标准:《城市污水再生利用分类》(GB/T　11919—2002)、《城市污水再生利用城市杂用水水质》(GB/T 18920—2002)和《城市污水再生利用景观环境用水水质》(GB/T 18921—2002)。2015 年 2 月，中央政治局常务委员会会议审议通过《水污染防治行动计划》“水十条”，《水十条》涉及工业水污染治理、城镇水污染治理、农业污染治理、港口水环境治理、饮用水、城市黑臭水体治理、环境监管等方面，预计到 2020 年，需各级地方政府投入约 1.5 万亿元。

4.3.2.3 节制用水

节制用水是现代可持续“城市水管理”的核心，城市水管理方法与手段的一种升华[96]。节制用水区别于一般意义上的节约用水，其内涵为：①遵循水的社会循环规律，将城市供水、节水和污水处理统一规划、有机结合；②科学管理城市水资源，使水的社会循环质量满足城市可持续发展的最低要求；③合理开发城市水资源使之可持续利用；④政府职能部门的行政强制措施。

4.3.3 固体废物的利用

4.3.3.1 生活垃圾资源化

城市垃圾资源化处理，是把垃圾作为一种可循环和再生的资源加以回收和利用，对生活垃圾分类收集、分类处理，最大限度提高垃圾资源的再生和综合利用水平，同时把垃圾对环境的污染降到最低限度，使生活垃圾进入良性生态循环。垃圾减量化、资源重复使用和再生利用的 3R 思想成为生活垃圾处理的主导思想。

要实现垃圾资源化处理，变“废”为“宝”，分类收集是必经之路，改变目前以混合收集城市垃圾为主的现状，转而大力推行垃圾分类收集是实现垃圾资源化处理的重要前提。许多发达国家都已经实行垃圾分类收集，如德国、日本、新加坡等国都建立了较完善的垃圾分类收集制度和设施，其中尤以德国走在前列。在德国，每户居民交纳的垃圾费占家庭收入的 0.5%，街头随处可见黄、灰、褐、绿四种不同颜色的垃圾容器，垃圾分类严格到一箱啤酒喝完后的包装纸盒和玻璃瓶都要分开投放。

垃圾分类方案的设计要从系统的角度考虑，对生活垃圾的管理要实行“从摇篮到坟墓”的全过程管理，建立从分类投放—分类收集—分类运输—分类处理的“链式系统”，按可回收、不可回收、可堆肥或可焚烧及有害垃圾等原则分类设置。巴西的库里提巴实行一项垃圾换购食品的计划（每六袋废弃物可换得一袋基本生活食品），既保证了棚户区的清洁，同时还供养 10 多万贫民。在城市垃圾回收方面，通过设计分类回收方法，动员学生力量、垃圾管理的权力下放等行动，使城市垃圾资源化水平甚至高于日本[97]。

为推动城市垃圾的分类收集，可通过街头宣传、广播电视等手段加大政府公众宣传力度，增强居民、特别是孩子的环境意识，以促进居民自觉的分类投放垃圾（图 4-9）。同时，必须制定和实施以下四方面配套设施：①设置专门存放分类垃圾桶的垃圾分类收集房；②制定促进垃圾分类的垃圾收费政策；③改进小型垃圾桶的设计或取消小型垃圾桶；④重罚“垃圾虫”[98]。

（a）屋苑居民参观展示“环保生活”的展板

（b）屋苑互助委员会的委员参加环保讲座

（c）流动环境资源中心

（d）小朋友们参观流动环境资源中心的设施

图 4-9　香港环境保护部门组织的宣传活动

4.3.3.2　拆建物料的循环再造[99]

拆建物料包括拆卸、挖掘、翻新及平整工程所产生的惰性物料和非惰性物料。惰性物料包括砖瓦、沥青、破碎混凝土、岩石、沙泥及挖掘出的泥土等。惰性物料可再用作平整工程及填海工程的公众填料，亦可于再造后用于建筑工程上；非惰性物料又被称为拆建废料，包括通常混有其他物料或受污染的竹枝、塑料、木材及包装废物等，这些废料不能循环再造。

惰性拆建物料循环后可用作：生产混凝土、过滤器和疏水层等粒料、路底基层、混凝土铺路砖块或类似的方块工程等。经循环再造后的惰性拆建物料其中成分超过九成为天然石料，其物理特性和天然石料差别很小。将拆建物料循环再造不但可减少滥用资源，更能减低传统采石的方式带来的环境影响。香港特区政府已就设立循环再造拆建物料市场、在香港的重要地点建拆建物料循环再造设施的经济及财政可行性分析进行研究。研究成果显示，如有适当的行政措施及土地，设立循环再造拆建物料的业务在经济及财政上均可行。

为更广泛的在建筑业采用循环再造惰性拆建物料，可采取以下策略性活动：①就工程计划的规划、设计、施工及维修各个阶段推行废物管理计划；②鼓励选择性拆卸和现场分类，以取得优质的坚硬惰性拆建物料循环再造；③检讨、修订有关工程规格，以消除循环再造的障碍；④设立临时的（短期及中期）循环再造设施；⑤鼓励把循环再造拆建物料用于公共工程及私人工程；⑥在关键的地点分配土地设立更多的循环再造设施；⑦现场循环再造，减少输出拆建物料和输入天然材料；⑧与业界有关人士及学术界人士合作，研究和发展更广泛使用循环再造碎石的计划[99]。

4.3.4 倡导节能理念

健康城市必须确立先进的能源理念，将节能作为城市生产生活的基本态度之一，将节能提高到战略的高度，并使各项政策法规与先进的能源理念相适应（沈清基，2005）。

倡导企业节能。政府要对能源消耗大的企业、机构办事处进行监督指导，采取有效措施减少能耗。企业节能主要要针对煤炭、电力、钢铁、有色金属、石化、建材、化工、造纸等八大高耗能产业，淘汰陈旧、耗能大设备，鼓励节能技术创新。

倡导建筑节能。所有全球性影响—能源、水和原材料，有一半以上应当归因于建筑。建筑对环境的影响包括：消耗 50% 的能源；消耗 40% 的原材料；消耗 50% 的破坏臭氧层的化学原料；对 80% 的农业用地损失负责；消耗 50% 的水资源。仅建筑物的维修和使用一项就导致产生出世界 50% 的二氧化碳，等于温室气体的 1/4[17]。而我国单位建筑面积能耗更是发达国家的 2 ～ 3 倍，对社会造成沉重的能源负担和严重的环境污染，已成为制约我国可持续发展的突出问题（仇保兴，2005）。为此，应提倡建设健康建筑以实现建筑节能，同时通过输入式节能与输出式节能两种方式减少建筑能耗。新规划、建设的建筑要严

图 4-10　设计中心楼的绿化中庭

格依照规划中规定的节能原则与指标实施，积极开发可再生的新能源。清华大学设计中心楼就是一个充分利用自然、节约能源、创造舒适健康环境的实例。在其南侧设一边庭，内植花木，既净化空气，调节气温，又美化环境（图 4-10）；在南北顶部各设一条形天窗，可根据四季的不同需要开启或关闭，自然通风，冬暖夏凉，节省能源；外置遮阳板，夏日遮阳降温；西面入口置一实墙面，夏防西晒，冬挡寒风；设光电板，将太阳能转化为电能。

发展节能型产业。在城市产业结构布局中优先发展新技术产业和先进制造业企业，促进城市产业结构的先进化和向第三产业的转型，建立城市节能型产业。《中国可持续能源项目》指出，先进的建筑节能标准和家用电器能效标准，将使中国在降低能源使用量的同时，形成一个新型的节能产业。节能型产业是城市产业的一个极有潜力的新生事物，其前途不可限量，可成为城市新的经济增长点。

日本东京已提出建设“节能型城市”的计划，采取的政策措施要点有：①提高能源的有效利用率，努力提高全体居民的节能意识和环保意识，采取自觉的节能行动；②推广使用新能源，如在家庭和办公室积极推广太阳能发电系统，加快垃圾处理发电的建设步伐，推进城市热源网络化的构想以及积极研究地热资源的开发利用；③颁布一些资金补贴措施和融资办法。如帮助居民在购买住宅用太阳能发电系统或绿色能源汽车时获得贷款，提供经费补助，帮助中小企业开发节能产品等[89]。

4.4　提供适当住房

居住是居民安居乐业的基本条件，对于整体人口的安全、健康，甚至对于经济发展来说都是如此。“拥有合适的住房及服务设施是一项基本人权，通过指导性的自助方案和社区行动为社会最下层的人提供直接帮助，使人人有屋可居，是政府的一项义务。”（《温哥华宣言》，1976）1996 年第二次人居会议的两个全球性主题之一也是：为所有人提供适当的住房。

据住房和城乡建设部的统计资料，2010 年，全国约有 50% 的家庭户均住

房面积不到 $30m^2$，其中 26% 的家庭不足 $20m^2$。我国仍有 2000 多万户城镇低收入和少量中等偏下收入家庭的住房不成套，其中 1000 多万户居住在棚户区中，大多是危房，缺乏供水、排污、取暖等生活设施，冬天透风，夏天漏雨，巷道狭窄，环境脏乱，不能满足基本生活需求。此外，城镇人口每年增加 1000 多万人，其中不少新就业职工、新毕业大学生以及外来务工人员的住房条件较差，成为新增加的住房困难群体。近年来特别是国际金融危机爆发后，部分城市房价上涨较快，房屋租金也明显上升，进一步加大了保障性住房的供求矛盾。

可见，我国城市的住房问题还相当严重。创建健康城市要努力解决低收入家庭的住房困难问题，实现联合国所确定的"无贫民窟城市"目标。温家宝曾指示，要坚持以需求为导向，切实调整住房供应结构，重点发展满足当地居民自住需求的中低价位、中小套型普通商品住房、经济适用住房和廉租住房。各地要制定和实施住房建设规划，对新建住房结构提出具体比例要求。充分考虑市民的居住和生活成本，把设施条件好、交通便利的地段优先安排用于普通商品住房建设。在规划设计和实施中要做到"面积不大功能全，占地不多环境美，造价不高品质优"。

4.4.1 住房占有形式与健康

住房占有形式是指居民所居住的住房是自有住房还是租用住房。不同的住房占有形式使人们在住所或直接接触的环境中面临不同的健康危险，可以作为物质财富的一个指标来预测死亡率和发病率。英国人口普查和调查办公室纵向调查显示，在 1971~1981 年间，租住住房的男性死亡率比自有住房男性死亡率高 26%，女性高 21%。相应的在 1981~1989 年间，男性高出 22%，女性高出 32%[100]。在 1991 年英国普查中，租用住房的人患慢性病的比例几乎是自有住房人口的 2 倍。英国国家儿童发展研究通过 5 个不同的健康指标（身高、"不舒服"、健康自评、医院证明、精神病发病率）发现，在 7 岁和 23 岁群体中，生活在自有住房的人群的健康状况要好于生活在租用住房中的人群的健康状况[101]。研究表明，由于缺少住房或住房拥挤，无法获得相应设施以及环境退化等常常和健康状况差、残疾、心理抑郁、预期寿命短以及住房和社会种族隔离有关[102]。

目前，我国城市居民中有 10% 左右的人口只能租住政府廉租房；60% 左右的人口可以根据自己的收入水平租住同等次不同面积的商品房；有 20% 左右的人口可以用银行贷款或按揭方式购买住宅；有 10% 左右的人口可以购买用于消费或投资为目标的商品房[103]。

4.4.2 发展经济适用房

经济适用房是指享受政府给予的建房用地和税费政策上的优惠条件，具有积极性、适应性和社会保障性质的普通商品房。发展经济适用房建设是取消住房实物分配后，逐步实施住房分配货币化过程中的重要措施。赵燕菁撰文指出，20 年内我国城市化水平要翻一番，20 年内大约有 5 亿农民进城，这就为经济适用房的发展带来庞大的空间。经济适用房不是一个权宜之计，不是一个短期的政策，而是发展中国家较长时期内都将存在的一种住房形态。

《国务院关于进一步促进房地产市场持续健康发展的通知》指出“要通过土地划拨、减免行政事业性收费、政府承担小区外基础设施建设、控制开发贷款利率、落实税收优惠政策等措施，切实降低经济适用住房建设成本。”经济适用住房要严格控制在中小套型，严格审定销售价格，明确供应对象和购买标准，依法实行建设项目招投标。经济适用住房实行申请、审批和公示制度，具体办法由各城市人民政府制定。另外，集资、合作建房也是经济适用住房的组成部分，其建设标准、参加对象和优惠政策，按照经济适用住房的有关规定执行。

4.4.3 提供廉租房

廉租房和低租房实际上是同等质量同等面积的住宅，所不同的是低租房的房租完全由家庭自己承担，廉租房的房租由政府社会保障资金承担家庭不能承担的部分。我国每年廉租房需求大约 2 亿 m^2，可带动直接投资约 2600 亿元。在现阶段，政府为 5% 的城市困难户居民提供廉租房之外，应该确保占城市居民 15% 的低收入户能租到低租房（刘福垣,2003）。可采用租金减免、租金补贴、实物配租等组合保障方式来解决低收入家庭住房问题，保障廉租房政策的顺利实施。

政府在房地产市场上的重要性远远超过私人部门。由于政府可以在更大的空间和时间范围内组织要素的投入—产出，使得政府成为市场上唯一可以用远低于市场均衡的价格，大规模提供廉租房的组织[104]。1960~1970 年代，香港和新加坡就开始了前所未有的公共房屋建设，即使到了 1990 年代，香港这类住宅仍然高达 50% 以上，新加坡更是高达 87%（世界银行，1994）。政府的廉租房提供机构应当尽量精简，避免为此成立大规模的组织，其职能尽量通过竞争性的市场或现有的机构解决；在建设过程中，全面采用招投标，建筑材料、施工和监理单位通过竞争的市场获得，并通过制度设计，使其相互竞争，确保建设的质量和最低的成本；在分配廉租房的过程中，形成完善的申请、审批制度，制定公开透明的标准，符合标准的人，排队获得住房。

4.4.4 建立正规的住房租赁市场

人人有房住，是住房制度改革的真正目标，而非人人（户户）拥有房屋产权（陈为邦，2005）。在城市，许多人根本买不起商品房和经济适用房，又找不到廉租房，他们最急需的是能够租到符合他们经济能力的住房。在国外许多市场经济国家，都有健全的住房租赁市场。另外，从经济发展中生产力要素流动的角度看，人的流动是正常的现象和市场经济的需要。从某种意义上讲，住房租赁市场的建立和完善更有利于人的流动，也是市场经济的需要。

4.5 注重防灾减灾

按照人本心理学家亚伯拉罕·马斯洛的需要层次理论，城市的安全是城市市民在基本生理需要得到满足之后的又一心理迫切需要。纵观中外城市发展历史，安全保障一直是城市建设的首要要求。道萨迪亚斯说过“一个城市必须在保证自由、安全的条件下，为每个人提供最好的发展机会，这是人类城市的一个特定目标”。健康城市应建立“危机是常态”的忧患意识，保证城市安全，对自然灾害、社会突发事件等具有有效的抵御能力。

4.5.1 城市灾害源

城市是巨大而密集的承载体，人口、财富集中使它因灾害频发而日趋脆弱。城市灾害几乎包括灾害类型的全部，其灾害机理充满复杂的规律性（仇保兴，2004）。虽然“地震、火灾、风灾、洪水、地质破坏”五类为城市主要灾害源，但从2001年美国“9.11”事件后，城市安全研究的内涵从关注平时灾害、战争空袭、减少治安性犯罪，扩大到应对恐怖袭击。研究城市灾情，不能仅从自然灾害、人为事件上着眼，要充分把握非传统安全要素，必须包括恐怖事件在内的诸项新灾害源。大部分情况下，城市安全面临着传统安全因素与非传统安全因素的交织影响，形成多重风险共生的局面。

研究表明，多数的城市非传统安全是从传统安全演变成“新”问题的，从而使不少传统灾变，表现出新面孔及新危害。如信息网络的攻击，即损害城市公众的权益，又威胁到信息基础设施的安全运行。“非传统安全”本质上指的是一种安全观念和现实存在的问题，它涉及的城市领域主要有：能源安全、生态环境安全、水资源安全、恐怖主义的袭击、信息系统的安全、流行疾病的安全、人口安全及城市建设的安全容量问题等[105]。

4.5.2 城市安全减灾

城市安全减灾的目标是使自然、人为等紧急突发事件所造成的影响最小化。为此，现代城市减灾在观念上要改变重救轻防的思想，将灾前预防、灾时救助、灾后援建纳入统一的过程系统；在管理上要改变传统的按单灾种设置灾害管理结构的做法，强化政府主导下的多部门系统合作，在不同的区域层面加强合作，建立综合的灾害管理模式，重视减灾信息的整合；在软件建设方面要改变减灾工作的随意性和不规范现象，加强减灾的法制建设[106]。

4.5.2.1 制订城市综合减灾规划

城市综合减灾规划关系到城市建设与发展的全局，包括城市消防规划、城市防洪（防潮汛）规划、城市抗震规划、城市防空袭击及恐怖规划等。城市综合减灾的思路除涉及防御灾害的工程措施外，还包括灾害的监测、预报、防护、抗御、救援及灾后恢复重建和工程保险补偿等方面。在综合减灾规划中，应遵循“预防为主、防治结合”及城市安全承载力（安全容量）的原则，把地上、地下，城市、郊区，平时、灾时（战时）综合考虑连在一体，把专项防治和区域防治综合连在一体。城市综合减灾规划内容主要包括[107]：

1）城市综合减灾体系现状及防灾工程防护能力评估；

2）城市综合减灾体系研发战略与发展预测，要根据城市性质、特点、规模、地理位置、经济实力等条件合理确定研发思想、研发重点和研发规模；

3）城市综合减灾工程建设投资规模、使用功能与平面布局形式，工程的建筑面积与空间体积及相关经济技术指标等；

4）城市综合减灾工程建设的实施步骤、实施方案和计划；

5）各类工程的详细规划及配套工程的综合布置方案，从城市防灾减灾的角度提出绿地建设量、人口密度、容积率。

综合减灾规划要保证交通、能源、供水、供电、通信等城市生命线系统自身的安全，注重旧城改造时防灾系统的配套和市政基础设施的改造。规划中要明确城市防灾用地，规划建设包括防灾公园在内的避难场所（表 4-2），以便在发生地震、火灾、洪灾、海啸等严重灾害时为居民提供安全而实用的防灾减灾活动空间，并给灾后城市恢复、复兴创造条件（图 4-11）。有条件的城市，可绘制城市防灾手册，指出可能发生自然灾害（如洪水等）的位置，明确指出各级避难场所。

避难场所面积与服务半径 表 4-2

避难场所等级	功能	面积（hm²）	服务半径（m）
社区级	暂时避难	1~2	300~500
街道级	广区域避难	2~10	500~2000
市、区级	广区域防灾据点	10~30	2000 以上

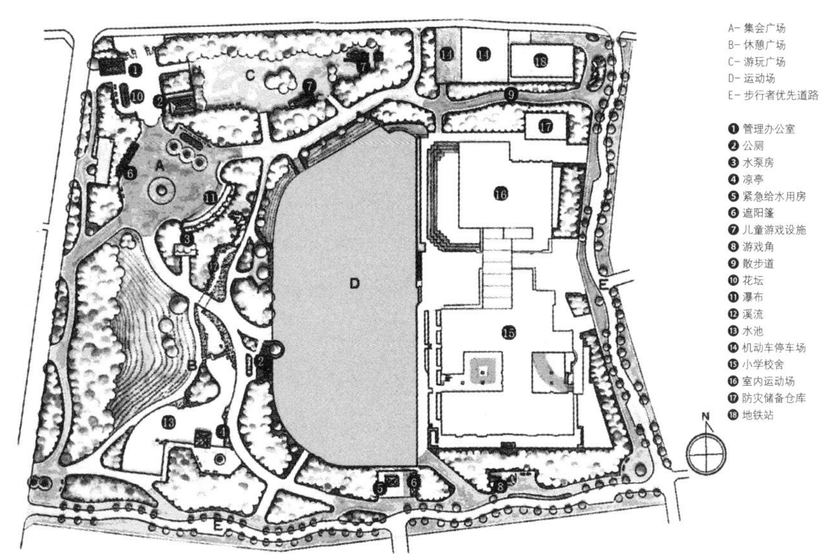

图 4-11 日本蚕丝森林防灾公园平面

资料来源：日本防灾宣传手册

4.5.2.2 制定城市减灾应急预案

应急预案是面对城市突发事件如自然灾害、重特大事故、环境公害及人为破坏、恐怖袭击等的应急管理、指挥、救援计划。应急预案应建立在城市综合减灾规划之上，建立统一的城市灾害应急网络，其重要子系统包括：①完善的应急组织管理指挥系统；②强有力的应急工程救援保障体系；③综合协调、应对自如的相互支持系统；④充分备灾的保障供应体系；⑤体现综合救援的应急队伍等。应急预案要针对不同的突发情况制定针对性的应急方案，且必须是多方案的、操作性强的。城市政府应当把减灾应急机制纳入政府日常工作体系，纳入城市日常管理之中，建立统一的减灾综合信息管理系统，建立反应迅速、组织科学、运转高效的减灾应急机制。政府通过采取减灾、防灾、回应和恢复四个相互关联的行动，来履行自己的应急管理责任。采用系统的方法，将每个行动作为综合过程中的一个阶段，每个阶段都建立在完成前一个阶段的基础上[108]。

4.5.2.3 加强城市防灾设施建设

城市防灾设施建设是一项复杂的系统工程。建设健康城市应加大城市防灾设施投资建设的步伐，根据城市总体规划和城市综合减灾规划的建设标准，兴建抗震、水利、气象、交通、市政、邮电、通信等防灾基础设施项目。以政府灾害管理职能部门、辅助救灾部门、救灾决策指挥机构为组织者和领导者，充分发挥资源配置的作用，整合建设单位和土地供应单位、规划设计单位、材料设备供应商、承包商、销售商及各类咨询服务商等合作伙伴企业的资源优势和核心竞争力，实施城市防灾设施建设供应链管理[109]。

4.5.2.4 强化多部门系统合作

城市灾害的多样性、时空耦合与链状分布等特点决定减灾工作必须是系统化的[106]。在城市危机事件中，没有标准程序可遵循，也不可能有某个组织能够单独做出回应，这就要求建立一个能适应无法估计且迅速变化的环境的多组织动态协调系统，而多元组织的信息互通、信任和合作在危机事件回应中具有十分重要的作用。当多种灾害同时在同一城市爆发时，单方面的减灾措施再强也难于应付危急局面。尤其是灾害链一旦形成，即使原发灾害已经被控制，但衍生灾害往往会带来更加严重的危害。同时，自然灾害、人为灾害事故在发生根源、危害对象等方面与自然、技术与社会经济系统非常复杂地交织于一体，使得任何单一的技术或行政手段都无法应付。而减灾效益的外部性、减灾所需资源的多样性和投入规模的庞大使得任何企事业单位都无法单纯开展减灾工作。因此，防灾减灾工作必须以政府的财政投入为主，由政府直接出面组织各有关部门和企事业单位，充分发挥非政府组织的力量，推进社区救援志愿者队伍建设，使各方面形成同一方向的合力，才能取得成功。

根据纽约时报和联邦突发事件管理局的报告，当美国“9.11”袭击事件发生数小时后，就有456家机构（229个公共组织为国际组织，67个非营利组织，160个私营组织）投入到了危机事件的处理中，迅速建立了一个由数百家组织（公共、私营、非营利）和个人组织组成、以联邦突发事件管理局和纽约市政府及市长为中心的协作回应系统。由于很多参与灾难恢复工作的组织以前彼此交换过信息和资源，他们利用通信线路、信息资源形成一个互通信息、合作伙伴的社会协作网络，履行危机处理的任务，协助和补充正式灾难回应机构的活动。

4.5.2.5　加强风险沟通

在危机事件中，如果缺乏客观的信息沟通，必然引起民众的恐慌，所以加强风险沟通（risk communication）至关重要。所谓风险沟通，是一种让人们认识到危机，进而产生合适的应对行为，并参与到风险决策中的过程。它通常发生在人们的风险意识逐渐上升的情境中，其目的是降低民众的风险知觉。但也有观点认为，风险沟通是一个系统的过程，其核心就是个体的风险评估和针对灾难的安全教育管理。面对危机，政府部门要注意与媒体的交流，进一步完善公共沟通中的信息发布机制，遵循开放、透明的原则，使得公众充分知情。

4.5.2.6　开展公众防灾教育

开展多种多样的公众防灾教育，不断提高民众的防灾意识和自救、互救技能是政府和灾害管理部门的一项重要工作内容。[110]可在政府网页或媒体上，开设防灾专栏，公布当地政府的防灾政策和措施、发布防灾训练信息，教育市民在发生紧急情况时如何应对等。有条件的城市可结合公共设施设置专门的防灾教育场所，如日本的许多城市都建立了介绍有关灾害知识的科普性场所，采用现代高新技术模拟灾害发生的全过程，用声、光、电各种方式展示灾害发生的原因和有关防灾知识，十分直观形象。另外，根据具体情况，城市要定期或不定期地组织有公众参与的防灾演练（图 4-12）。

图 4-12　公众参与的防灾演练

4.5.3 城市安全防卫

4.5.3.1 城市防恐、防疫

美国“9.11”事件和SARS事件的发生，把城市反恐、防疫问题提上了重要的议事日程，成为城市安全不能有半点懈怠的问题。加强城市间、国际合作，开辟多种渠道进行情报信息收集，各城市，特别是大城市，应相应加强反恐怖专业机构和力量的建设。在城市建设中，对城市重要地区和建筑，如大型公共建筑、地铁、火车站、电厂、化工厂、水源地、电视塔等，必须加强安全监控和防护，易燃易爆易发生重大污染而危及生命财产安全的工程设施应当调整布局、迁出城区。加强城市疾病控制中心的网络建设，对毒品、艾滋病等应给予足够的注意和加强控制、有效抑制。

4.5.3.2 加强城市治安

城市治安是城市安全体系的一个重要方面，包括犯罪、违法乱纪、无责任或责任不明的不安情形、事故事件等四类。“很大程度上，一个城市犯罪率的高低和公共安全条件的好坏决定了人们对该城市的看法。”（Janny Scott，1997）根据《北京青年报》的一项社会调查，社会治安问题再次位列社会问题的榜首，成为城市市民最为担心和关注的社会问题[111]。解决社会治安问题，不能单靠公安、司法机关，应依靠社会各方面的力量，各司其职，密切配合，互相协作，进行社会治安综合治理。

在维护社会治安中，最为重要的是预防、打击犯罪，坚持“打防结合、预防为主”的方针，在严厉打击违法犯罪活动的同时，加强防范工作。控制城市犯罪有三种方法[112]：最常用的方法是法律和规定，意味着更多的警察，更强硬的法律，更严厉的监狱等法律性惩罚，让犯罪分子在监狱呆更长时间。第二种方法是关注犯罪的根源：体制的不完善、忽视和歧视。第三种是在解决城市犯罪问题的过程中，鼓励国家政府、城市、邻里和公民之间的合作，加强政府与市民，尤其是边缘群体的合作，实行“安全城市计划”。通过环境设计、环境管理来阻止犯罪，将社会阻止和物质环境变化（优化）的方法结合起来。在加大科技投入，强化管理和防控的同时，合理规划与设计城市环境，通过视觉可达性实现对地点的非正式监视，改善脏乱、拥挤、破旧的环境状况，强化人际沟通与互动，减少疏离感，提高对公共领域的集体责任感。

4.5.4 城市生物食品安全

食物是保证人类生存和发展的最基本的物质条件，“民以食为天”高度概

括了人类对食品的需求是人们最基本的需求。除人为因素外，食源性疾病、农药污染、滥用抗生素与饲料添加剂、粮食污染、合成食用色素以及食品新技术、新资源（转基因食品、酶制剂和新的食品包装材料等）的应用带来食品安全管理问题。

食品卫生质量常见的问题有：①细菌、病毒污染食品。可引起肠道传染病或细菌性食物中毒；②寄生虫或虫卵污染食品。可引起肠道寄生虫病，如蛔虫病、蛲虫病等；③真菌感染；④化学物质污染。如农药污染，不法商贩在食物中掺假，还有动物饲料添加剂中的有害物质残留对人体健康的影响，成为新的焦点；⑤食物自然含毒，如毒蘑菇、苦杏仁可使人中毒。

食品安全是指确保食品消费对人类健康没有直接或潜在的不良影响，是食品卫生的重要组成部分。国际组织和有关国家政府纷纷采取措施控制食品污染，确保食品安全。早在 2001 年 1 月欧盟就颁发了《食品安全白皮书》，计划组织欧洲食品权威机构并建立快速警报系统，使欧盟委员会对可能发生的食品卫生问题采取快速而有效的反应。2015 年在京举办的"国际食品安全大会"，直面我国食品安全的三大热点、难点问题，即微生物污染、原料溯源、食品掺假，借鉴国内外专家智慧及优秀企业的管理经验，为政府监管、行业发展提供技术支持和强大助力，同时强化了企业作为食品安全第一责任人的担当意识，亦为共同维护食品安全注入强大合力。

健康城市应严格控制食品安全，实施危害分析及临界控制点（HACCP）体系有效地预防食品污染，为市民提供安全饮用水与绿色食品。"绿色食品是按特定生产方式生产并经权威机构认定使用绿色食品标志、优质、营养食品。"绿色食品是从普通食品向有机食品发展的一种过渡性产品。有机食品"来自于有机农业生产体系，根据有机认证标准生产、加工，并经独立的有机食品认证机构认证的农产品及其加工品等，包括粮食、蔬菜、水果、奶制品、禽类产品、蜂蜜、水产品、调料等。"[113]

4.6 优化健康服务

国务院发展研究中心公开承认，中国近 20 年的卫生改革是"不成功的"[114]。以市场为导向的医疗卫生改革不但没有解决医疗费用上涨问题，反而加剧了这一问题，在医疗保障体系不完善的情况下，降低了弱势人群对卫生服务的获取，使得卫生保健的公平性受到极大的损害。为此，健康城市建设应改变政策导向，加强汲取能力，强化政府责任，坚持公共医疗卫生的公益性质，提高疾病预防控制、公共卫生监督、突发公共卫生事件应急处理能力，在卫生事业上进行必要的投入，完善城市医疗设施，改变卫生保健筹资与利用中的不公平，提供更优质、便捷、高效的健康服务，重建覆盖全体居民的公平、可及的基本卫生服务体系。

4.6.1 加强初级卫生保健

1978 年，WHO 在阿拉木图发起了一场宏大的公共卫生运动——“2000 年人人享有卫生保健”。该运动以 6 个原则为基础：①减少卫生服务中的不平等；②强调健康促进和疾病预防；③部门间的合作；④社区参与；⑤强调初级卫生保健；⑥国际合作。全球的实践经验证明：建造再多的医院，培养再多的医生，或在医疗技术上增加再多的费用，也难以在初级卫生保健上收回投资；它们更无法与初级卫生保健方法所带来的益处相比。但我国现行的医疗卫生体制是无法实现“2000 年人人享有卫生保健”这一目标的[115]。因此，我国健康城市建设一定要改革医疗卫生体制，由“自上而下”较强的“政府办卫生”，向逐渐增加“自下而上”因素的“政府管卫生”的机制转变，健全社区卫生服务设施与城市医院（综合医院、专科医院）合理分工的二层服务构架，切实把工作重点转移到初级卫生保健上来。切实加强社区卫生服务，提高卫生服务的可及性和满意度，减轻居民医疗费用负担。据一项对我国省市级大医院的门诊病例和住院病例的研究表明，门诊病例中有 64.8% 可以在社区基层解决，慢性病住院患者中，76.8% 可以在基层或家庭得以解决[116]。

4.6.2 健全城市医疗保险体系

其他国家的研究表明，医疗保险是保证人们能够获得良好卫生保健的关键因素之一[117]。目前，我国城镇基本医疗保险体系主要由城镇职工基本医疗保险（城镇职工医保）与城镇居民基本医疗保险（城镇居民医保）两大公共医保体系组成。城镇职工医保制度建设始于 20 世纪 90 年代末，其参与者为城镇职工，所有城镇用人单位及其职工和退休人员都必须参加。2007 年 10 月起，城镇居民基本医疗保险试点工作在全国陆续展开，其主要覆盖人群为城镇非从业居民，包括不属于城镇职工基本医疗保险制度覆盖范围的中小学阶段的学生、少年儿童和其他非从业城镇居民。缴费方式以家庭缴费为主，政府给予适当补助。截至 2014 年末，全国参加城镇基本医疗保险的人数为 5.9 亿人，其中参加城镇职工基本医疗保险和城镇居民基本医疗保险的人数分别达到了 2.82 亿人、3.14 亿人。

建设健康城市必须采取切实措施，健全城市医疗保险体系和社会保障制度，采取有效措施提高城镇居民医疗保险的覆盖面，既要提高医疗保健单位的活力，又要防止医疗保险领域成为特殊利益阶层牟利的场所。对于不同城市而言，适度的费用分担比例，资金的筹集和分配渠道，保险的对象和医疗保险承担的药品范围都是这个问题的重要方面。

4.6.3 完善慢病防治的组织网络

健康城市应建立包括市疾病控制中心、各区县疾病控制中心、社区卫生服务中心在内的完善的慢病防治组织网络。市疾控中心是实施市政府卫生防病职能的专业机构，承担疾病预防控制组织实施，以提高全人群健康水平和生命质量为目标。在继续加强传染病预防和控制的同时，积极开展对慢性非传染性疾病的预防和控制。重点加强疾病预防的技术决策、信息综合、防治实施、应用研究和预防服务等功能；各区县级疾控中心的主要职能是承上启下，研究和制订辖区内疾病预防和控制政策和实施方案，组织和实施慢病的预防和控制计划，指导社区慢病的预防和控制工作，评价实施的效果；社区卫生服务中心是组织网络的网底，承担具体的防治任务。

4.6.4 建立“公共卫生联席会议”制度

城市通过成立市政府领导下的多部门合作和协调组织——健康促进委员会，建立“公共卫生联席会议”制度。通过“公共卫生联席会议”制度，明确各相关部门的职责以及需要出台和执行的公共政策和标准。如上海市通过“公共卫生联席会议”制度，明确各相关部门的职责如下[118]：

发展和改革委员会：负责组织市有关部门制定健康城市发展规划，慢病防治规划优先项目，并纳入国民经济和社会发展计划；对慢病防治科研机构所需基本建设投资按照分级管理的原则列入基本建设计划，会同市科委将主要慢病防治的科研项目列入优先项目。

经济委员会：完善职业安全和卫生的政、规定和各项标准；倡导建立健康促进工作场所；制定市售食品营养标准和商品标识的有关规定，制定香烟有害物质限值标准；组织开展食品行业慢病预防和健康促进的有关培训，发展符合学生、老年人、职工等各种人群健康要求的饮食，帮助市民改善不合理的饮食结构。

教育委员会：负责将慢病防治知识纳入各类学校健康教育课程，开展健康教育健康促进师资培训；制订学校健康促进计划，组织开展创建"健康促进学校"活动；开展学校慢病危险因素监测，及时发现学生中出现的肥胖、吸烟、不合理饮食等现象，采取有效干预和控制措施；把慢病防治和全科医学教育纳入正规教育计划。

市科学技术委员会：把主要慢病防治科研项目列入市重点攻关计划或优先项目；为慢病防治工作提供科普宣传和有关的技术服务。

市财政局、市税务局、市物价局：负责安排防治经费，并和有关部门一起做好经费使用的监督和效益评估工作；根据国家有关政策和规定，制定本市鼓励企业、个人投资和资助慢病防治的有关政策，多渠道筹措慢病防治资金。制定、完善各项慢病医疗、预防、保健服务的指导价格，引导慢病预防保健的服务性消费。健全慢病服务价格监测体系、适时调整服务价格。

农业委员会：会同技监、卫生等部门制定有益于健康的种植、养殖业标准以及鼓励发展有利于优化人群营养结构的种植、养殖业相关政策。

市委宣传部、文化广播影视管理局、新闻出版局：将预防和控制慢病作为宣传教育出版工作的重要内容，提高宣传质量。各电台、电视台和报纸、杂志将预防和控制慢病知识、方法及措施列入日常宣传计划；开展有关知识的普及；并定期免费播、刊公益性广告。

环境保护局、市绿化管理局、市容环境卫生管理局：负责制定、完善优化环境的有关政策，进一步控制城市工业、交通等造成的环境污染，参与制定各种种植、养殖业标准；控制相关地区和区域的空气、土壤和水环境污染。会同卫生部门开展环境与健康的关系研究，及时应用先进技术和方法减少或消除环境因素对居民健康的影响。

工商行政管理局：负责全市烟草广告的审批和监督管理，会同卫生、技监部门对市售食品营养标准和食品标识的有关规定以及香烟有害物质限值标准的执行进行管理。支持市各部门关于预防慢病以及控烟、合理营养等主要措施宣传及公益性广告工作。

体育局：根据国家全民健身运动计划纲要，制订本市实施方案，负责组织开展全民健身运动；会同规划、建设等部门负责把群众体育运动场所和设施建设纳入城市规划和社区规划；会同卫生部门开展体育锻炼健康促进工作和居民体质研究，制订居民健身指南。

医疗保险局：研究制定本市重点防治慢病的有关医疗保险政策，探索将慢病防治的预防性医疗服务项目纳入基本医疗保障体系。

烟草集团、酒类专卖局：参与制订烟草有限销售等有关控烟、限酒政策，加强烟草、酒类管理，配合有关部门落实有关控烟、限酒措施。

4.7 普及健康教育

联合国儿童基金会前执行主席詹姆斯·格兰特博士曾说："无论是工业化国家，还是发展中国家，目前都站在标记清晰的通往人类保健之路的十字路口上。如果我们依赖医疗技术的道路，那么它将是一条崎岖陡峭的路，它将越来越多地消耗我们的资源，而取得的成就却越来越少，能够通过这条由于费用昂贵而日趋狭窄的谷道的人也越来越少。相反，如果我们选择的路是在群众中普及卫生科学知识，使他们掌握自身健康的命运，那么，这条路就会越走越宽广，最终使人类大家庭的绝大多数成员向着'人人享有卫生保健'的总目标迈进。"健康教育已成为提升国民身心素质，增强社会保健意识，提升服务公平性和效益性的总体策略。

另外，通过健康教育，增进人们身心健康，可直接降低人们用于医疗服务的经济负担，降低给有限卫生资源带来的压力，间接促进社会经济发展。美国医药协会曾指出：1美元的病人教育服务＝6美元的医疗服务支出，该公式直观地展示了进行健康教育所能带来的经济效益。国家"九五"攻关也发现，花1块钱预防，可以省8.59元的医疗费[119]。

为此，在建设健康城市中，要坚持并不断强化健康教育，着眼于市民素质的提高和个人健康潜能的发挥，大力营造促进健康的支持性环境，全方位创造促进健康的生活方式和控制、消除有害健康的危险因素。可以说深化普及健康教育是全社会的责任，是提高群众素质，促进健康的重要手段，是建设健康城市的需要和基础保证。通过健康教育，使城市居民从对于健康的传统理解转而注重健康的生命质量，关注生命，享受生活，同时提高整个社会对于健康活动的参与意识。

4.7.1 关于健康教育

健康教育经历100多年的发展历史，其定义也随着健康概念的演变和健康服务的需要不断赋予新的重要职能。1954年WHO在《健康教育专家委员会报告》中指出：健康教育和一般教育一样关系到人们的知识、态度和行为的改变。

一般来说它致力于引导人们养成有利于健康的行为，使之达到最佳健康状态；WHO健康教育处前处长幕沃勒菲博士在1981年提出的定义为：健康教育是帮助和鼓励人们达到健康的愿望，并知道怎样做好本身或集体应做的努力，并知道必要时如何追求适当的帮助；1983年第36届世界卫生大会和WHO委员会第68次会议根据初级卫生保健的原则重新确定了健康教育的作用，提出初级卫生保健中的健康教育新策略，强调健康教育是策略而不是工具。

可以说，健康教育是通过有计划、有组织、有系统、有评价的社会和教育活动，通过信息传播和行为干预，帮助个人或集体掌握卫生保健知识，促进人们自觉地采纳有益于健康的行为生活方式，消除或减轻影响健康的危险因素，预防疾病、促进健康和提高生活质量。其核心就是帮助人们树立健康教育的信念，促进人们自觉地采取有利于健康教育的措施，改变不健康的行为生活方式，养成良好的行为生活方式。通过健康教育，能帮助人们了解哪些行为是影响健康的，并能自觉地选择有益于健康的行为生活方式。健康教育的研究领域很广泛，根据其目标人群可分为学校健康教育、职业人群健康教育、城市社区健康教育、农村健康教育、患者健康教育和卫生相关服务行业的健康教育。健康教育的研究方法则是多方位、多层次、多学科的综合，主要研究方法有调查法、实验研究与准实验研究、教育干涉研究等三类[34]。

健康教育绝不是一般意义的卫生知识传播和宣传动员，它的着眼点是行为问题，目标是如何使人们建立与形成有益于健康的行为和生活方式，以消除危险因素，进而达到促进和保护健康的目的。美国疾病控制中心一项研究就指出：只要更好地控制行为危险因素——缺少体育锻炼、不合理饮食、吸烟、酗酒和滥用药物，能够预防40%～70%的早逝、1/3的急性残疾和2/3的慢性残疾。

4.7.2 开展健康教育的策略

健康教育作为一项社会系统工程，政府的重视和支持以及部门的协调配合十分重要。随着社会经济的发展和人们健康观念的转变，健康教育不再是，也不可能是个别部门的独角戏。只有动员全社会共同参与，各部门综合协调，积极配合，才能使健康教育工程真正进入社区、进入家庭、进入每个居民的心中[120]。

4.7.2.1 健全管理体制，完善网络队伍

成立各级健康教育领导小组，由市领导担任组长，爱卫会、卫生、教育、文化、

宣传等部门及街道主要负责人为成员，在政策上营造健康教育、健康促进与社会政治、经济密切相关的氛围。各相关部门要将健康教育列入目标规划和工作计划，认真组织实施。市爱卫会和卫生局作为健康教育主管部门和技术指导部门，拟订全市的健康教育发展规划，对各部门健康教育工作任务进行合理分工，明确责任，布置任务，并定期召集相关部门负责人参加的联席会议，研究部署健康教育工作。各街道办事处亦均应成立街道健康教育领导小组或委员会，负责辖区单位健康教育工作的组织和协调。

4.7.2.2　明确规范要求，实施动态管理

城市根据实际情况，制订健康教育发展规划，从组织机构建设、人员配置、经费投入等多方面明确全市健康教育的基本要求、发展方向和保障措施；制定健康教育管理标准和规范性要求，明确规定街道、社区、医院、学校、机关、企事业单位等不同行业的管理标准和规范性要求，使健康教育走上制度化、规范化道路。定期召开健康教育工作会，组织全市健康教育工作考核评比，及时发现问题，及时整改。对各网络单位健康教育工作的固定阵地设置、使用和内容更换情况等及时核查，对其举办的咨询义诊、电化教育、卫生讲座、健教培训和健康知识测试等健康教育活动进行指导和帮助，及时掌握居民健康知识知晓率和健康行为形成率。

4.7.2.3　整合社区资源，促进社会参与

为实现健康教育的社会化、社区化、单位化和家庭化，要联合各系统、单位、社团，充分挖掘和开发社区资源，包括人力、物力、财力，建立不断壮大的战线，真正组成“健康教育的大联盟”，形成社会支持健康教育和健康促进的大环境，使健康教育富有蓬勃的生命力和凝聚力。充分调动社区内企业、部门、离退休医药卫生人员及教师的积极性，发挥群团和志愿者的积极作用，从不同途径争取多种资源。

4.7.2.4　探索网络服务，加强个体指导

在坚持传统健康教育模式的基础上，根据社会需求积极探索新的服务渠道和途径。可创办健康公益网站，遵循“统一规划、突出重点、体现特色、规范运作”的建设原则，贯彻“信息日更新、栏目及时调整、网页不断优化”的宗旨，严格信息的采集、审核、发布和更新，确保了上网信息的时效性、准确性和完整性。24 小时为社会提供健康教育信息服务，成为居民全天候免费“健康顾问”。

以社区卫生服务为依托，建立慢性病健康促进示范社区，结合高血压、糖尿病防治开展有针对性的健康教育工作。社区医生对辖区内高血压、糖尿病、

冠心病、脑卒中、恶性肿瘤等主要慢性病现症患者按照全科医学诊疗规范（SOAP）管理模式，建立随访档案，定期进行个体健康指导。动态观察患者血压、血糖、体重、营养及运动情况，有针对性地提供健康处方，鼓励患者及其家庭成员自觉采取以健康四大基石为基础的健康生活方式。

4.7.2.5　加大宣传力度，评选示范单位

为提高全社会知晓率和参与率，应通过报纸、广播、电视等多种渠道加大健康教育的宣传力度，并建立固定性的健康教育活动场地。解放初期，全国各大城市，如北京、天津、上海、南京、成都等地都建有“卫生教育馆”等固定性教育场所，经常举办群众易于理解、接受的图文并茂、配以实物标本形式的健康教育展览会，收到非常好的教育效果。但在“文革”期间，全国各地这些固定性健康教育场所都未幸免于难。为普及健康教育，职业卫生专家陶永娴认为，“现在重新建立‘健康教育馆’这样一个社会公共场所实在是太有必要了。”苏州市卫生局为推广健康教育工作，就将原苏州市卫生防疫站地址，即古朴典雅的苏州园林——“朴园”改造为固定的健康教育场所，命名为“健康教育园”，获得了良好的社会反响。另外，为加大宣传力度，可定期举办“星级健康家庭”、“星级健康教育单位”、“星级健康教育社区”等示范单位的评选活动，通过树立“健康教育与健康促进”先进人物和典型来促进健康教育活动的普及开展。

CHAPTER 5

第 5 章　健康城市建设的城市规划对策

温家宝总理在中国市长协会第三次会员代表大会上指出，“城市规划是城市建设和发展的蓝图，是建设和管理城市的基本依据。城市规划搞得好不好，直接关系城市总体功能能否有效发挥，关系经济、社会、人口、资源、环境能否协调发展。”健康城市的城市规划应在区域经济和社会发展以及区域城镇体系发展研究的基础上，科学确定城市定位，做好以下工作。

5.1 合理控制城市规模

5.1.1 避免城市蔓延

城市蔓延可以定义为超过人口增长速度的低密度城市发展。它会吞噬公共空间、导致城市的密度下降，并增加汽车的使用量。在与城市蔓延伴生的社区里，建筑、工作和服务往往是单调的，缺乏活动中心，缺少步行和骑自行车的条件（Ewing 等，2002）。

城市蔓延的影响主要体现在 5 方面：公共与私人资产与营运成本、运输与旅行成本、土地及人居环境保护、生活质量以及社会问题等[121]。离开工业化和市场化的发展现实而盲目扩大城市规模，在城市规模上相互攀比，结果会使城市“大而不实”，出现城市“空心化”，严重浪费土地及各种城市资源，损害城市化的效益。城市摊大饼式到处蔓延，已经造成非常高的经济、生态和社会成本（仇保兴，2004）。大量事实表明，随着城市的扩张，土地和劳动力成本将会迅速上升，并带来其他方面的成本，如生活费用上涨、交通堵塞以及涉及环境、健康、教育等生活质量都会下降，这些都是约束城市进一步扩大的自然力量。

虽然“摊大饼”似的城市增长是国内外城市发展的主要途径和共同问题，但“摊大饼”需要理性，不能盲目“摊”，更不能随所谓的“政绩”“摊”，不然后患无穷[122]。《2001 ～ 2002 中国城市发展报告》已指出“摊大饼”是一种“衰败式”城市发展模式，其结果是导致城市病的根源，使城市混乱不堪，过于分散庞大，没有具备大城市应有的等级性、有序性、多样性。随着城市蔓延，郊区不仅没有提供更健康的生活模式，反而对市民健康产生了相当广泛的危害。这些危害包括由于汽车污染、水源污染和不宜步行的建成环境所造成的心脏和呼吸疾病，以及因其加重的其他疾病，比如肥胖、糖尿病，特别是在少年儿童中（Schmitdt，2004）。WHO 甚至指出，由“摊大饼”而形成的巨型城市的发展将成为对居民健康的最大威胁。

5.1.2 倡导精明增长

5.1.2.1 关于精明增长

针对美国大都市地区土地耗费无节制增加而产生的对生态环境的巨大威胁，美国规划界率先确定了致力于寻求经济、社会与生态环境最佳偶合的空间增长方式——精明增长（smart growth）理念。精明增长有三个目的：其一，城市发展要使每个人受益；其二，应达到经济、环境、社会的公平；其三，使新、旧城区都要投资机会，得到良好的发展。精明增长的城市是一种更为集中发展的城市，强调对城市外围有所限制，注重发展现有城区，以公共交通和步行模式为鼓励方向，更多地混合居住、商业和零售功能，保护开放空间和创造舒适环境。强调开发计划应最大限度地利用已开发的基础设施；鼓励土地利用的紧凑模式，反对城市蔓延，鼓励在现有城区及社区中填充式发展，即所谓的“垂直加厚法”。

城市精明增长，一方面需要由交通轴合理地引导城市空间的扩张，另一方面需要由生态轴严格地限制城市空间的蔓延。基于精明增长战略还需要实行3R原则：redule即尽可能减少城市建设的土地消耗；reuse即要充分利用和延伸原有建筑和城市空间的功能；recycle即对于废弃的城市土地要注意恢复再利用[123]。

精明增长不是指不增长，而是划定城市增长的边界范围，主张在现有的边界内解决城市问题，避免因城市边界的不断延伸而逃避目前城市所面临的问题。“许多古老城市的独特美景源于它们那些用壁垒或城墙围起来的圈地……虽然我们不应照搬老城市的筑墙方法，但我们却应该从中得到意味深长的启示，即界定城市、郊区和新地区的意义。而筑墙可以通过多种方式来完成。”(Raymond Unwin，1909)(图5-1)。通过控制城市建设用地开发的总量，充分利用存量土地来抑制城市边缘的优质农田被大量占用，有效保护耕地，避免土地资源的流失。规划应以实现土地利用的整合化和紧缩化为目的，并达到一定程度的“自我遏制”(Elkin，1991)。

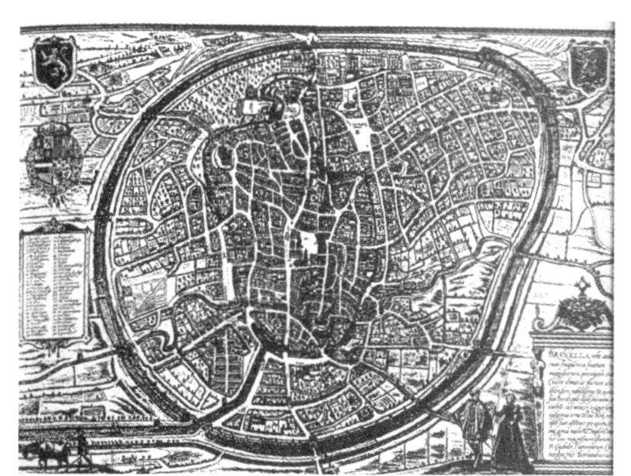

图5-1 具有严格发展界线的中世纪的布鲁塞尔

资料来源：《アメニテイ都市》，2000

5.1.2.2 确定城市发展边界（UGB）

边界是城市作为一个有组织的整体在与外界环境的相互作用中，所能够自我调整、控制的一定作用范围的内在规定性。根据微观经济学的基本边界原则，城市各种资源的最优配置应该体现在边际成本等于边际收益上，其总利润应该为零[124]。如果对城市边界控制不当，城市规模与城市边界不相适应，城市蔓延就会带来很多弊端。

城市发展边界（UGB）是围绕现有城市划出的法律界线，所有成长都被限定在界线以内，界线之外是农田、林地和开敞地，仅限于发展农业、林业和其他非建设用途[125]。UGB 不是限制发展，只是对发展的过程和地点进行管理，其基本功能是协助管理城市规模的扩展，把城市发展限制在一个明确定义的、地理上相连的地域内，其面积要根据城市性质定位和资源环境的承载能力以及城市发展的预测结果精确确定。对于一个具体城市，采用不同的城市发展战略，或者发展机遇的突变，可能形成不同的发展规模。每个城市的最佳规模与城市的产业特性、城市之间的互补合作、城市的独特性等有关系。确定城市 UGB 要有一定的前瞻性，既避免由于城市系统过于封闭造成的城市失去活力，又避免由于城市过度无序发展而陷入“班加罗尔”陷阱。具体地说，UGB 是基于以下因素建立的[126]：

（1）城市人口增长的需要；

（2）满足住房、就业机会和生活质量的需要；

（3）通过经济手段提供公共设施和服务；

（4）高效地利用现有城区以内和边缘地区的土地；

（5）关注开发活动对环境、能源、经济和社会的影响；

（6）根据土地分类标准保留农业土地，一类地优先保留，六类为保留农地的末等地；

（7）城市用地与其附近的农业生产活动协调一致。

UGB 范围内应包含现已建设土地、闲置土地及足以容纳 20 年规划期限内城市成长需要的未开发土地，地方政府必须对土地供应情况进行监督，并定期考察有无必要对现有成长界线进行调整。确定 UGB 后，需利用绿线、蓝线、紫线和黄线等规划标志线的法定强制力对空间资源进行保护性管制。绿线主要管制城市和郊区的生态空间，包括公园、绿地、基本农田、风景资源；蓝线管制城市规划区内所有水面和湿地；黄线实际上把有外部性项目，特别是具有负外部性影响的垃圾场、污水处理厂等设施的空间布局确定下来。

当然，精明增长不是提倡不顾城市大小的盲目集中发展，要实现“分散化的集中”，[127]即发展相互之间通过完善的公共有轨交通协调相联系、易通达的城市中心群，并以这些城市中心为核心高密度高强度进行发展的城市空间形态。“分散化的集中”在保留城市发展的高密度高强度特点的前提下，跳出单中心结构，特别为特大城市和人口已经非常稠密的城市提供切实可行的空间规划途径。依照先前的经济发展速度，我国许多大城市和特大城市快速扩张是无法避免的，但对城市无序蔓延的形态则有必要进行严厉控制，以保护土地资源，达到城市以及大的区域内的可持续发展。

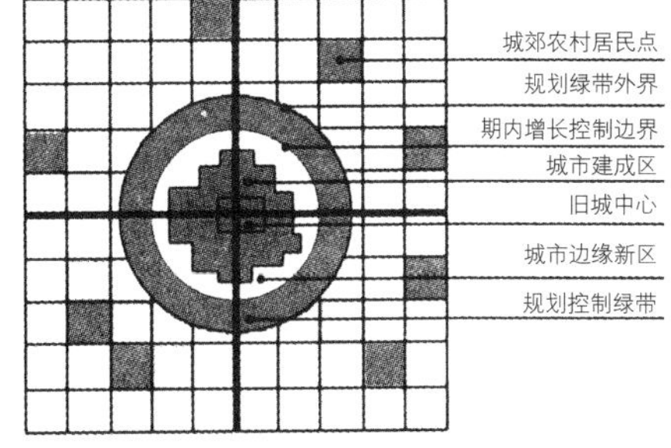

图 5-2 控制型界内高强度开发模式[132]

为防止城市新区无限度发展，必须采取行之有效的增长调控手段。如美国经济学家与城市学家安东尼道斯提出了三种模式：有界高密度模式、新社区和绿带模式、限制扩张混合密度模式。而我国由于具体国情不同，对于增长控制的模式也应有所不同，有学者提出的具体模式有[121]：控制型界内高强度开发模式（图 5-2）、限制型绿带低强度开发模式（图 5-3）、引导型界外混合开发模式（图 5-4）。

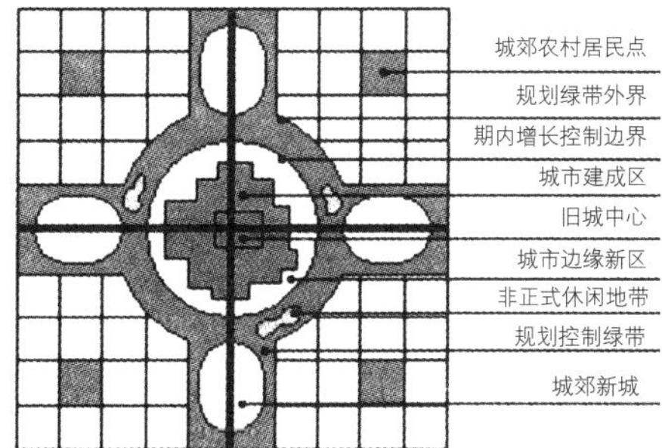

图 5-3 限制型绿带低强度开发模式[132]

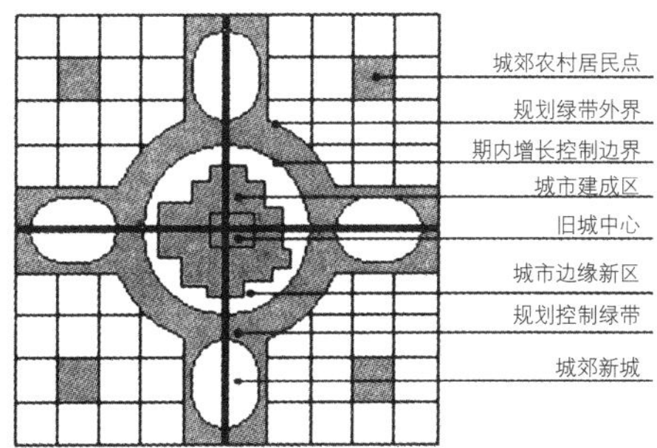

图 5-4 引导型界外混合开发模式[132]

总结历史教训，无论北京，还是伦敦，凡是快速成长的城市，多通过绿带对其边界进行分割限制（图 5-5）。环城绿带的规模可采用人均用地指标进行控制，其基准人均绿带用地面积不小于 30m，最小宽度不小于 500m。为了确保环城绿带用地的开敞性，保证一定的空地率及绿化面积，避免环城绿带用地被变相侵蚀，环城绿带内土地的空地率应为 90% 以上，绿地率应达 75% 以上；为避免绿带用地内的集中开发建设，除允许保留建筑外，环城绿带内任何新增开发建设项目的建筑密度不得超过 15%[128]。城市不应单纯追求集聚经济效益而损害自身的生存环境，不应把追求扩大城市发展规模作为目标。城市的发展应由“数量—规模”扩张型转向“质量—效益”提升型。“把城市做大”不如“不求最大但求最好”。城市是人类改造自然最彻底的地方，城市规模越大，距离自然环境越远，“城市的规模与生态环境的优良成反比”，大城市并不一定是人类理想的居住环境，“从长远的发展战略看，中小城市的生活居住环境要比大城市优化。”（董鉴泓，2005）

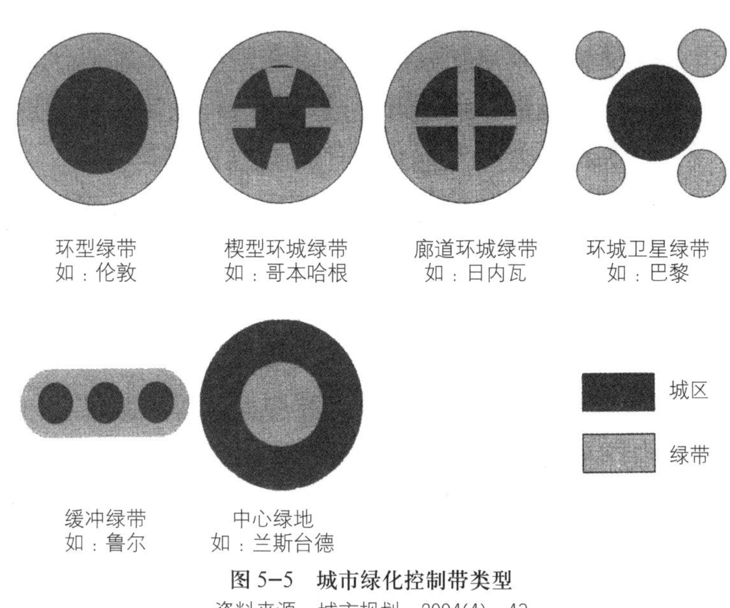

图 5-5　城市绿化控制带类型

资料来源：城市规划，2004(4)：43

5.1.2.3　城市人口规模

城市人口规模是城市可持续发展的主要因素之一，是承载力的一种外在表现，但人口增长也是造成环境恶化的一个至关重要的因素。“很遗憾，有关普适的城市规模的论据是很不充分的”（林奇，1981）。各国城市规划师和经济学家对最佳人口规模的评价差别很大。如中国经济学家认为最佳城市规模应在100万人以上；德国经济学家认为，20万人左右的城市能形成最佳规模经济；意大利理论界则认为5万人就可达到最佳城市规模[129]。

在城市复合生态系统中，人口规模不仅受资源环境因子的支持与限制，也受到社会经济因素的强烈影响。在城市发展到一定规模以前，城市规模扩张所带来的集聚经济效益大于负效益，而当城市发展到一定规模以后，会出现相反的情况，集聚产生的负效益将大于集聚效益。因此，从理论上讲，任何一个城市都存在着一个适度规模，它出现在城市规模变化的边际收益与边际成本相等时的那一点上（图 5-6）。

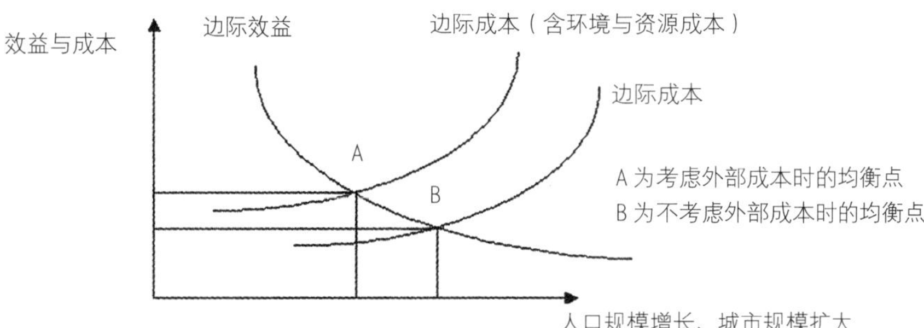

图 5-6　人口规模扩大的效益—成本曲线 [76]

早在1888年，埃德文、坎南就明确提出了适度人口论，认为适度人口是在一定的生产力水平下，能够带来最大经济效益的稳定人口（谢红彬，1997）。由于每一个城市的技术水平、自然条件、经济发展水平、经济结构、交通条件、居民的价值观念或偏好程度等决定着集聚经济效益或负效益的因素与其他城市都不相同，这样，每个城市都有自己的、不同于其他城市的适度规模，每个区域也都会形成自己独特的城镇空间分布结构。每个城市可从自身生态支持系统对人口的承载力和人们对其生活水平满意程度的要求两方面出发，以人口数量与经济发展水平的关系为结合点，对城市人口规模进行双向寻优（徐琳瑜，2003）。

为使城市人口规模能够实现市民最大福利，同时不超过城市可持续发展的限度，可采用利用公共经济学中拥挤模型原理的拥挤分析法来预测城市人口规模 [130]。当一位流动者进入一座城市时，相对于城市总体人口的城市建设规模，可能不会影响到城市总建设投入的增加，但是却会影响到城里原有的人们的生活或生产秩序，即增加了个人的拥挤成本。这种拥挤实际上就是城市可持续发展问题的初始点，图5-7表明一座拥挤的城市的需求情况。其中横轴代表城市人口规模，它反映了城市土地或空间的社会容量；纵轴代表租金水平，它反映城市建设或城市

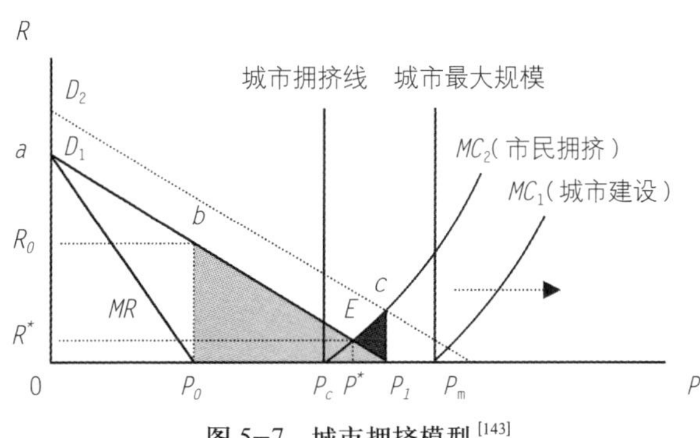

图 5-7　城市拥挤模型 [143]

化的社会总成本，即建设城市和进入城市需要花费的所有费用。D 曲线是人们根据政府当前的城市化政策对城市土地、空间容量或城市化水平的需求曲线，向下倾斜表示希望进入城市的人们会随着城市租金的降低而增加。假如城市在一开始有足够的资源，不需要国家的建设投资，即城市租金可以为零，同时如果没有国家的特殊政策，那么，根据人们的需求，城市人口规模将会由 D 曲线决定自发地达到 P_1 的水平；而城市在当前的资源条件下，所能容纳的最大人口规模为 Pm，所能容纳的不会引起城市拥挤的人口数量为 P_c。P_m 的涵义是，如果超过此点城市人口继续增加，城市将是不可持续的，存在大量“城市病”；P_c 的涵义是，超过此点城市人口如果继续增加，城市的全部人口（包括原有的和增加的）就要付出拥挤成本（MC_2），必须容忍一定的“城市问题”。

5.1.2.4 城市密度

密度作为衡量空间聚集程度的指标，是城市性强弱的重要反映。虽然以高密度方式加强城市性受到一些学者的质疑，但通常情况下，城市密度越大，城市性也越强。在伦敦市长 2002 年制定的空间发展战略中，就明确支持在伦敦内城继续建设高层建筑，进一步提高城市密度，以加强伦敦作为“世界城市”的竞争力。雅各布斯也主张提高城市密度，并且深信正是密度造就了城市的多样性，也正是这种多样性创造了像纽约那样多姿多彩的城市生活。“如果失去了高度密集的人群及活动以及与他们唇齿相依的多样性及生命力，在城市里的居住也就失去了意义”（Sherlock，1990）。

城市密度的提高是保护珍贵的农业开阔地的必要措施（卢埃林·戴维斯，1994），还可带来对交通依赖性的降低及燃料消耗和尾气排放量的减少。澳大利亚学者纽曼和肯沃西在对全世界各大城市研究的过程中，将人均石油消耗量与人口密度进行了比较，发现城市密度与人均能耗量之间存在着某种规律性的联系。密度最低而能耗量最高的城市往往在美国，欧洲的能源使用效率相对较高，而中国香港这个人口密度较高的城市，却依靠庞大的交通系统的支撑，产生了最经济的能效。他们得出结论，如果要减低能耗及尾气排放量，就必须采取措施提高城市密度并改善交通。ECOTEC（1993）为英国政府所做的一项研究也证明城市密度与交通距离之间存在着负相关[110]。另外，通过对日本各大小城市的大气污染物质排出状况进行调查研究分析，高密度城市和低密度城市相比较，虽然低密度城市的单位面积大气污染物质排放量较高密度城市小，但单位人口的排放量却高于高密度城市。因此，从环境设计领域出发，为降低环境破坏程度，建设效率型的高密度城市较佳（日本建筑学会，1992）。

从不同的角度出发，许多学者和组织提出了优化的城市密度，如现在较为公认的可持续性居住密度为地球之友组织提出的 300 人 /hm²[110]（表 5-1）。

优化的城市密度[106] 表 5-1

	毛居住密度（人 /hm²）	净居住密度（人 /hm²）	资料来源
公共交通	30 ～ 40	90 ～ 120	纽曼和肯沃西（1989）
步行	100	300	纽曼和肯沃西（1989）
可持续城市		225 ～ 300	地球之友
中心城市		370	

我国目前大多数城市的土地利用水平还较低，据有关部门的调查，目前中国城市建筑的容积率不到 0.3，按照专家估计应当达到 0.5，有 40% 的土地属于低效利用，全国城市闲置土地占 5%[131]。为此，借鉴国外的先进经验，加之中国的人地矛盾将随着全面向小康社会迈进而日益严重以及资源的约束要求资源的高强度利用，中国各城市应根据城市规模等具体情况，尤其是大城市及特大城市，在其城市中心区，可进行适当的高密度开发，实现紧凑式发展。

5.2 科学布局城市空间

城市空间的整体布局应考虑新区建设和旧区改造的有机联系，合理布置城市居住、商业、办公、工业等各类用地，寻求就业—居住之间的平衡，完善科教文卫设施，注重城市开放空间布局，促进人际交往和城市活动的展开。

5.2.1 城市功能适度混合

城市是一个“复杂性的组织问题”，功能分区的僵化教条正是导致复杂性降低、活力丧失及非人性化现象的主要元凶[132]。为提高城市土地的利用效率，减少不必要的交通负荷，保持城市的多样性，必须倡导城市多功能混合。对西欧一些大城市的调查表明，从 1970 ～ 1980 年，城市功能分区的现象已被打破，目前城市的发展趋势是居住和工作混合。有 1/3~1/2 的企业愿意在居住和工作混合区内落户[90]。

城市功能混合实际上就是让人在各个时间段实现地域上聚集的一种方法，是城市多样性的思想核心。通过各种途径的城市功能混合（如系列功能混合、主从功能混合、同类功能混合）及土地使用兼容，可以实现城市生活的多样化，激发城市的活力，创造融合、人性化的城市空间环境[133]。其中，产业与居住功能在空间上的融合将是一种理想的城市空间布局模式。有两种混合模式（图 5-8）：一种是城市服务产业与居住社区在用地结构上的混合，居住单元、（为本地区居民的）服务单元和城市产业单元作为混合社区的基本要素，将城市的基本生活和生产功能，以最集约的形态组织起来，并成为构成更大城市空间的基本街区模式；另一种是在同一街坊的范围内，将居住建筑和产业建筑以竖向叠加的方式进行组合，以获得空间资源的最大化利用[134]。

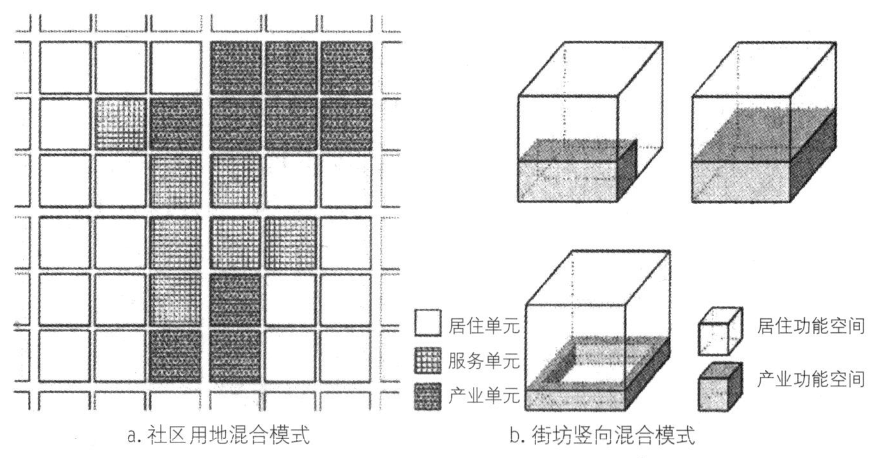

图 5-8 混合功能模型[134]

日本东京六本木新城的开发就是城市功能混合利用的成功范例（图 5-9）。六本木新城总占地面积 0.116hm^2，以办公楼森大厦为中心，具备居住、办公、娱乐、学习、休憩等多种功能及设施，几乎可以满足城市生活的各种需求，是一个超大型复合性都会地区，约有 2 万人在此工作，平均每天出入的人数达 10 万人[135]。

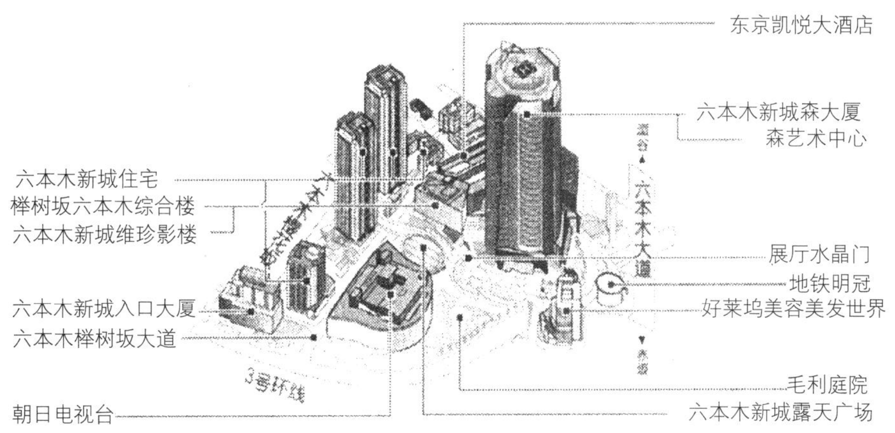

图 5-9 六本木新城鸟瞰图[135]

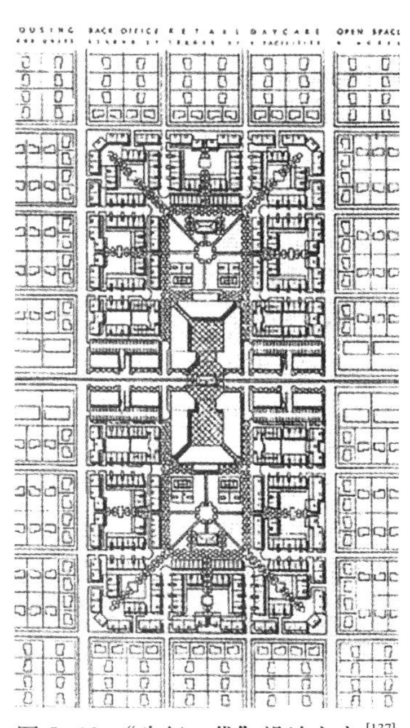

图 5-10 “步行口袋”设计方案[137]

5.2.2 寻求就业—居住平衡

寻求就业—居住平衡有着多种目标，其中最主要的目标之一就是帮助减少机动车交通，减缓交通拥堵。许多实例研究都证明严重的就业—居住失衡会造成交通拥堵。就业—居住平衡是指在地方政府的行政范围内实现工作机会与住房单元在数量上的基本均等。尤为重要的是在一个社区的就业机会应与该社区内的劳动力素质和技能相匹配，社区内住房的价格、大小和位置与就业人员的需求相吻合。所以就业—居住平衡既有数量层面上的，也有质量层面上的平衡。在一个社区或地区内，如果就业机会和居住人数接近，同时工作地和居住地位置相近，人们的出行距离就会缩短，机动车的运行时间也会随之缩短。相应地，汽车尾气排放量和空气污染就会减少。政府用于修建和维护道路的开支也会减少[136]。

新都市主义所倡导的“交通导向开发”模式（TOD 模式）就致力于减少交通量，寻求就业—居住的平衡发展。其代表人物卡尔索普（Peter Calthorpe）在 1989 年提出了“步行口袋”的设计方案（图 5-10）。每个“步行口袋”面积大约 48 公顷，但它并不是独立的，不同的“步行口袋”由轨道交通连接而形成一个区域网络。每个“步行口袋”可以有不同的发展重点，有的可能是区域购物中心，有的可能是文化中心等。“步行口袋”内以步行交通为主，综合布置各类住宅、办公室、零售商店、幼儿园、娱乐设施和公园。其中，商业建筑沿轨道交通所在的主要街道布置，一般为二到四层，底层为零售商店，上层为办公场所。每个“步行口袋”中的办公场所最多可以发展 4.6 ～ 9 万 m^2。商业建筑希望能够为“步行口袋”内的居民提供工作、娱乐和所需要的服务。一个“步行口袋”内的商业不仅服务于自己的“步行口袋”，也可以为轨道交通中其他站点的“步行口袋”提供就业机会。在四个轨道交通站点（10 分钟）范围内，大致可以提供 1.6 万个就业机会。工作场所的建设需与住宅同步发展[137]。

5.2.3 创造有活力的城市中心区

城市中心区是城市面貌的缩影，被视为城市发展质量的决定因素，各种规模的城市都要依托于城市中心区取得再发展。一个生动、成功的城市中心区不应仅是制造财富的有效机器，必须是综合多功能的，是“人们可以在此会合并交换心得”的场所，是一个可供集会、组织活动与避难的自发性场所，能唤起市民的共识。城市中心区是由城市的主要公共建筑和构筑物按其功能要求并结合道路、广场及绿化等用地有机组成，通过提供住房、就业、购物、文化、娱乐、政府服务、旅游景点给各种各样的人们提供方便，是城市居民日常活动的主要公共空间，具有 3A 特点，即吸引力（Attractions）、易接近性（Accessibility）和便利设施（Amenity）。

考虑到国外城市中心区衰退的典型原因，如市中心住宅与就业机会的减少、市中心零售业的大批外流、由于不充足的公共交通系统造成汽车使用率的增加、由于车辆交通与停车所造成的拥挤、不便与环境品质的降低等[138]，借鉴国外发达国家城市中心区建设或复兴的经验，为保持城市中心区的活力，除允许经过审查的街头艺人在规定时间与地点进行表演（图 5-11），定期或不定期地举办集会、展览、表演、游行和节日庆典等活动外，可采取的规划设计策略如下：

图 5-11　街头艺人表演

5.2.3.1 增加步行街

城市中心区要适合人的步行，通过划分步行区域，增加或拓宽步行街与广场，或者建设高架步行街，把行人和汽车交通分开，改善安全和治安环境，创造一个更加理想的步行休闲空间网络。如丹麦的哥本哈根市中心区就是一处舒适、方便的步行者天堂，市中心交通量的绝大多数（80%）是步行，还有14%是自行车交通[139]（图5-12）。

另外，可将中心区的主要街道改造为步行购物中心：仅供行人使用的传统商业区；允许有限汽车驶入的、共享的购物中心；公共交通购物中心、即公共交通便达的行人购物中心等。但要注意的是，步行街周边要有畅达的公共交通保障，提高其交通便利性，并确保合理的停车位。广西修建了两条步行街，因为交通条件的不同，效果差别明显。桂林市正阳街步行街与中心广场串联，功能向休闲观光调整，人流集散便利，人气旺盛，经济效益良好。南宁市兴宁路民生路步行街，功能调整滞后，基本上维持旧商业街面貌，交通不够畅达，两端没有停车场，建成步行街后，商机反而下降[140]。

5.2.3.2 建设室内公共中心

结合地域气候、经济发展状况等条件，建设多功能的室内公共中心，形成全天候的购物休闲环境。多功能室内公共中心集商业、金融、餐饮、文化、休

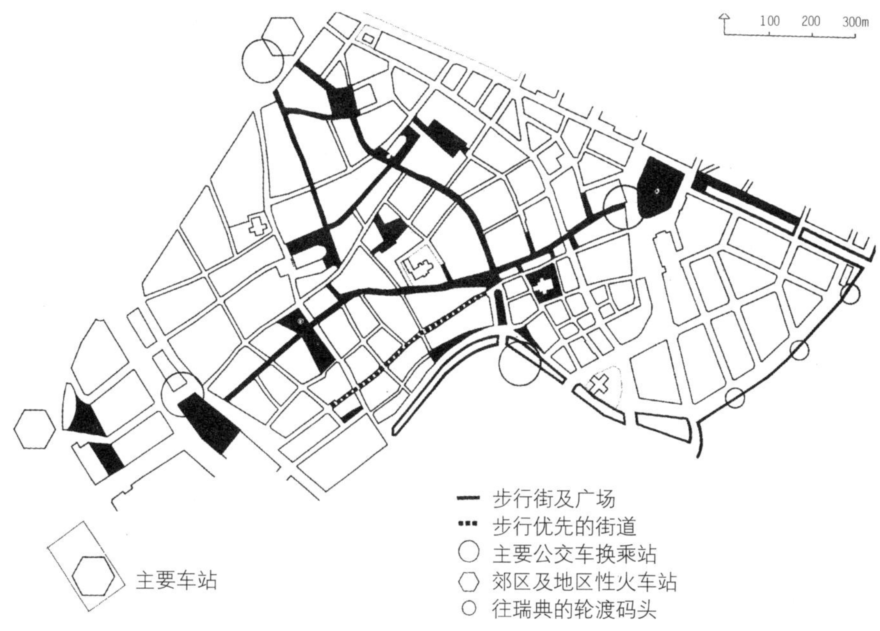

图5-12 哥本哈根市中心区的步行系统[153]

闲、娱乐、游憩等活动为一体，通过引入室外景观元素，营造“室外化”的空间环境氛围。另外，覆盖玻璃顶的、半室内化的大型室内商业街也可以有效地实现气候防护，增加购物环境的舒适程度。

5.2.3.3　旧建筑改造利用

城市中心区往往有许多保存质量良好的旧有建筑，对人们具有很大吸引力。根据旧有建筑的质量与等级，在不改变它们结构的前提下，采取不同的保护与改造措施，通过微气候设计和调节，使它成为一座功能完全不同的建筑，甚至形成一个完全不同的街区。波士顿市 18 世纪修建的法尼尔厅市场和邻近的 1862 年建成的昆西市场等历史性场所就被改建成新型的购物中心，将商店、餐馆、花车时装店和表演场结合在一起。另外，无论新、旧建筑，其底层立面必须经过认真推敲，确保它们在白天或夜晚都能产生开放、活跃和引人注目的效果。

5.2.3.4　完善城市家具

在城市中心区要合理布置座椅、花坛、电话亭、垃圾筒、喷泉、雕塑小品等城市家具，加强夜景照明设施，以提高环境的艺术品质。由于城市里发生的休闲活动的数量与其能提供的座位有重要关系，为使人们有更多的机会在街道和广场上停留、休息，除设置户外咖啡座外，应通过台阶、加宽的花坛壁、墙壁的凹凸处、纪念物、基座或者人行道的铺地等进一步提高城市中心区的供座能力。事实上，与公共长椅相比，更多人会选择这类次要座位[139]（图 5-13）。考虑到人们冬季的使用，结合经济条件，在某些地区可设置加热座凳、在街角设置燃气暖手器等。

图 5-13　提高广场的供座能力[153]

5.2.4　开发地下空间

城市土地集约化利用有两种途径，一是使建筑物向高空发展，如高层建筑、超高层建筑等；另一种就是向地下空间发展（图 5-14）。人类对于城市空间资源的开发利用，经历了平面→高空以及浅层地下空间→深层地下空间等阶段。城市发展空间由地面及上部空间向地下延伸，是世界城市发展的必要趋势，“向地下要土地、要空间已成为城市历史发展的必然”。[141] 无论新城建设，还是旧城改造，地下空间利用在减少环境污染，提高土地利用效率，扩大城市空间容量，

图 5-14 某地下空间开发方案

资料来源：www.google.com

增加城市的功能多样性，缓解城市交通压力等方面所起的重要作用，已毋庸置疑。

研究认为，城市地下空间开发利用资源量为除地面保留与地下已开发利用空间范围外的城市总面积乘以合理开发深度的 40%[142]。以日本为例，城市地下空间的利用范围相当广泛，包括人员活动、物品储存、交通运输、供给处理等。其主要开发和利用形式有：地下室、地下步行道、地下街、地下铁道、地下停车场、多功能的铁道站前地下广场及复合型的地下市政设施等。

地下空间的合理利用，可实现资源的可持续利用。一些先进国家的城市，如美国的芝加哥、挪威的奥斯陆、瑞典的斯德哥尔摩以及日本的一些城市，在地下空间建立了下水道和污水收集与处理的统一系统以及垃圾分类、收集和处理的统一设施。日本的深层地下空间开发方案中设计有管道系统，可以把垃圾分别输送集中到地下垃圾处理厂。由于地下空间的封闭性，可以把污水、垃圾的污染减到最低限度。日本学者尾岛峻雄等人在 1980 年代提出了在城市地下 50 ～ 100m 深的稳定岩层中建立封闭性再循环系统的构想，尾岛设计了一个覆盖东京 23 个区的地下大深度公用设施复合干线网，其相交处节点为大型多层地下建筑。所有物流系统如污水、垃圾、供热和供冷的空气等的运送、处理以及回收都在这个大循环系统中进行[143]。

5.3 建设绿色生态网络

回归自然已成为潮流，人们渴望在自然中得到宁静、健康和内心的陶冶。被誉为“医学之父”的公元前希腊著名医生希波克拉底在他的名著《空气·水和场地》中指出，人的生命，无论是生病还是健康，都和自然力量息息相关。生理上的病变、心理上的扭曲、现代城市与自然的脱离已经造成人身心健康的损害。在健康城市的建设中，要尽最大可能将自然引入城市，使城市绿地系统构成网络，加强生态绿地的建设，促进城市生物多样性，为城市居民提供绿色休闲空间。对今天的许多城市居民来说，这是他们在日常生活中所能见到的唯一的自然生命了。正因为如此，它已经成为许多人保持身心健康的一种非常珍贵的资源。“城市质量取决于城市中用于休闲与娱乐的绿地的建造及其质量”。最愉快、最安全的居住景观应是农作物、森林、湖泊、河流、湿地和废弃地等丰富多彩的结合（Odum，1969）。

5.3.1 氧源森林

“城市森林”最早由美国政府于 1962 年提出并逐步受到各界重视。国外发达国家的城市大都处于森林的怀抱，如波兰的华沙在城市近郊营造了 6.7 万 km^2 的城市森林，人均绿地面积达到 $80m^2$，居世界之冠；阿根廷的首都布宜诺斯艾利斯，引进我国的泡桐树作为城市绿化的主要树种，建成长 150km，宽 115km 的环城森林绿带，将城市变成森林中的“岛屿”；巴黎不仅外围有面积达 $1200km^2$ 的“绿环”，市区内也有两个森林公园，著名的鲍罗尼森林公园直插市中心，总面积达 $15km^2$。

作为城市氧源的城市森林是城市生态系统的重要组成部分，是实现城市区域生态系统良性循环的核心资源，是城市生命支持系统的主体，对改善和维持城市生态环境具有核心作用。氧源森林对于展现自然景观，净化水体和空气，保持水土，防风固沙，降低噪声，改善城市小气候等方面的作用，是其他公园无法比拟的。研究表明，每 hm^2 柳杉林每天能吸收 60kg 的二氧化硫，松林每天可以从 $1m^3$ 的空气中吸收 20mg 氧化硫，女贞、泡桐、刺槐、大叶黄杨等有极强的吸氟能力，构树、合欢、紫荆、木模等有较强的抗氯吸氯能力。

进入 21 世纪，“让森林走进城市、让城市融入森林”已成为提升城市形象和竞争力、推动区域经济持续健康发展的新理念。健康的城市必须有足够量的成片树林，才能形成充足的森林效益，即美化环境又净化空气，使整个城市的生态处于良性循环。应在城市市区或近郊建设大面积的氧源森林，并尽可能使之处于城市的上风向或深入城市的内部，形成城市“绿肺”。氧源森林的建设应遵循生态功能优先、因地制宜、整体优化、延续文脉、满足游憩、具有可操作性等原则[144]。改变将城市森林停留在空间视觉效果及缓解城市环境污染的层面上，要突出城市森林生态系统在恢复自然、整体维护城市生态系统和重塑城市景观的核心作用，把城市建设对生态环境的扰动减少到最低程度。

在氧源森林建设中，应注意以下问题：

1）氧源森林建设必须纳入城市总体规划和总体城市设计中，并与土地利用规划协调一致，以保证森林建设的合理性和建成森林的稳定性。

2）调整树种组成成分，尽量多造针阔混交林，避免采用单一树种大面积营造人工纯林。极为单一的林分结构和树种组成导致林分生长缓慢，有碍森林游憩，影响森林生态效益的发挥，并阻碍森林向健康方向演替，并不利于生物多样性。如北京多年来一直采用单一树种大面积营造人工纯林，山区造林主要树种为油松、侧柏，平原地区多为大面积杨树纯林，使森林内的生物多样性锐减，林分生长缓慢，土壤酸化，病虫害大量滋生。平原地区由于病虫害危害严重，在短短40多年里，不得不频繁更换栽植树种，如1950年代种钻天杨，1960年代种加拿大杨。1970年代种北京杨，1980年代种欧美杨，1990年代又换种毛白杨。

3）避免大量引种外来物种，造成生态入侵。不能把森林当成简单的事务对待，要认识到森林是与我们人类一样的有生命的群体，是一个复杂巨系统，应该按照自然规律去开发利用与恢复重建。

4）以“近自然森林经营”理论为指导，对现有人工林进行近自然化改造。“近自然森林经营”是指充分利用森林生态系统内部的自然生长发育规律，从森林自然更新到稳定的顶级群落这样一个完整的森林生命过程的时间跨度来计划和设计各项经营活动，优化森林的结构和功能，充分利用森林的各种自然力，不断优化森林经营过程，从而使生态与经济的需求能最佳结合的一种真正接近自然的森林经营模式。据中国林业科学研究院在北京密云水库周边的三个区域所进行的“近自然森林经营”试点工作表明：近自然森林经营具有投入成本低、抗灾害能力强的特征；可节约至少30%的造林经费；大大提高保水量；提高林分的生长量在25%以上。

5）增加开敞空间和各生境斑块的连接度，促进市民的可及性，发展森林旅游业；通过名木的选用及古树的保护来提升城市森林的品位与格调，丰富城市的文化内涵。

6）构建城市森林管理信息系统，建立城市森林生态健康性评价体系。组织由科研、教学和生产有关专家、学者及技术人员组成的专题组，开展关于建立森林生态健康性评价体系的研究工作。

目前，我国不少城市已开始城市氧源森林的建设，扩大城市自然森林面积。如上海市在郊区结合淀山湖、佘山、崇明东滩、大小金山岛等河湖水系和滩地建设大规模的森林公园。崇明东平国家森林公园里，占地 358km^2 的人造森林（包括用材林、果园、苗圃）成为华东地区最大的平原人造森林；广州市规划建立 16 个自然保护区，除一部分分布在郊县处，相当一部分分布于近郊区和市区，如白云山风景林保护区、罗岗果树与文物古迹保护区、金鸡窿人工林生态保护区、芳村葵蓬洲人工生态花果林保护区等。

5.3.2 袖珍绿地

袖珍绿地的历史较长，但真正受到人们注目的是在 1967 年 5 月 23 日美国纽约市的"帕利公园"开园以后。袖珍绿地是指那些占地面积小、见效快的小型公共绿地，它一般靠近市民居住或活动地，便于市民就近使用。由于这种绿地具有小、巧、灵的特点，可以将其分散到城市的各个角落，对城市空间景观的普遍化和绿地的均布化起到积极的促进作用。袖珍绿地作为城市园林绿化的重要组成部分，既满足了人们对自然环境的渴望，又满足了人们对社会交往的需求。

袖珍绿地面积一般控制在 400m^2 左右为宜，根据不同类型及活动内容，需合理分配袖珍绿地的土地使用比例。一般认为：以景观绿化为主的袖珍绿地，绿化面积应占 80% 以上；以休憩为主，活动兼顾的袖珍绿地，绿化面积为 60% ～ 70%；以活动为主的袖珍绿地，绿化面积至少为 35%。

5.3.2.1 袖珍绿地的分类

（1）组团袖珍绿地：即结合住区中居住建筑组团的不同组合而形成的小型公共绿地；

（2）宅旁、庭院袖珍绿地：位于周边式住宅内院或其他形式的住宅前后，供居民使用，主要为幼儿活动、老年人休息、邻里交往等服务；

（3）广场袖珍绿地：即位于袖珍广场上的绿地，可以占据广场的全部面积或其中一部分面积。依广场的不同性质，绿化也呈现不同的特色；

（4）街道袖珍绿地：多建在街心、桥头、路旁，不仅为市民提供游憩空间，且对丰富城市艺术面貌起重要作用（图 5-15）；

图 5-15　结合过街天桥设置的街头绿地

（5）公建所属绿地：公建的前庭、侧庭等公共活动空间的绿化，其游人主要是公建的使用者和过往行人；

（6）城市零星空间绿地：利用城市中边角空间、闲置用地建造的绿地。

5.3.2.2　规划要点

（1）体现安全性、舒适性、识别性、健康性、文脉性等原则。

（2）统筹规划，全面组织绿地空间，在对整个城市的绿化系统做出合理规划的基础上，对袖珍绿地系统给与合理布置。袖珍绿地应尽可能遍布人们工作、居住、活动的每个角落。服务半径按步行时间计算，距人们居住与工作地点应保持在 2 ～ 4min 为宜，如按 60m/min 的步行速度，其服务半径为 350 ～ 400m。

（3）顺应环境，协调环境。由于袖珍绿地的选择多以边角空间为主，其限制因素较多，因此应当合理设计，与其所处的环境相关联，烘托原有的环境氛围，创造可识别的形象，为城市景观增添光彩。

（4）创造特色鲜明的形象。袖珍绿地从属于城市，其必然会对城市的景观特色产生影响，应贯彻多样统一的艺术表现原则，注意发掘那些表达自己城市特色的题材，避免袖珍绿地在城市中千篇一律，没有特色。如作为古都的邯郸，历史文化与遗存是其特色之一，在城市的袖珍绿地建设中充分借鉴了历史典故等因素，取得了良好效果。袖珍绿地的面积相对较小，其组成要素不宜过多，忌面面俱到，能形成一定特色即可；其设计手法应趋于抽象、简洁，同时也要结合对大众行为心理和场所景观的研究，考虑人性化设计，使户外环境因其存在而生机勃勃。袖珍绿地应是一个能够恢复居民对城市的记忆和体验，并且充满了文脉意义的场所[145]。

（5）袖珍绿地可通过拆违建绿、见缝插绿、拆墙透绿等手段予以实施，尽量对城市中不宜利用等消极空间进行绿化。加强精品建设，尤其对重要地段的小游园，进行精心规划与施工。积极发动群众，投资兴建与管护。

5.3.3 都市农园

都市农园[146]作为一种新型的城市空间模式，是指在城市中或城市近郊，为远离自然和农业的城市市民所提供的，主要以农业耕作、园艺栽培为主要活动的娱乐休闲和绿色交往空间。近年来在欧洲、日本等发达国家得到了普遍的发展，已成为市民日常生活中不可缺少的组成部分，被称作“丰富自由时间和权利”的象征。

5.3.3.1 功能作用

都市农园已成为发达国家普通市民的一种生活时尚，对于缺少私有庭园的城市市民来说,农园中的每个出租区划单元就成为介于私有和公共空间之间的，他们所拥有的一片“乐土”。可以说，都市农园正逐渐成为一种新的文化，一种新的生活方式创造，其功能作用可以概括为以下几个方面：

（1）都市农园不仅仅是市民从事农业耕作的场地，而且是城市绿化系统的一部分。它既是城市宝贵的绿色资源，又可作为城市的紧急避难场所。德国的绿化哲学值得借鉴，“森林是保护城市的大型屏障，而都市农园则是保护市民生活的小型屏障。”

（2）位于城乡接合部的都市农园可有效地保护城市近郊农业环境，防止城市过度扩张、农田被蚕食，同时还起到城市与农村景观的过渡和协调作用，提高了景观质量。

（3）都市农园充实、丰富了市民的闲暇生活，市民通过在农园的劳动和休憩，可陶冶情趣，缓解城市生活、工作的紧张感和精神压抑。

（4）都市农园作为家庭、亲友的交流场所，是露天的会客厅，促进人际交往，加深相互理解，可以增强地域活力，缓解“城市孤独”。

（5）市民在农园内可以种植瓜果蔬菜，培植花卉，体验耕作的成就与收获的喜悦，领略自然农业魅力，同时在劳作中还能掌握农业的相关知识和技能，加深对农业的关心和理解。

（6）都市农园的出租主要以家庭为单位，青少年与成人在这里一起耕作，使之成为青少年环境教育和生活教育的基地。

（7）都市农园能够为市民提供新鲜、安全、无污染的绿色农产品。可以看出，与一般的游乐公园相比，都市农园的参与性更强，不易产生乏味感，因而更具生命力。从某种意义上讲，城市市民人均拥有都市农园的量化指标，可能比城市绿地面积的人均指标更具有实际意义。

5.3.3.2 空间构成

以是否为租赁者提供住宿设施为依照，都市农园分化为日归型农园和滞留型农园两种。其中，日归型农园多位于城市居住区附近，规模相对较小，基地内无住宿设施；滞留型农园则多位于城市近郊，规模相对较大，每个区划单元内按规定建有休憩小屋，供使用者在节假日内短时间临时住宿，但不能作为长时间居住使用。目前，都市农园的发展具有规模大型化、功能多样化的趋势，已经由最早的儿童活动场加出租农地的简单模式逐渐向以农业为主题的，集耕作、观光、休闲、娱乐、教育为一体的城市绿色综合休闲区转变，在空间构成上主要包括以下几个方面：

出租农园区：划分成若干区划单元，由市民租赁耕作。分区按照其主要使用目的的不同，可分为标准型、果树型、草坪型、花地型、菜地型、轮椅对应型、郊游型、温室型、综合型等（图 5-16）。每个分区大致应包括花坛、果树（在气候条件不允许的情况下可以乔木代替，为市民提供树荫）、草坪、花地、菜地等几个要素，其标准配置模式见图 5-17。单元的划分没有统一的标准，各国、各城市可按照自己的实际情况（土地使用量、租赁者的多少等）进行灵活划分。如在德国每区划单元面积为 250 ～ 400㎡；而日本则为 12 ～ 30㎡，相对狭小，但近年也有逐渐加大的趋势。

体验农园区：此部分空间不对外出租，由农园管理者统一耕种管理，以接待市民来此观光为主，有条件的地区还可设置温室大棚。管理者按季节定期组织市民来此在专家的指导下从事插秧、施肥、收获等农业活动，使普通市民掌握农业的基本生产技巧，体验农业劳动的乐趣。

体验学习区：设置资料馆、加工实习馆等学习空间。其中，资料馆是每个大型都市农园必不可少的内容，多采用先进的电子信息技术，利用声、光、电生动形象地向市民，特别是青少年介绍当地农业的发展历史以及农作物的相关知识，定期举办各种与农业相关的讲座，使得寓教于乐。

图 5-16　都市农园的分区类型

资料来源：www.google.com

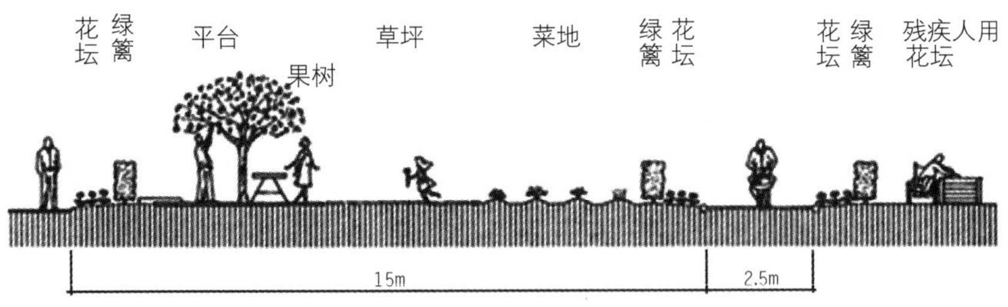

图 5-17　都市农园分区的标准配置模式

资料来源：www.google.com

辅助服务区：包括农具放置场、蔬菜直卖场、露天烧烤区、餐厅、自行车租赁场等辅助空间。其中，蔬菜直卖场为农园内租赁者自己生产的绿色蔬菜和瓜果直接贩卖提供场地，非常受市民喜欢，为农园内利用率较高的区域之一。

游玩娱乐区：这部分空间与其他的游乐公园类似，通常布置有广场、花池、草坪和儿童活动设施等内容。

图 5-18 为日本千叶县柏市的曙光都市农园。

图 5-18 都市农园鸟瞰

资料来源：日本曙光都市农园宣传手册

5.3.3.3 实施策略

（1）相应的法规、制度保障 发展都市农园，政府的政策支持是必不可少的，必须有相应的法规、制度做保障。许多发达国家纷纷通过立法，将都市农园作为城市公共绿地不可缺少的一个组成部分确定下来。德国在 1983 年对原有的《都市农园法》进行了较大修改，颁布了《都市农园新法》，规定所有的城市都有设置都市农园的义务；日本则在 1990 年制定了《都市农园整备促进法》，在全国范围大力推广都市农园建设。

（2）合理的规划 都市农园要重视选址，选择在交通相对便利的地区，以便市民日常使用。其规划设计要强调与自然、周边环境的有机结合，同时要个性鲜明，富于变化，避免千篇一律。各出租单元要区划合理，各种配套设施完备，并设有充足的交流场地，便于人际交往。

（3）完善的管理 完善的管理对于都市农园的健康发展尤为重要。发达国家的都市农园大多是在政府的指导下，由市民自发组织成协会进行自我管理。协会与租赁者签订《入园契约书》，对租赁者在农园内的活动进行统一管理，如限制租赁者使用化肥农药，鼓励进行有机栽培等措施。协会常年为市民提供专业的技术指导人员，对租赁者的播种、耕种、施肥、病虫害防治、收割等提供及时、完备的技术辅导和支持，同时还齐备必要的种子、苗木、工具、肥料等生产资料，通过完善的服务吸引更多的市民参与。

（4）合理的租金　农园经营者应根据各地的经济条件等具体情况制定符合实际的使用租金和优惠政策，但要切记应以为市民提供福利服务为宗旨，租金的确定不要以赢利为目的。同时租金也不宜过低，一是为防止租赁者不珍惜使用机会，造成土地荒废；二是可将租金作为必要设施的维护资金，避免给政府财政造成过重负担。

5.3.4　立体绿化

5.3.4.1　屋顶绿化

发展屋顶绿化是增加城市绿量的有效途径，是加快城市绿化发展的重要途径。屋顶绿化不单为城市的市民在紧张的工作之余提供一个休息和消除疲劳的舒适场所，对于一个城市来说，它更是保护生态、调节小气候、净化空气、降低室温的一项重要措施，是节约土地、开拓城市空间、“包装”建筑物和城市的有效手段。图 5-19 为日本福冈市“ACROS 福冈”大楼的屋顶绿化。该大楼是以音乐厅为中心的综合性建筑。设计概念为创造建筑与相邻的公园一体化的新型城市建筑。将建筑南向屋面绿化，建成大台阶式花园，在台式花园中种植 80 种植物，四季都有观赏价值，市民可在公园内自由观赏。特别需要指出的是，屋顶绿化在保护城市环境所起的作用是不可忽视的，可有效缓解城市热岛效应，并且屋顶的绿色植物能过滤部分雨水中的污染物。据科学测定，一个城市如果把屋顶都利用起来进行绿化，则这个城市的 CO_2 将减少 85%。

图 5-19　“ACROS 福冈”大楼的屋顶绿化

屋顶绿化根据绿化的目的、绿化费用、业主以及设计者的构思等有所不同，其构成大致可分为平面绿化、立体绿化、生态绿化三种形式（表 5-2）。由于每个城市的气候特点各不相同，必须通过研究实践，选择适合自己城市的植物。北京林业大学经过 7 年的试验，现已挑选出适合北京特点的屋顶植物有两种草和五种小乔木、灌木。种的植物必须耐旱、抗寒、抗热。在进行试验时选用的草夏天抗热温度为 70℃，冬季能够抗零下 30℃低温。

屋顶绿化的关键技术包括：屋顶环境条件的分析和植被选择、屋顶绿化的荷栽分析和栽培基质、屋顶绿化的防水措施和水肥管理等。尽管屋顶绿化技术已经成熟，但由于观念、资金、法律等方面的问题，在我国城市推广应用仍步履艰难，进展缓慢。以上海为例，有2亿多平方米屋顶，目前绿化的仅10余万平方米。

屋顶绿化的构成形式 表5–2

	平面绿化	立体绿化	生态绿化
设计负荷	40～100kg/m² 左右	200kg/m² 左右。乔木、灌木、地本植物等要平衡布置	400～500kg/m² 左右。作为固定荷载考虑
功能	抑制热岛效应（效果小）	抑制热岛效应（效果中） 减少 CO_2 量 创造休憩场所（效果中） 生物多样性的保全复原（效果中）	抑制热岛效应（效果大） 减少 CO_2 量 创造休憩场所（效果大） 生物多样性的保全复原（效果大）
特征	不需太多的维护管理，禁止进入；绿积率较小	植栽多样性，各类植物能取得较好的平衡	创造接近自然的环境；生物多样性；人工地盘绿化
适用场所	现有建筑、坡屋顶建筑、高层建筑	多层住宅、办公建筑	商业建筑、多层住宅、办公建筑等
成本	建设费中，维护费小	建设费中，维护费中	建设费高，维护费高

要使屋顶绿化建设健康发展，就要使其有法律法规依据合法地建设，要使其按照科学、合理、规范的程序建设，要使其有依法和落实的管理。为此提出以下几点建议：

1）加大对屋顶绿化的宣传，以各种形式生动的、内容具体的实例宣传屋顶绿化的意义作用，以及屋顶绿化的法规和技术，使发展屋顶绿化成为社会的共识。

2）制定发展屋顶绿化的地方性规定，提出鼓励发展屋顶绿化的政策。建设主管部门对新建改建建筑的设计、施工、验收要同时审查屋顶绿化设计，监理屋顶绿化施工、验收屋顶绿化效果，使屋顶绿化有法可依。如，日本的东京都在其制定的《关于保护和恢复东京的自然的条例实施规则》及《东京都绿化指导方针》中规定，“不仅地面，而且要尽可能在建筑物等有可能绿化的地方进行绿化，除了树木之外，还可以种植草木、花卉及蔬菜等，进行多样化的绿化”，2000年4月公布新的绿化条例，要求业主在新建和改建占地面积1000m² 以上的民间设施和250m² 以上的公共设施时，有义务绿化屋顶可利用面积的20%。

在此基础上，涩谷区作为东京的繁华商业区之一，比其他地方提出更高的屋顶绿化标准，规定凡占地面积在 300m² 以上的建筑物，都必须实施屋顶绿化。

3）编制屋顶绿化技术规程，由建设和绿化行政主管部门共同编制屋顶绿化技术规程，以指导屋顶绿化按科学合理的程序健康发展。

4）开展对屋顶绿化的科学研究，提供更为先进的技术、优良适宜的植物种类和栽种基质，研究设计更科学先进的建筑设计和绿化设计方案，提高屋顶绿化的技术水平。通过研发适合屋顶绿化使用的土壤、器材及绿化方法等可为企业提供新的商机。日本一家名为“MAP”的风险企业就开发成功了“屋顶栽培系统”，可在屋顶种植各种蔬菜和水果，收到了很好的经济和社会效益。

5）把屋顶绿化的管理纳入各级绿化行政主管部门的工作职责，加强对屋顶绿化施工企业的管理，发挥区、街办和居民委员会对屋顶绿化的监督作用，使其永续利用，发挥出更好的效益[147]。

5.3.4.2 垂直绿化

实验表明，有垂直绿化的墙面可降温 3.6℃，并可减少墙面热辐射 1464 千卡 / 平方米·小时，因此，城市应尽可能结合自己的实际情况，推广垂直挂绿活动。对有条件的建筑墙面或立交桥、挡土墙等设施进行垂直绿化，广泛种植爬墙虎、常青藤等攀缘植物，既美化环境又改善城市小气候。

推广修建生态围墙。所谓生态围墙就是利用植物代替砖、石或钢筋水泥来“砌墙”，在绿化环境、美化市容、减噪防尘、净化空气、调节温度等方面有着显著效果。据测算，一段宽 5m、高 7m，长 200m 的生态围墙绿化量为 7000m，每天产生的氧气价值 2337.3 元，还可吸收二氧化碳 77kg，滞尘 33kg。一墙之隔，气温相差明显，空气含菌量减少 90%，含尘量减少一半以上。早在 1927 年，澳大利亚的堪培拉市就以法律的形式规定不得设置非植物围墙。这条规定一直被严格地执行，所有单位的围墙均以绿色植物代之，城市中参天的合欢树、桉树、珊瑚树等随处可见，成了楼房、院落的天然屏障。居民家的围墙则多以蔷薇为墙。

5.3.5 生物多样性

生物多样性是人类赖以生存的物质基础，也是城市生存的基本条件。美国哈佛大学的爱德华威尔逊教授多年研究表明，生命形式的多样性对人类是极端重要的，各种昆虫和节肢动物如果灭绝的话，人类只能存活几个月。另外，生物多样性对于丰富人类健康所必需的药物资源，也至关重要。有资料表明，现在工业发达国家40%的药物处方中含有来自天然产物或依据天然产物的化学原型合成的产物；发展中国家有80%的人治病依赖来源于野生动植物的药物[9]。可见，保护城市及其周边地区的生物多样性对于维持城市与区域的生态平衡，增进市民健康具有十分重要的意义，生物多样性应成为衡量城市环境状态和居民生活质量方面的一个关键性指标。但在迅速城市化的过程中，各城市往往只将绿化覆盖率指标作为衡量和追求的目标，而忽略对生物多样性的考虑，城市与区域的生物多样性正在遭受严重的破坏。

经验表明，城市有能力保留一些具有自然风貌和野生动植物得以生存的自然栖息地[141]。在过去20年里，伦敦在城市生物多样性方面取得的骄人纪录使其成为国际公认的领先者。伦敦仅市级自然保留地就有130多处，还有一些由废弃的铁路、水库、墓地、垃圾堆场等改建而成的半自然保留地。伦敦有1500多种树种和300多种鸟类，其中绿带内就有100多种鸟类。

为维护城市生物多样性，应保护城市及其周边的野生动植物栖息地，确定城市中的自然保留地，划分保护等级，在城市区域规划或总体规划中给予强有力的保护，并采取以下措施。

5.3.5.1 保护当地物种

要阻止对受保护的物种或优势物种有明显不利影响的开发，对如有明显不利影响而又被允许的开发要采取补偿措施，城市政府要求所有申请的规划项目必须考虑生物栖息地和多样性的保护。在市内种植适应当地生态环境条件的多种当地植物，减少城市与郊区的环境差异，把更多的生物吸引到城市里来。当地物种能够最好地适应当地的气候水文条件，并与当地的其他植物共生，从而不需要人类过多的照顾而能自然地演替和更新。要在城市中给动物留个家。一旦动物能够在城市的某个角落找到栖息之地，获得足够的食物，很多动物都会愿意与人类相伴共栖。

5.3.5.2 避免盲目引进外来物种

我国大部分外来物种的入侵主要是人为因素引起的，并已成为威胁区域生物多样性与生态环境的重要因素之一。外来物种入侵引起的生态代价是造成本地物种多样性不可弥补的消失以及物种的灭绝，其经济代价是农林牧渔业产量与质量的惨重损失与高额的防治费用[149]。一些早期引进的外来物种已对一些湿地生物多样性带来威胁，例如大约1930年代作为饲料、观赏植物和防治重金属污染的植物引种的水葫芦，现已成恶性杂草，滇池水面上布满水葫芦，使得滇池内的许多水生生物处于灭绝边缘。1960年代以前，滇池主要的水生植物有 16 种，到了 1990 年代，大部分水生植物相续消亡，鱼类也从 68 种下降到 30 种。

5.3.5.3 恢复破碎的城市生境

公园是在城市化过程中幸存下来的或者是恢复了的破碎的城市生境。Femrmandez Juricic 等对一些城市的研究发现，这些城市中鸟类需求的最小公园面积在 10 ～ 35hm^2 之间。这一保守估计为将来城市公园的设计提供了合适的生物学标准。避免城市公园大多的人工味，要学习自然复原技术，建设真正意义上的自然型、生态型城市绿地。在重建地区、邻近生物保护点的地区以及缺乏野生生物点的地区或接近地区进行优先绿化发展。英国 Camley 大街生态公园就是成功的范例，向人们证明一个有价值的野生环境可以从无到有——它由原来运河煤矿码头改造而成，现成为一个公共活动和教育活动的中心，能够使芦鸟和人类共同生活[148]。

5.3.5.4 建立生态廊道

图 5-20 日本千叶市花见川河的自然堤岸

河流及其沿岸带是生态廊道、遗产廊道、绿色休闲通道、城市景观界面和城市生活的界面[149]，多种乡土生物的栖息地和迁徙通道。要善待城市水系，尽可能维护和恢复河道及滨水地带的自然形态（图 5-20）。一条自然的河道和滨水带，必然有凹岸、凸岸、深潭、浅滩和沙洲，它们为各种生物创造了适宜的生境，是生物多样性的景观基础。丰富多样的河道和水际边缘效应是任何其他生境无法代替的，而连续的自然水际又是各种生物的迁徙廊道（Saunders and Hobbs，1991；Forman，1995；宗跃光，1999）。为此，城市中的河川尽量保持它的自然特色，特别是它的护岸处理，清一色的混凝土堤防在欧美、日本等发达国家已受到广泛的批评。我们应吸取经验教训，避免步其后尘。在河道治理中，有六大忌：裁弯取直、水泥护堤衬底、高坝蓄水、盖之、断之、填之[150]，不要以单一的“美化”目的、卫生目的和防洪目的，将城市中最具灵气的自然景观元素糟蹋。

5.3.5.5 维护健康湿地

城市湿地被誉为“自然之肾”，具有其他城市自然生态系统不可替代的众多生态服务功能。湿地由于水体环境独特，决定了其生物多样性的特点。湿地与陆地交接的浅水区，是各种水生植物、两栖类及迁徙鸟类等生长繁殖的地方（图5-21）。湿地的季节性水位变化更为当地生物的自然演替创造了极佳的条件。在水资源较丰富的地区，应提倡没有混凝土和石头封底的湿地；干旱地区，可以将混凝土表面做得凸凹不平，添上土或自然沉淀物，有意识地促进浅水区植物的生长。湿地周围还需要留出足够的陆地，保持良好的陆地植被，使水中和陆地的植被连成一体，其交界处将形成生物最丰富的所在，人类的活动应适当远离这些地区，必须避免因人类的过多活动对湿地自然环境造成破坏，但可以在比较隐蔽处设立适合于天然环境的观赏小径、小桥、平台或瞭望塔，使之成为城市人观察和欣赏野生动植物四季变化、郊游休闲和宣传保护教育的重要去处。北京城市湿地已为生物提供了多样的生境栖息地，其中植物约312种、野生动物约260种，体现了生物多样性的特征。

图5-21 日本谷津湿地公园景观

5.3.5.6 考虑物种“生态位”

在城市绿地建设中充分考虑物种的生态位特征，尽量模拟自然群落结构，提高包括植物、动物和有益微生物在内的物种多样性。合理选配植物种类，避免种间直接竞争，形成结构合理、功能健全、种群稳定的复层群落结构，以利种间互相补充。在特定的城市生态环境条件下，应将抗污吸污、抗旱耐寒、耐贫瘠、抗病虫害、耐粗放管理等作为植物选择的标准[151]。

5.4 倡导绿色交通

一个城市“必须具有便于步行、非机动车通行及建立公共交通设施的形态及规模，并具有一定程度的紧缩性以便于人们之间的社会互动性”（Elkin，1991）。只有健康的城市交通系统才会有健康发展的城市，而绿色交通是实现健康的、可持续发展的城市交通系统的必由之路。它的发展目标是通达、有序；安全、舒适；低能耗、低污染三个方面的完整统一结合以及交通系统的高效性和效率的持久性[152]。

5.4.1 科学规划交通

合理确定城市交通发展目标和战略，把城市交通规划摆在城市总体规划的重要位置，研究城市开发强度与交通容量和环境容量的关系，使土地使用和交通运输系统两者协调发展，旨在减少交通出行的距离。根据著名的当斯定律（Downs Law），单纯依靠增加道路交通面积和设施并不能从根本上解决交通拥挤问题，泰国曼谷就是很好的反面教材。在规划建设城市高速交通网络的同时，应当完善次级交通网络，以防治“烟道效应”，保证高等级网络的正常运行。密集的、连通性极高的道路网不仅不会造成交通混乱，反而提供了通达性极高的多路径条件，同时也极大地提高了两侧土地的经济价值，这种“窄路幅、高密度、小街区”的“微观路网——用地模式”成为欧洲城市普遍采用的城市中心规划方法[153][154]（图 5-22）。

通过交通规划，鼓励小汽车之外的其他交通方式的使用，并改善交通设施的通达性。合理划定公共交通基础设施用地的范围，保证城市公共交通设施发展的用地需求，提高公交线网密度及车站覆盖率。明确不同的公共交通方式的功能分工、线网及设施配置、场站规模及布局等。

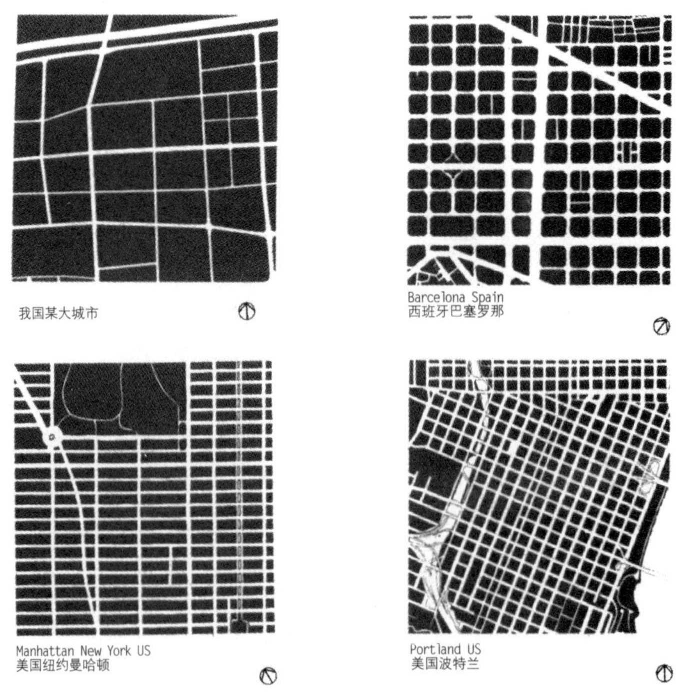

图 5-22 中外四城市在相同比例下的道路网尺度对比[168]

5.4.2 确保公交优先

城市公共交通是由公共汽车、电车、轨道交通、出租汽车、轮渡等交通方式组成的公共客运交通系统，是重要的城市基础设施，是关系国计民生的社会公益事业。公共交通以最低的环境代价实现最多的人和物的流动，以有限资源提供高效率与高品质的服务水平。优先发展城市公共交通，选择与城市规模相适应的公共交通或轨道交通，不仅是缓解城市交通拥堵的有效措施，也是改善城市人居环境，促进城市可持续发展的必然要求。公共交通手段按实现同样的运量（人千米）所需建设费用由高到低依次为地铁、高架铁路、LRT 路面电车、公交专用线 [155]。

建设部建城 [2004]38 号文《建设部关于优先发展城市公共交通的意见》中明确指出按照因地制宜、统筹规划、分步实施、协调发展的要求，坚持政府主导、有序竞争、政策扶持、优先发展的原则，加大投入力度，采取有效措施，争取用五年左右的时间，基本确立公共交通在城市交通中的主体地位。国务院国发 [2012]64 号文《国务院关于城市优先发展公共交通的指导意见》中又明确“指出通过提高运输能力、提升服务水平、增强公共交通竞争力和吸引力，构建以公共交通为主的城市机动化出行系统，同时改善步行、自行车出行条件。要发展多种形式的大容量公共交通工具，建设综合交通枢纽，优化换乘中心功能和布局，提高站点覆盖率，提升公共交通出行分担比例，确立公共交通在城市交通中的主体地位。科学研究确定城市公共交通模式，根据城市实际发展需要合理规划建设以公共汽（电）车为主体的地面公共交通系统，包括快速公共汽车、现代有轨电车等大容量地面公共交通系统，有条件的特大城市、大城市有序推进轨道交通系统建设。提高城市公共交通车辆的保有水平和公共汽（电）车平均运营时速，大城市要基本实现中心城区公共交通站点 500m 全覆盖，公共交通占机动化出行比例达到 60% 左右。公共汽电车平均运营速度达到 20km/h 以上，准点率达到 90% 以上。站点覆盖率按 300m 半径计算，建成区大于 50%，中心城区大于 70%。特大城市基本形成以大运量快速交通为骨干，常规公共汽电车为主体，出租汽车等其他公共交通方式为补充的城市公共交通体系，建成区任意两点间公共交通可达时间不超过 50 分钟，城市公共交通在城市交通总出行中的比重达到 30% 以上。大中城市基本形成以公共汽电车为主体，出租汽车为补充的城市公共交通系统，建成区任意两点间公共交通可达时间不超过 30 分钟，城市公共交通在城市交通总出行中的比重在 20% 以上。”但过去 10 年中，几乎所有中国城市的公交出行比例都降低了（Robert Cervero，2005）。

5.4.2.1　完善城市公共交通场站设施

公共交通场站是城市公共交通的基础性设施。要按照“统一规划，统一管理，政府主导，市场运作”的方式，加大政府投资建设的力度，加强公共交通场站建设。机场、火车站、客运码头、居住小区、开发区、大型公共活动场所等重大建设项目，应将公共交通场站建设作为项目的配套设施，同步设计、同步建设、同步竣工，并完善站场的无障碍设施。已投入使用的公交场、站等设施，不得随意改变用途。要注重各种交通工具换乘枢纽的建设，以缩短不同交通方式之间的换乘距离和时间，方便乘客换乘。

5.4.2.2　建设公共交通专用道路

图 5–23　名古屋市的公共汽车专用道

公交专用道是实现公共交通优先的主要载体。通过设置和划定公共交通专用道路、优先单向、逆向专用线路等，保证公共交通车辆对道路的专用或优先使用权（图 5-23）；科学合理设置公共汽车优先通行信号系统，减少公共交通车辆在道路交叉口的停留时间。公共交通专用车道要配套设置完善的标志、标线等标识系统，逐渐加强信息化建设。加强宣传教育，保证公共交通专用道不受侵占，真正专用。需要指出的是，由于我国城市道路混行路网较多，对于全线封闭式专用道的实施可能有一定难度。当现有道路没有足够空间设置公交专用线路时，可采用小型物理设施或标志标线隔离出专用车道。结合具体道路类型情况，可以分段采用不同的公交专用道形式，分段交替衔接来实现公交优先。

5.4.2.3　发展大运量快速公共汽车运营系统（BRT）

大运量快速公共汽车运营系统是利用大容量的专用公共交通车辆，在专用的道路空间运营并由专用信号控制的新型公共交通方式，具有交通运量大、快捷、安全等特点，工程造价和运营成本相对低廉。快速公交系统的每个乘客所占用的道路空间仅是私人小汽车乘客的 1/20[156]（图 5-24）。具备条件的城市应结合城市道路网络改造，积极发展快速公交系统。对于人口大于 100 万的城市，传统观点认为轻轨或地铁是解决交通的唯一方法，但高运能公共汽车的出现将成为轨道交通的有益补充（图 5-25）。研究表明，利用现有的道路网络来发展公交快速（专用）系统远比修建城铁廉价，后者每公里的造价是前者的 15 ～ 20 倍。

图 5-24 公共交通与小汽车在相同运量情况下所占道路空间的实验[170]

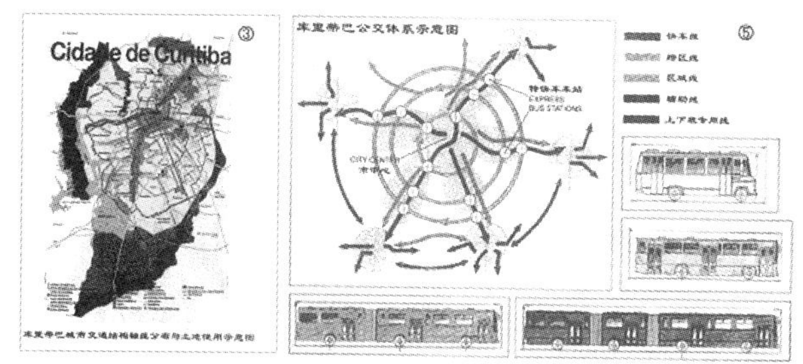

图 5-25 库里蒂巴市的城市结构与公共交通示意图

5.4.3 鼓励非机动车交通

城市低速和高速交通同时并存是不可避免的，而且这种速度分化现象随着城市交通的进一步发展将越来越显著。城市市民为换取一些速度而支付更高代价的意愿是有限的（卓健，2004），步行、非机动车交通将长期作为城市交通的一个重要组成部分。并且富裕城市正在慢慢减少汽车的使用[78]。

5.4.3.1 自行车交通

自行车交通是健康的交通方式，既有利于自己的健康，又由于无污染而有利于别人的健康，被誉为“绿色交通工具”，其应与机动车拥有同等的道路通行权力，成为其他交通方式的有益补充。自行车交通限于体力出行的特点，其适宜出行的时空区域范围为 30min 车程或 6km 范围以内，其主导时空区域的范围为 20min 车程或 4km 范围以内。我国未来交通在高机动化条件下自行车交通出行的比例应维持在 10% ～ 15% 较为合理[157]。

（1）规划合理的自行车道路系统　自行车路网要做到功能明确、系统清晰，自行车交通标志及停车设施等配套基础设施应完善。自行车路网的结构、形态应与地形、地势、城市景观的平面布局和空间构图充分协调。为提高自行车交通的安全性和便利性，采用多种形式的机、非分离（时间、空间上的），形成相对独立的自行车道路网络。深层次的考虑还应包括自行车道的遮阳处理和景观设计。自行车道路可涂成醒目颜色，以提高人们的注意。德国的海德堡市从1991年起到2000年止，全市新建了16km的自行车专用道，并制定了包括在单向路上允许自行车双向行驶在内的一系列自行车优先制度，促进市民更多地选择自行车出行方式。

（2）注意自行车交通与其他交通方式的协调　充分发挥自行车交通近距离交通的优势，对自行车交通进行分块交通组织。缩小自行车交通的出行范围，强化自行车交通在区块内出行的功能，限制长距离出行，降低自行车出行总量。结合城市公共交通线路和交通枢纽设置公共交通、私人机动交通与自行车交通的换乘系统。实践证明，在公共汽车停靠站建立立体的自行车停放处（图5-26），使公交与自行车两者有机结合成全面便捷的交通系统，可使城市的噪声、污染和交通拥堵大为减少。自行车换乘公交的大致覆盖半径为1km～1.7km。

图5-26　立体化的自行车停车设施

图5-27　骑自行车上班、购物宣传册[104]

（3）强化交通管理措施　通过强化交通管理措施以确保自行车交通的安全性和便利性。在住宅区与商业区等自行车交通较多的街道限制车速，确保自行车交通的安全；赋予骑自行车者优于开车者在使用道路和绿灯的先行权等。

（4）加强推动自行车交通的宣传　重视对骑自行车者的激励，加强宣传教育。对自行车交通的鼓励与宣传需要政府进行引导与投资。如菲尔德市从1996年起就展开了推广自行车交通的全面宣传（图5-27），宣传的重点为“骑自行车上班”、“骑自行车购物”和“骑自行车去休闲”。通过海报、招贴画、媒体报道、电影院广告、信息告示牌以及因特网等引起市民的广泛讨论，菲尔德市全体两万多户居民家庭都收到了自行车道路网线路图，并且每年在自行车节的开幕典礼上都会散发一本附有全年各种活动概览的自行车手册[90]。

5.4.3.2 步行交通

《北京宣言》指出“交通目的是实现人与信息的流动，而不是车辆的流动”。要求交通规划中保护步行者的安全，重视城市连续步行系统的建设，鼓励城市建设全步行街、公交通行的步行街、允许小汽车通行的半步行街等有利于步行者出行的街区。另外，步行往往还是体验一个城市的最好方式，在这一点上，它与城市旅游的开发可以很好地结合起来。如柏林市就推出了“步行柏林”的旅游线路规划。

我国城市的步行交通，在出行总量中约占 30%，而中等城市约占 35%，小城市则多达 40% 以上[158]。步行交通作为交通活动开始和结束的必要部分，也是低碳型交通系统的重要组成部分，2005 年步行交通占我国交通出行方式的 29.3% 左右，到 2020 年据预测步行交通方式也将占到 20%。步行交通的组织与设计应满足以下条件：①步行街道的宽度足够让两个人肩并肩走路和交谈，同时也能随意停下来观赏周边景物而不会干扰其他步行者；②步行街道上不允许停放各种车辆，以保证身背很多包袱的旅行者、手推车行者、儿童车行者、残疾人车行者的正常通行；③红绿灯间隔时间要短，不至于让行人等待太久，同时又能保证行人有足够的时间安全穿越马路；④促进自行车道与人行道的分离，从而能保证行人的安全；⑤公交车站站台的设置不应抢占步行道空间，而应设置在机动车车道内。

5.4.4 开发新型环保交通工具

据我国环境监测部门报告，我国的大多数城市城区主要污染源已由工业污染转为机动车尾气污染。医学专家研究表明：汽车尾气中碳氢化合物被人体吸收后，会破坏造血机能，造成贫血、神经衰弱，尤其是在太阳光照射下，由光化学作用所形成的蓝色烟雾对人体的伤害更大，可致癌，使人视神经受到破坏。此外，交通车辆所产生的烟尘（尾气烟尘和道路扬尘）排放量已成为城市大气 DF（尘）、TSP（降尘）污染的主要污染源。环境污染的严峻形势，使发展环保型交通工具成为一项异常紧迫的任务[118]。

研制并推广使用小排量、轻型化和环保型能源的新车种。推行燃气汽车，也是减少汽车尾气污染的重要措施。一些外国专家提出城市中合理使用车辆的方案：城市中心使用电动汽车，其他地区使用天然气汽车或液化石油气汽车，城郊部分使用无铅汽油汽车，以减少汽车尾气污染。通过税收和激励等财政机制，特别是征收能源税，将各种交通方式的真实成本（包括环境成本）反映出来，从而使能耗低、污染少的交通方式受益。据有关资料，目前全世界已有600万辆燃气汽车（其中液化石油气汽车约占70%），已建成加气站2万余座，燃气汽车的技术已经解决。

公共交通大量使用清洁能源为动力的轨道交通，并且不断改善机车性能，其噪声污染降到最低的程度。此外，对机车进行严格的维护、保养和修理确保机车良好的状态。

发展高新技术的有轨、无轨电车，发挥电车的无污染、噪声小、节能、运营费用低的优势，进一步提高其舒适性和适应能力，以提高其竞争力。

5.4.5 降低城市交通噪声

5.4.5.1 建设低噪声路面

控制轮胎路面噪声最成熟的措施是采用低噪声路面。其是一种多孔路面材料，一般由沥青材料和一定颗粒直径的颗粒状物组成，保持一定的孔隙率。普通的混凝土路面的空隙率较低，而低噪声路面的高吸收率对摩擦产生的噪声有较强的吸收作用。世界各国大城市主要道路均已采用此种路面。20世纪末，香港重新铺设的低噪声路面已有数十公里，使临街14000户居民受益。

5.4.5.2 治理汽车噪声源

汽车噪声源是一个包括发动机进排气系统、风扇冷却系统、传动系统、气体振动和轮胎路面作用等多种声源的综合声源系统。其整车噪声降低在一定程度上比排放控制难度更大。研究开发低噪声车辆，特别是研究开发运行时间较长的低噪声公共车辆是控制道路交通噪声的重要措施。

5.4.5.3 完善道路绿化

合理规划道路断面形式，对道路两侧进行绿化，包括树木和草坪，应注意乔、灌、草立体绿化格局，营造绿色立体屏障，注意绿色植被主面的每个层次都带有茂密的树冠层，在车流量大的机动车与非机动车带上，种植枝叶茂密、抗性强、生长健壮的绿篱。

5.4.5.4 设置声屏障

在道路和临街建筑之间，设立声屏障。大多数声屏障高度为2～6m，降噪声效果一般为5～10分贝。声屏障降噪声效果取决于声屏障高度、被保护建筑的位置和周围的环境条件。一般对两侧低层建筑效果明显，对5层以上建筑几乎没有什么降低噪声作用；对小尺寸声源效果较好，对大尺寸声源效果较差[113]。

5.4.5.5 加强交通管制

在城市中心区或居住区等噪声等级要求较高地区，可通过减少车流量，限制车辆种类、减低行车速度等管理手段来降低噪声。并通过宣传教育，提高司机的文明驾驶程度。

5.5 避免居住过度分异

5.5.1 关于居住分异

居住分异指不同特性居民各自聚居形成的城市居住空间分化，是城市空间结构演化的重要现象，是历史的必然。城市居住分异分为外生分异与内生分异，是在社会发展的大背景下多层次和多因素作用的结果，其影响因素包括：居民阶层分化、人口流动、家庭生命周期、种族差异、居民行为和心理偏好、住宅市场分化等[159]。居住空间分异通常用“居住隔离指数”来表示，该指数显示出“U”形曲线的特征，最高与最低的两个社会阶层，其居住区在空间上的隔离程度最大，也就是说最不可能生活在同一个社区。

5.5.1.1 居住过度分异的危害

在市场经济机制作用下，一定程度的城市居住空间分异是合理也是需要的，这是城市不同阶层群体由于社会经济地位的差异所必然引起的。合理的居住空间分异格局可起到正确体现城市土地价值、集约利用土地、满足社会各阶层生活水平与居住质量的需求和稳固国家金融秩序的作用[160]。

居住空间分异是一把“双刃剑”。如果放任城市居住空间分异的过度发展，会使城市空间结构“破碎化”，加剧住房市场开发商基于利润最大化的市场投机行为，导致房产开发过热，扰乱城市土地利用和城市规划的实施。更为严重的是，由于城市社会分异与居住分异具有互动作用（图5-28），居住空间过度分异会造成最低社会阶层与其他中高等阶层的空间与心理隔离，导致不同阶层占有社会、环境资源条件的明显不同，使部分居住空间环境质量低下、社会犯罪率增高、贫困阶层就业困难、甚至失业等现象日益严重，而且还会加剧不同阶层间的隔离与矛盾，可导致社会敌视与冲突，引起一系列负社会效应：社会断裂、阶层矛盾、社会隔离、代际公平（杨上广，2005）。这在西方发达国家已有突出表现，在中国一些城市也已初露端倪。

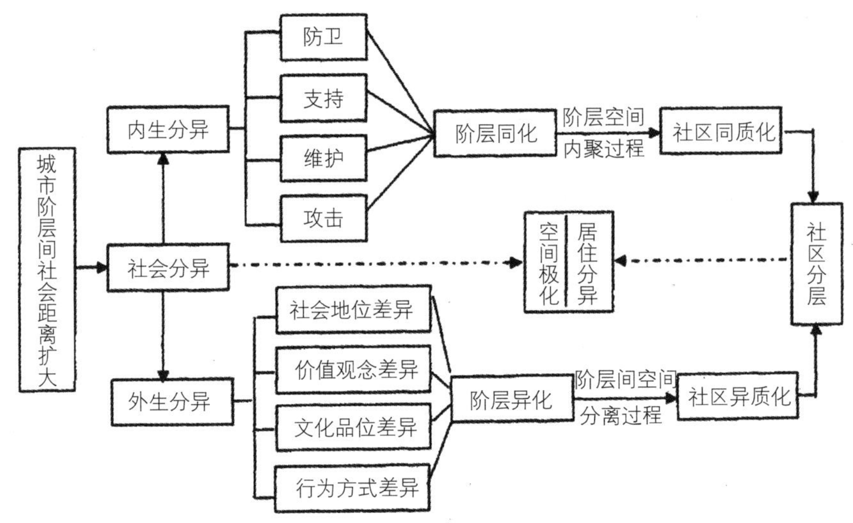

图 5–28 城市社会分异与居住分异的互动作用[174]

5.5.1.2 中国城市的居住分异状况

在中国，城市社会空间分异曾经由于 1957 年的社会主义改造、城市规划与设计的平等思想和新建城区的迅速发展而基本被消灭（顾朝林，1997）。改革开放前，由于我国严格控制城乡人口流动以及实行的低工资、城市普遍就业的计划经济体制，中国城市居住空间结构的内部分异现象相对不明显，整体上呈现出低水平的高度“均质”现象。改革开放后，由于市场经济体制的建立、就业与收入的放开，加上城市规模的迅速扩展，原有的“均质”城市居住空间结构产生了很大的“重塑”。很多城市的居住空间分布从原来的以职业和“单位”为基础的“水平分异”，逐渐过渡到以个人家庭经济能力为基础的“垂直分异”。在城市社会阶层上，由原来的社会等级结构相对不明显，逐渐转化为贫困阶层与巨富阶层的巨大反差；在城市居住空间结构上，也形成了具有中国特色的“浙江村”与“城中村”等特殊城市居住区类型，从而形成了一种前所未有的城市社会与居住区空间结构新格局。

从上海城市社区的分析可知，当代中国大城市社会空间结构重构与分异的演变趋势正呈现八个特征：城市社会空间分异化、城市社会空间两极化、城乡结合部居住形态多元化、城市社会结构重构化、城市“双城”现象凸显化、弱势群体居住空间边缘化、城乡二元结构空间显现化、部分老龄化社区显现化。

5.5.2 提倡混合居住

健康城市应有机结合城市阶层的同质性与异质性，使城市居住空间的分异性与混合性达到平衡，为丰富多彩的城市人群提供整体、和谐、包容、稳定而有活力的城市住区。

5.5.2.1 混合居住的必要性

同质性社区诚然可能为特定阶层提供满意、舒适的居住安全，但市场机制的生态性和排斥性将使同质社区在更大的空间层次上成为社会排斥和社会问题的温床（李志刚，吴缚龙，刘玉亭，2004）。虽然有些学者认为混合居住模式至少从城市经济学角度、社区建设和管理角度、社会心理学角度等三个方面具有局限性（吕露光，2004），但目前来看，从城市规划和城市建设角度考虑，混合居住模式是解决不同社会阶层隔离、促进不同阶层居民之间的相互交往以及缓解社会贫富分化的有效方法。

美国芝加哥大学的查斯金教授从社会网络、社会控制、文化与行为、政治经济等四方面研究了混合居住的必要性和可行性[161]。从社会网络角度看，混合居住有利于穷人获得更多的社会资本；从社会控制角度看，混合居住有利于在住区中提供一种非正式的社会控制机制，有利于住区安全的提升和社会平稳发展；从文化与行为角度看，混合居住有利于减弱贫困聚集造成的“贫困文化”的影响，避免住区贫困循环恶化；从政治经济角度看，混合居住有利于提高住区的政治经济地位，使住区有能力争取更好的居住环境和基础设施，同时也会吸引投资的进入。适度的混居可使低收入阶层享受到较高的福利设施，尤其是高质量的中小学，以减少其子女再度陷入贫困的机会。通过与高收入阶层的近距离交流，有助于增进理解，提高其生存能力，化解阶层隔阂（Madanipour，1998）。

我国学者也研究表明，混合居住模式有助于降低住区内低收入阶层居民和其他收入阶层居民的社会距离，并且有助于缓解低收入阶层居民的自我孤立和自我隔离问题，使其不被排斥到主流社会之外。混合居住具有明显的社会效益，可稳定居住类型、防止社会排斥、构建和谐社区[162]。目前，美国和英国等发达国家已将混合居住模式作为国家住房政策的主要方向。

5.5.2.2 居住用地合理布局

市场机制下，如果没有强有力的规划和控制手段，城市不同收入阶层的居住分化和隔离几乎是不可避免的。从某种程度上说，当今城市居住用地规划的实施过程就是被开发商和资本左右的过程，住宅开发市场的投机现象无处不在。

由于政府规划政策会影响到城市居住空间布局，借鉴发达国家经验，政府需强有力地介入房地产业，避免住房极端的商品化，典型的例子是在中低收入人群支付不起的社区建设适量的经济型房屋，打破房地产商的逐利性。利用城市规划“看得见的手”控制市场“看不见的手”，合理调控城市空间资源在不同阶层公平分配，实现社会阶层的适度分化，通过社区整合缩短各社会阶层的社会隔离，避免城市居住空间的过度分异。

由于不合理的用地规划布局会导致不合理的居住分异格局的形成，即城市规划的不当是产生社会极化、不合理分层及社会不公正问题的主要原因之一[163]。为此，在尊重城市居住空间分异事实的基础上，应深入分析城市居住空间的社会特征、现状城市居住分异格局形成的原因及存在的问题，充分考虑社会各阶层“自下而上”的社会需求，为城市居住用地布局提出科学依据；深入研究城市居住空间分异特征及动力机制，寻求适合城市发展的合理居住空间分异的格局；要在充分研究城市居住空间个性特征的基础上寻求适合本城市经济、社会特征的居住空间模式，使城市居住用地的布局建立在物质空间和社会空间同时合理的基础上。合理的居住用地布局包括城市土地的混合使用、居住与就业用地的平衡、合理的居住用地等级及不同等级居住用地比例的划分、社会平衡邻里区的建立等。

5.5.2.3 邻里同质、社区混合

不同的社会阶层应该均衡地分布在所有的区域和邻里，从而形成整个城市社会均衡的微观结构。王彦辉（2003）基于“城市居住社区是一个多层次结构系统复合而成的社会—空间统一体”的论点提出居住社区“邻里同质、社区混合”（或称“小同质、大混合”）的观念，以实现多样化的社区。多样化社区强调多样化的人群结构、多样化的景观、房屋设计、多样化的住房契约、差异化的价格、混合的功能、明晰的公共领域等等[164]。

混合居住并非全盘打散、毫无章法地夹杂起来，而是一种同质聚居的背景下的混合，即大范围混合前提下的小范围居住分异，从而实现混合与分异的有机结合、同质与异质的相互平衡。具体反映在规划上是：在大范围的城市居住区内并置不同层次的居住小区，尤其强调的是中高档住区中应有一定比例的适合低收入人群的住宅，并避免贫困住区大面积连片发展。混居的比例一般为 4 ∶ 1，低收入阶层占 1/5（Madanipour，1998）。对于小型住区或组团内部来说是同质聚居，左右邻居、上下住户都是收入与社会背景接近的人们，在较亲密的交往范围内，保证居住生活的稳定；对于大范围的城市居

住区（尤其是某个城市片区）则表现为异质的居住集团的混合，这种混合所暗示的生活行为在亲密交往的范围之外，却在日常共同居住生活领域之内。简言之，即异质性体现在城市和社区的层面，而同质性体现在邻里层面上。这种中、高、低档小区的混合布置既可在小范围内保持“同阶层居住”的安全舒适，又可在大范围内体现“混住”交往的多元化、人性化优势，弱化居住“分异”造成的社会隔离（图5-29）。要汲取巴黎卫星城的教训，在规划布局上要防止大片的、单一低收入阶层的居住区出现。

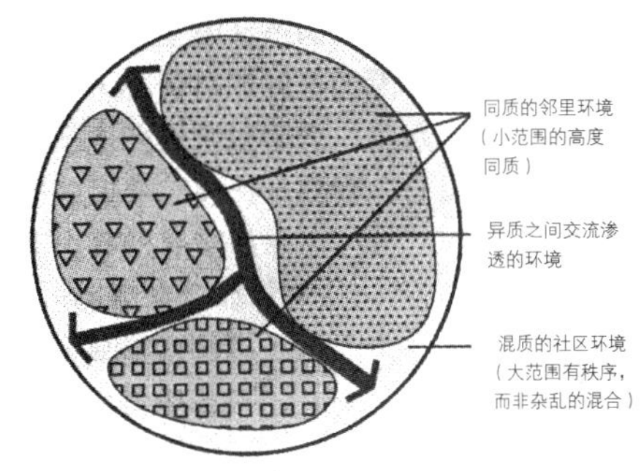

图5-29 “邻里同质、社区混合”模式图

实现“邻里同质、社区混合”，在规划中应注意使相邻小区的社会经济差异尽量小，使住宅等建筑的设计外观上不要有太大反差，以减少不同阶层住区之间强烈反差所造成的富裕者外迁和贫困者聚居。如英国的朋德伯利社区即使在同一社区提供多种住房选择，将20%的住房留给低收入家庭，也使这些住房与市场价的住房外观一致，混合分布[165]（图5-30）。另外，荷兰在1995年制定了“大城市政策”，试图通过对住房市场的介入改变社区的人口分层，实现更为异质的人口构成（Kempen and Primus，1999）。1995～1998年，荷兰政府在阿姆斯特丹北部的斯塔斯聂登社区，一个传统的衰败的工人聚居区，修建了一系列新住房项目，建成273项用于租用的公屋和318项用于购买的私房，其建筑类型主要是多户型中高层住宅，同时提供一系列的平房和经济适用的一居室公寓房给残疾人，并且在住房设计和功能上尽量保持和注意鼓励不同居民的混合性[166]。在住房分配上，优先

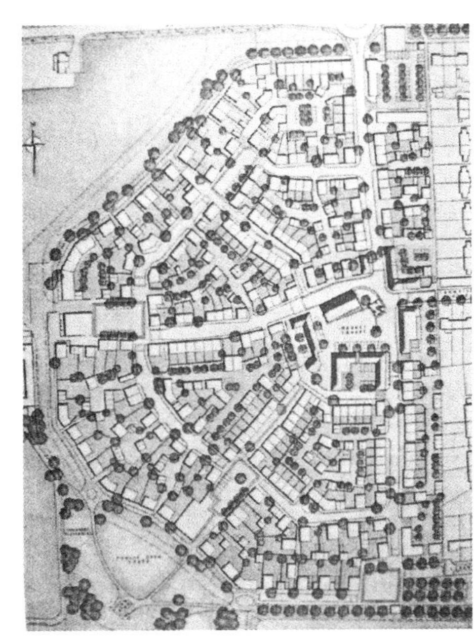

图5-30 社区规划总平面图[179]

考虑当地居民入住，而外来居民则控制性地入住，以保持社区人口的异质性（Beckhoven，2003）。这样，通过在住房类型、住房销售和住房租用的政府规划介入，取得了一定的社会效果。

在开发建设中，政府应加大公共投入，改善和提高地区性公共交通及公共设施的水平，特别是中低收入聚居区的设施水平，以缩小地区间的差异。在住区外部环境整体改善的前提下，不同住区可采用不同的建设标准，以适应特定居住对象的要求，并由此减缓居住空间分异的扩大化倾向。

5.6 完善城市公共卫生设施

5.6.1 医疗卫生设施

医疗卫生设施是城市公共设施重要的子系统，其规划设置标准的高低、布局的合理与否等直接影响着城市建设水平和居民的生活质量。城市卫生资源需求量可通过资源人口比、服务目标法、健康需求法、效果需求法等方法进行计算[167]。

根据相关研究，不同规模城市的医院卫生院病床千人指标存在较大差距，其规划建议值见表5-3。城市级医院的床均建设用地指标为110～130m^2/床，一般情况下大城市可选下限，小城市选上限[168]。城市级医院的分布不必强求与人口分布相一致，新建医院的选址应选择城市交通较为便利的地段，避免与市场、学校和娱乐场所等用地相邻，并均衡选择城市级医院担任周边社区医院的服务指导中心。另外，鉴于医院过多地集中在老城区的现状，对老城区内实力较弱的二级医院进行分化，使其转成社区医院；在新区则鼓励二级医院通过内部优化、资源重组，上升为城市级综合医院或有特色的专科医院。

不同规模城市的医院卫生院床位指标的规划建议值（床／千人）[161]　表5-3

城市规模	小城市	中等城市	大城市	特大城市	超特大城市
人口（万人）	<20	20～50	50～100	100～200	>200
千人指标	3～5	4～5	5～7	6～7	7～8

除城市级医院外，其他的有关医疗卫生机构，如妇幼保健院（所）、疾病控制中心、紧急救援中心、采供血机构等的设置要求见表5-4。

有关医疗卫生机构设置的规定与标准[161] 表5-4

设施名称	位置选择	设置标准或参考依据
妇幼保健院(所)	按行政区划分级设置，新建机构可考虑在区域医疗中心附近	《各级妇幼保健机构编制标准(试行)》《妇幼保健院、所建设标准(报批稿)》
疾病控制中心		《疾病预防控制机构建设指导意见》
紧急救援中心	临近主要交通干道，急救半径应控制在8km以内，保证救护车在接到报警后，15分钟内到达患者身旁	《紧急救援中心建设标准(讨论稿)》
采供血机构	每个城市只设置一处采供血机构，结合卫生行政部门的意见进行用地布局	《血站管理办法》(暂行)《血站基本标准》

5.6.2 环境卫生设施

城市环境卫生设施对于健康城市而言是不可或缺的。在选址布局、环境保护、环境卫生及城市景观方面等方面要对其有所限制。

5.6.2.1 公共厕所

公共厕所是在公共场所为行人及居民全天候开放的如厕场所。它既是一个环境卫生设施，又是一个公共设施，数量大分布广，与公众的生活密切相关，对城市环境有直接影响。我国现状的公共厕所建设标准总体较低，20年来，城市公共厕所的密度不断下降，一、二类厕所不到30%，三类厕所、非标厕所和旱厕占了大部分；卫生环境总体较差，设施及运行管理不佳[169]。

公共厕所设置的数量和密度可参照《城市环境卫生设施规划规范》(GB 50337—2003）中所规定的公共厕所设置标准进行设置（表5-5)。在规划编制时应适当提高或者就高不就低地确定城市各区域公共厕所的等级，只规定最低必须达到的等级，不设等级上限。单独设置的公共厕所应注意其景观形象，注重与周围环境的和谐。商业区、重要公共设施、重要交通客运设施、公共绿地及其他环境要求较高区域的公厕不低于一类；主次干路及行人交通量较大道路沿线的公厕不低于二类；其他街道及区域的公厕不低于三类。考虑到公共厕所对城市环境、公众卫生健康所引起的重要作用，公共厕所在市政公用设施总投资中所占比重也很小，规划的建筑标准适当上靠是合理可行的。

公共厕所设置标准　　表 5-5

城市用地类别	设置密度（座/km²）	设置间距（m）	建筑面积（m²/座）	独立式公共厕所用地面积（m²/座）	备注
居住用地	3～5	500～800	30～60	60～100	旧城区宜取密度的高限，新区宜取密度的中、低限
公共设施用地	4～11	300～500	50～120	80～170	人流密集区域取高限密度、下限间距，人流稀疏区域取低限密度、上限间距。商业金融业用地宜取高限密度、下限间距。其他公共设施用地宜取中、低限密度，中、上限密度
工业用地仓储用地	1～2	800～1000	30	60	—

注：其他各类城市用地的公共厕所设置可结合周边用地类型和道路类型综合考虑，若沿路设置，主干路、次干路、有辅道的快速路：500 ~ 800m；支路、有人行道的快速路：800 ~ 1000m。

5.6.2.2　废物箱

废物箱属于任何城市都必须设置的环境卫生公共设施。道路两侧、各类交通客运设施、公共设施、广场、社会停车场的出入口附近应设置废物箱。即行人多处一定设，有行人处就要设。设置间距：商业、金融业街道——50～100m；主次干路、有辅道的快速——100～200m；支路、有人行道的快速路——200～400m。

废物箱的容积要足够，应按照垃圾分类的要求，分格或分箱设置，以便分类回收垃圾；且便于投放和收运，便于保洁。要注意针对不同区域的垃圾特征采用不同的分类方式，如在商业闹市区，垃圾成分以废旧包装为主，则可以分为可回收类垃圾和其他垃圾；而在菜市场以堆肥垃圾为主，则可分为有机垃圾和其他垃圾，以利于资源化利用。

5.6.2.3　垃圾处理厂

为保护城市环境，应积极倡导垃圾分类回收处理，采用的生活垃圾处理处置系统及设施主要包括：焚烧、堆肥、卫生填埋，其中前两种属处理系统及设施，后一种为处置系统及设施（表 5-6）。

生活垃圾处理处置方式技术经济对照比较[163] 表 5-6

比较内容 \ 处理方式	焚烧	堆肥	卫生填埋
技术可靠性	可靠	可靠	可靠
生产安全性	好	好	好
选址	最易。宜在市区边缘，若排放等问题解决的好也可放在市区内，供热情况下可放在市区。运距小于 20km	较易。设置在市区外，气味影响半径约 200m，此范围内不宜居住。运距 10 ～ 20km	较难。距大中城市市区应大于 5km，距小城市市区应大于 2km，距居民点应大于 500m，对地质、水源、风向、国土资源、交通等有要求，防治水体受污染。运距可大于 20km
占地面积	小，60 ～ 100m^2/（t·d）	中等，110～150m^2/(t·d)	大，500 ～ 900m^2/（t·d）应满足服务区 10 年以上使用年限
适用条件	热值 >5000kJ/kg、土地资源紧张、经济水平较高地区	可生物降解有机物含量 >40%。临近堆肥用户市场	适用范围广，对垃圾成分无严格要求；但无机物含量大于 60%；填埋场征地容易，地区水文条件好，气候干旱，少雨的条件尤可使用
最终处置	占处理量约 20% 的残渣需最终处置。一般配建填埋场	非堆肥物约占处理量的 30%，需最终处置，一般配建填埋场	本方式即为最终处理
产品或副产品	大焚烧厂设置余热发电或供热，有经济效益，用户稳定	堆肥可供出售，但销售普遍困难	可燃气体产量较高时，设置沼气发电，有经济效益
资源利用	余热可回收利用	产出废料	沼气可利用，封场后可重新进行土地利用
地表水污染	较小（或无）	较小（或无）	现状多有，今后可能有，但可防治或减少
地下水污染	无（或极小）	无（或极小）	现状多有，今后可能有，可防治
土壤污染	无	堆肥往往含有污染成分，对施用地区有影响	对填埋区域有一定污染
主要风险	燃烧不稳定，烟气治理不达标	生产成本过高或堆肥质量不佳影响堆肥产品销售	沼气聚集引起爆炸，场底渗透或渗沥水处理不达标
技术特点	占地面积小，运行稳定可靠，减量化效果好	技术成熟，减量化和资源化效果好	操作简单，适应性好，工程投资和运行成本均较低

续表

比较内容 \ 处理方式	焚烧	堆肥	卫生填埋
大气污染	有，可控。达标排放的处理技术成熟	轻微，有异味	轻微，可控
防护条件	厂内设置宽度不小于 10m 的绿化隔离带，并沿周边设置	厂内设置宽度不小于 10m 的绿化隔离带，并沿周边设置	场内防护要求设置绿化隔离带宽度不小于 20m，并沿周边设置；场外防护要求尽可能在其四周设置宽度不小于 100m 的防护绿地和生态绿地
运行管理要求	很高	较高	不高
单位投资指标	高，20～60 万元/(t·d)	较低，6～14 万元/(t·d)	低，11～26 万元/(t·d)
运行成本指标	高，40～90 元/t	较高，20～45 元/t	低，15～45 元/t

这三种方法中，一般情况下的选择次序：首先是卫生填埋，其是最终处理手段，也是主要处理方式。填埋场在封场、修复工程后，通过定期监测填埋场的填埋气体、渗滤污水、有机排放物、噪声、地面水、灰尘、气味等合格后，再完成美化工程可成为城市绿化区，部分则可转作高尔夫球练习场、多用途草地球场、休憩公园和生态公园等。图 5-31 为香港船湾填埋场修复后的全貌。其次为焚烧方法，焚烧方法可使垃圾减重 80% 以上，减容 85% 以上；城市垃圾经高温焚烧后能消除大量有害病菌和有毒物质，减少病菌对环境的污染程度；利用垃圾中可燃物质燃烧产生的热能，实现供热、发电、制冷，从而实现废物向能源的转化。因此，经济发达地区可积极采用；最后是堆肥方法，主要针对有机垃圾等的可生物降解组分，不仅实现垃圾的安全处理，而且所回收的有价资源可用作肥料、燃气、电力等。在保证堆肥产品质量前提下，可在有稳定可靠市场的地区发展。

另外，建筑垃圾填埋场、其他固体废弃物（包括医疗卫生垃圾、有毒有害的工业垃圾、含放射性物质或其他危险性较大的垃圾、病死畜等）处理厂（场）也应根据具体情况在城市规划建成区之外合理选址，做好绿化等防护措施，最大限度地减少对城市环境和居民健康的影响。

在提高垃圾处理工艺水平的同时，也要注意改变垃圾处理工厂及清扫工厂的环境形象。图 5-32 为日本东埼玉县某可燃垃圾处理工厂。建筑风格以欧式风格为主，再加上采用了无臭、无烟处理，使人很难与传统的垃圾处理场联系

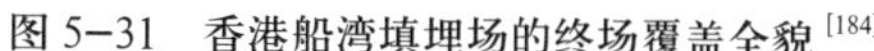
图 5-31 香港船湾填埋场的终场覆盖全貌[184]

图 5-32 埼玉县某可燃垃圾处理工厂

在一起。以前影响景观的烟囱被处理成眺望台，市民可自由利用，并且在其周围设置了运动场和公园，使此处成为市民经常利用的休闲环境。

5.6.2.4 其他环境设施

其他环境卫生设施如车辆清洗站、环境卫生车辆停车场、环境卫生车辆通道、洒水车供水器等都要根据相关规范合理布局设置。

5.7 塑造城市特色

城市特色作为城市发展的名片，“内塑城市发展的凝聚力，外增城市发展的新动力”。[171] 城市强调自己的特色是其在全球舞台上立足的资本。城市特色是城市在形成发展中所具有的自然风貌、结构形态、文化格调、历史底蕴、景观形象、产业结构和功能特征的总和。每个城市都有独特的意象，越有个性的城市，越能产生舒适感和安全感。

5.7.1 塑造景观特色

塑造城市景观特色，是今后我国城市再生的灵魂。富有特色的城市景观能为一个城市构筑独有的文化氛围，满足人们的精神文化要求，并赋予城市个性。为此，应在城市规划与建设的各个层次加强开展城市设计工作，注重总体城市设计，对城市重点区域、轴线及节点等进行城市设计招标，建立重点地区方案咨询与审批程序。应注意解决好：城市结构、城市形态、绿化系统、道路系统、标志系统、自然景观系统、集体记忆、认知地图、城市色彩系统以及城市夜景照明等方面问题[172]。从宏观、中观、微观，从物质和非物质，从策划、规划、设计等方面进行城市景观特色的塑造[173]（表 5-7），创造整体良好、有地方鲜明特色的城市形象。

城市特色塑造与维系的主要内容[173] 表 5–7

<table>
<tr><th>层次</th><th>主要项目</th><th>研究或设计涵盖的内容</th><th>核心理念</th><th>成果表达</th></tr>
<tr><td rowspan="2">宏观层次</td><td>城市特色形象策划</td><td>城市特色资源的挖掘与整理
城市特色形象推介</td><td>类比
公众评选与参与</td><td>形象宣传口号</td></tr>
<tr><td>城市形态与结构</td><td>山水格局
生态环境
城市不同片区性质特色（特定区、历史地段）</td><td>范山模水
现代形态分析法
赋予意境和文脉</td><td>专题报告</td></tr>
<tr><td rowspan="15">中观层次</td><td rowspan="4">城市空间</td><td>公共开发空间</td><td rowspan="4">空间之于城市，若画之空白，诗之余韵</td><td rowspan="4">专题报告</td></tr>
<tr><td>绿地系统</td></tr>
<tr><td>滨水空间</td></tr>
<tr><td>城市高度分区</td></tr>
<tr><td rowspan="5">视觉景观</td><td>城市天际线</td><td rowspan="5">城市景观的秩序性、内涵性、愉悦性与城市形态的关系等</td><td rowspan="11">行动导则
行动政策
设计标准</td></tr>
<tr><td>视廊</td></tr>
<tr><td>城市夜景</td></tr>
<tr><td>公共艺术</td></tr>
<tr><td>城市色彩分区</td></tr>
<tr><td>城市生活</td><td>公共活动空间</td><td rowspan="6">凯文·林奇的城市意象理论</td></tr>
<tr><td rowspan="5">城市意象系统</td><td>口门</td></tr>
<tr><td>路径</td></tr>
<tr><td>边界</td></tr>
<tr><td>标志</td></tr>
<tr><td>节点</td></tr>
<tr><td rowspan="2">微观层次</td><td>城市重点区</td><td rowspan="2">城市重要出入口、广场、河段、街道、街区等</td><td rowspan="2"></td><td rowspan="2"></td></tr>
<tr><td>近期重点建设区</td></tr>
</table>

5.7.2 保护历史风貌建筑与历史街区

具有悠久历史文化内涵的街区和历史风貌建筑是一座城市历史和文化的具体体现。罗兰德·帕尔松博士曾说过：“文物建筑和历史地段有巩固民族和个人文化认同性的重要作用，能抵抗社会的分崩离析，提高公民的自觉性。”

5.7.2.1 历史风貌建筑

城市中的建筑总是向人们直观地展示这个城市的历史和特色，表述着城市发展的历史及延续性，也正是这些不同历史背景下建造起来的建筑，形成了不同区域的建筑文化风格。英国的W. 鲍尔在其《城市的发展过程》中推荐了公民信托社提出的五点建议，一座建筑物只要具有其中的一点，就应保存，应予以尊重和协调。这五点建议为：①它是一件艺术品，能丰富环境；②是某一特殊风格或某一时期著名的代表作；③在社会上占有一定的历史地位；④与重大人物或重大事件在历史上有联系；⑤它的存在使周围环境具有一种时间上的连续感[174]。

保护历史风貌建筑要根据城市自身情况合理评定等级（特殊保护、重点保护、一般保护、待定保护），正本求原，让人体味到蕴含在建筑物中的人文价值观、思维方式、进取精神和审美情趣。不仅要深入理解和继承传统建筑文化，而且要通过现代手法，吸收现代文化的理念和功能，赋予传统建筑以时代特色。

5.7.2.2 历史街区

充满活力的历史街区对于城市特色的塑造甚为重要。对历史街区的保护要坚持原真性原则、坚持居民参与、坚持渐进性的保护更新，采取多阶段的、动态的工作方式[175]。根据历史地段的各种具体情况，处理好传统与现代的关系，处理好街区外在形式和内在神韵之间的关系，因地制宜地确定相应的保护策略，适应不断发展的实际要求。将历史—现状—未来联系起来加以考察，使之处于最优化状态，并在规划方案实施过程中不断加以修正与补充，强调“持续规划”、“滚动开发”、“循序渐进”式的工作方式。

从历史街区保护规划实施手段来看，保护方法主要有：“士绅化”和中产阶级化、立面表皮式保护、居民自建、整体保护方式以及传统方式等[176]。在城市更新过程中，历史街区的尺度和特征、行人与当地居民的体验感受要着重考虑。在新加坡，位于繁华市中心的历史街区并没有因为城市的发展而消失，相反它们被大片完整地保留下来（图 5-33），同时为提供一个更大的视角展现历史街区的连续性，有意识地形成连接历史街区间的“廊道”，将主要活动空间沿廊道布置，从而使街区形成连续的景观[177]。

5.7.3 避免城市形象工程

急功近利的城市形象工程在曲解城市特色与城市形象内在关系的同时，给城

图 5-33 新加坡市中心区完好保留的历史街区[191]

市的发展造成极大的危害[178]：①造成城市建设资金的浪费，而无真正的价值；②导致城市失“真”和城市个性化丧失；③城市自然环境和历史文化变迁被人为地割断，造成城市特色出现“断层”。

避免严重超过自身经济承受能力、不讲投资效益建设大草坪、大广场、宽马路、主题公园、“亮化美化”等形象工程。失去城市特色的城市形象工程绝对算不上“大众工程”，只会使城市政府及其领导者背上历史的骂名。另外，那些不顾城市地方情况，在建筑上到处生搬硬套“欧式风格”和古典符号，追求形式主义构图的做法也是不足取的。

5.7.4 注重城市文化

城市个性根植于城市文化。文化是城市的灵魂，是城市发展的最终动力。缺乏和谐文化的城市就如同没有灵魂的人一样，是行尸走肉，是一座死城；而拥有了和谐文化的城市，就如同拥有了高尚灵魂和丰富知识的人，是充满生机和力量的，也必将是幸福和富裕的。英国皇家建筑学会前主席帕金逊多次指出：“在我看来，全世界有一个很大的危险，我们的城镇正在趋向同一个模样，这是很遗憾的。因为我们生活中许多乐趣来自多样化和地方特色。我希望你们研究中国文化城市的真正原有特色，并保护、改善和提高它们。中国历史文化传统真是太珍贵了，不能允许它们被西方传来的这种虚伪的、肤浅的、标准的、概念的洪水所淹没。我确信你们遭到了这种危险，你们需要用你们的全部智慧、决心和洞察力去抵抗他”。

发展城市文化要注重现代文化与传统文化的结合，地域文化与外来文化的结合。城市文化有显性与隐性之分，不仅要注意物质形态文化的保护，还应注意保护戏曲、民族手工艺、民俗节日等当地民俗传统文化。民俗文化与现代生活需求相结合是民俗文化再生的重要途径。上海苏州河畔的九子公园就以街旁绿地为载体，通过雕塑、活动、景观环境等方面的创意设计探索了民俗文化再生的方式[179]（图 5-34、图 5-35）。

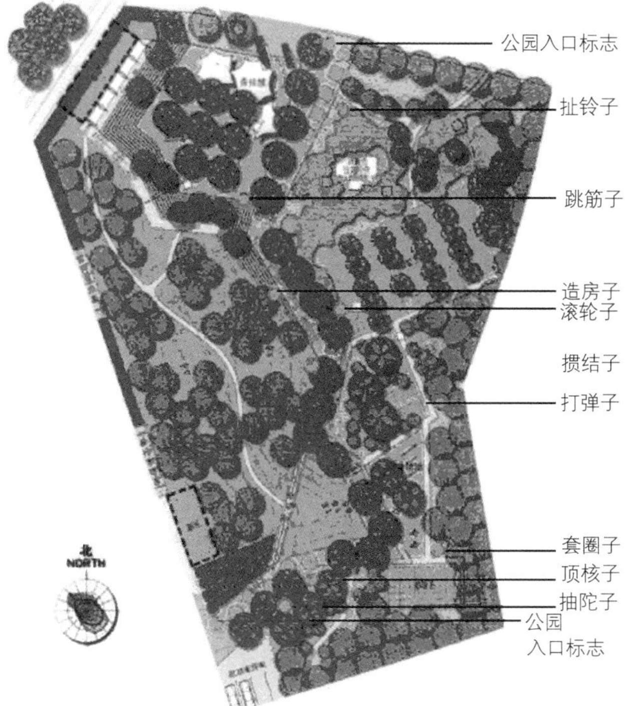

图 5-34　九子公园平面图[193]

图 5-35　传统民俗与市民休闲[193]

CHAPTER 6

第 6 章　健康社区的建设对策

健康社区是健康城市的缩影，是局部和整体、个性和共性之间的关系，是建设健康城市各项工作在公众中的具体体现，它既是健康城市的基础和细胞，又是健康城市建设工作各项指标得以不断完善落实和体现健康城市个性化发展的有效补充。根据全球经验，执行健康城市最有效的手段是以社区为载体，联合其他场所，形成多部门、多学科合作的局面，这样有利于充分动员社区群众积极参与卫生工作。建设健康社区是一项持续时间长、涉及面广、规模较大的系统工程，它要求政府、社区、单位、家庭和个人一起重视、支持和参与。

6.1 健康社区

6.1.1 关于社区

自 1887 年德国社会学家 F. 腾尼斯提出社区概念以来，人们赋予它的含义不断变化。腾尼斯的社区概念，最初是指由具有共同价值观的同质人口组成的，关系亲密、富有人情味的社会关系和社会团体。美国芝加哥学派的帕克等人则在此基础上又为它加上地域性的含义。[37] 居住、特定区域、相对完备的生活服务设施、各专业部分的互赖与分工、共同的文化及社会体系、地区归属感是社区的基本构成要素。

从规划角度来看，社区的物质特征有：①紧凑发展，而不是低密度分散发展；②相互联系的混合功能，而非单一功能；③有可辨别的核心或中心区域作为活动中心；④定义良好的边界，即社区的范围由开放空间更好地表现出来。这些特征带来许多好处：区域归属感与认同感、丰富的知觉体验、更好的就业与服务可达性、更有效的基础设施供应、异质性社区、社会相互作用增强，以及居民对社区事务的更多参与[180]。

根据人们对社区研究的不同目的和角度，社区的分类方法也不尽相同。如根据社区担负的主要功能，可划分为工业社区、商业社区、行政社区、居住社区、文化（大学）社区等。其中，城市居住社区作为社区的重要类型之一，特指以居住生活为主要功能和整合纽带的社区，具有物质形态空间与社会空间的双重内涵，社区内的服务设施主要围绕着社区内居民及其居住生活展开。其所包含的地域范围为居住区域，人口为城市居民。

目前，我国城市社区的规模相差悬殊，大到 10 万人一个社区，小则 1000 人。对社区规模的讨论，尚无一致的意见。1999 年以来，各地对社区居委会辖区的规模普遍进行了调整，各地的经验大体相同，均表现为扩大原有的居委会规模。南京的“社委会”是以原居委会辖区为基础，综合地域、人缘、单位、功能等要素，介于街道与居委会之间的基层群众自治组织，一般在 1500 户范围内设立。北京市对居委会规模调整的最新规定是不小于 1000 户。而中小城市对居委会辖区规模的规定是不小于 700 户（高鹏，2001）。

根据对若干物业管理社区的调查，对应于一个居民委员会的管辖范围，基层社区规模在 7000 ～ 10000 人是比较合适的。对于建设年代较早、设施较差的老社区，规模则不宜太大，以 3000 ～ 4000 人左右为宜（张俊芳，2003）。当然，由于中国幅员辽阔，各个地区、各个城市的情况差异很大，对于城市社区规模的定位，显然不能一概而论。但应注意的是，从健康的角度出发，对于目前盛行的大规模社区开发应重新考虑，可将其分解成相对独立的小组团，以减少人口聚集程度，降低疾病交叉感染的可能。

6.1.2 健康社区的特征

健康社区既是一种社区建设的新理念，又是城市社区发展所追求的目标。参照 WHO 的健康城市概念，健康社区应充分利用社区资源，鼓励人们参与，运用健康促进手段创造有利于健康的政治、经济、文化、自然等环境条件，不断解决健康问题，使人们在社区中充分享有健康服务，并健康的工作和生活。其特征包括：

1）社区居民具有归属感、认同感与自豪感，有共同的目标；

2）社区实行自治，居民积极参与社区建设；

3）与城市发展相协调，符合未来发展需要；

4）社区发展整体化，体现多样性与和谐性；

5）保证安全性，有良好的社会空间结构和物质环境；

6）创造更多的机会以便于不同类型的人互相交流，加深居民间的相互理解。

6.1.3 健康社区的评价指标

6.1.3.1 评价指标体系

参照国外健康社区的指标以及国内文明社区评价指标体系、城市居住小区外环境评价指标体系[181]，结合我国具体情况，建议我国健康社区的评价指标体系分为三级，一级指标为社区经济发展、社区环境建设、社区社会发展 3 项，二级指标为 10 项，三级指标 50 项（表 6-1）。

健康社区评价指标体系　　表 6-1

一级指标	权重	二级指标	权重	三级指标	权重
社区经济发展	0.26	社区经济实力	0.60	1）地方财政收入	0.37
				2）地方人均绿色 GDP	0.37
				3）第三产业 GDP 构成	0.13
				4）失业率。或者：在贫困线以下的家庭百分比；或者：得到福利救济或社会救济的人口百分比；或者：收入低于平均工资一半的人口百分比	0.13

续表

一级指标	权重	二级指标	权重	三级指标	权重
社区经济发展	0.26	社区建设投入	0.40	1）年精神文明建设投入	0.32
				2）年用于环保的资金投入	0.34
				3）年用于公共健康方面的资金投入	0.34
社区环境建设	0.32	社区环境质量	0.65	1）年平均大气污染程度（NO/SO_2）超过WHO标准的天数	0.16
				2）噪声、气味和清洁度等可感到的骚扰指标	0.16
				3）绿化覆盖率	0.15
				4）人均公共绿地面积	0.15
				5）能在10min内步行到公园或公共开敞空间的老年人百分比	0.14
				6）健康建筑及群体空间效果	0.12
				7）对生活在社区感觉到“相当好”或“很好”的人口百分比	0.12
		社区环境治理	0.35	1）垃圾分类袋装化率	0.50
				2）污水处理率	0.50
社区社会发展	0.42	社区人口健康状况	0.22	1）人均健康期望寿命	0.10
				2）老年人人口比例	0.06
				3）感到身体“好”或“很好”的人口百分比	0.12
				4）每年感到活动受健康限制的平均天数	0.10
				5）每天吸烟的人口百分比	0.09
				6）感到在工作场所吸烟受到限制的人口百分比（仅涉及工作人口）	0.08
				7）每天使用镇静剂的人口百分比（或每位成人服用镇静药片的数量）	0.07
				8）70岁以下因心血管疾病造成生命损失的百分比	0.06
				9）因酗酒而造成机动车事故的人口百分比	0.05
				10）因艾滋病而去世的死亡率或HIV检查中的阳性百分比	0.04
				11）经常或总是感到孤独的人口百分比	0.05
				12）具有“相当高”或“很高”自尊心的人的百分比	0.08
				13）居民基本健康知识知晓率	0.10

续表

一级指标	权重	二级指标	权重	三级指标	权重
社区社会发展	00.42	社区生活水平	0.18	1）低于标准住宅面积的住宅百分比（标准住宅面积由各城市制定）	0.38
				2）收入低于平均水平的人口比例	0.42
				3）认为凭体力到达食品商店“很困难”的人的百分比	0.20
		社区安全状况	0.20	1）暴力犯罪的百分比	0.20
				2）感到夜间在邻里之间步行有安全感的人的百分比	0.35
				3）火灾隐患整治率	0.35
				4）社区交通事故发生率	0.10
		社区文体教育	0.13	1）中、小学入学率	0.30
				2）大学及其以上学历的人口比例	0.20
				3）社区文体设施面积	0.25
				4）社区文化体育活动开展情况	0.25
		社区保健福利	0.16	1）传染病控制率	0.18
				2）家庭参加各类保险的投保率	0.10
				3）儿童完成预防接种的百分比	0.18
				4）每千人拥有病床数	0.15
				5）每千人拥有全科医生数	0.15
				6）老年人福利设施床位拥有率	0.12
				7）优抚对象（残疾人、孤寡老人）定期救助服务率	0.12
		社区公众参与	0.11	1）人们参与健康组织、社会组织、和平组织和环保组织的百分比	0.20
				2）志愿服务参与率	0.45
				3）社团活动情况（或成就突出的社团比率）	0.35

6.1.3.2 权重集的确定

在评价指标体系确定基础上，通过德尔菲法、专家调查法、判断矩阵分析法确定各指标的权重[181]。需指出的是，各指标的权重赋值并不是一成不变的，它必须根据城市或社区的经济发展形势做出相应的调整。

（1）德尔菲法　它是利用专家集体智慧来确定各因素在判断问题或者决策问题中的重要程度系数的工作，必须由专家（20人左右）来进行，要求专家有渊博的专业知识，熟悉和掌握所研究问题的全部具体情况。评价专家凭自己的经验和见解，确定评价因素的重要性序列值，对最重要因素取最大，最不重要因素取 1。然后，按所提供的重要性序列值进行统计，编制优先得分表，将表中各行值累加起来，对应最大值的因素重要程度最高，对应最小值的因素重要程度最低，以确定评价因素的重要程度系数。

（2）专家调查法　是把在评判问题中或决策问题中所要考虑的各个因素，由调查人事先制定因素重要程度系数调查表格，然后根据研究问题的具体问题的具体内容，在本专业内聘请阅历高、专业知识丰富并有实际工作经验的专家就各因素的重要程度发表意见，填入调查表。最后，由调查人汇总，计算出因素重要程度系数。

（3）判断矩阵分析法　把 m 个评判因素排成一个 m 阶判断矩阵，专家通过对因素两两比较，根据各因素的重要程度来确定矩阵中因素值的大小。然后，计算判断矩阵的最大特征值及其对应的特征向量，这个特征向量就是所要求的因素重要程度系数值。

6.2　健康住宅

人的一生至少有 1/2 的时间是在住宅内度过的。住宅对人类的健康和儿童生长发育有着重要的影响。住宅卫生条件的好坏，直接影响着居民的发病率和死亡率。基于 WHO 对健康的定义，健康住宅是在满足住宅建设基本要素的基础上，全面提升健康要素，“不会引起疾病或残疾，并能使居住者在身体上、精神上、社会上完全处于良好状态的住宅及其社区”。健康住宅有别于生态住宅或绿色住宅，他们目标不同，侧重点也不一样。健康住宅从广义的住宅健康安全出发，更多地强调心理健康、道德健康和社会适应性健康，全面提高人居环境的健康性。生态住宅或绿色住宅则从人、住宅与自然的和谐共处出发，强调环境保护，节约资源和能源、减少污染、保护生物多样性[182]。

6.2.1　健康住宅的标准

健康住宅的标准既包括与居住相关联的物理量值，诸如：温度、湿度、通风换气、噪声、光和空气质量等，还包括主观性心理因素值，诸如：平面空间布局、私密性保护、视野景观、感官色彩、材料选择等。根据 WHO 的建议，健康住宅的标准包括：

（1）尽可能不使用有毒的建筑装饰材料装修房屋，如含高挥发性有机物、甲醛、放射性的材料。采用低毒或无毒的建筑装饰材料；

（2）清洁的室内空气和良好的换气性能：室内 CO_2 浓度低于 1000ppm，粉尘浓度低于 0.15mg/m^3；

（3）适中的室内温度、湿度和风速：室内气温保持在 17 ～ 27℃，湿度全年保持在 40% ～ 70%；

（4）静谧、无噪声干扰的生活环境：噪声级小于 50dB；

（5）每天都能够得到充足的日照：一天的日照要确保在 3h 以上；

（6）足够亮度的室内照明；

（7）有足够的人均建筑面积并确保私密性；

（8）有足够的抗自然灾害的能力；

（9）住宅要便于护理老人和残疾人。

6.2.2 健康住宅的技术体系

设计健康住宅要体现“以人为本”，以居住生活行为规律为原则，满足居住者的生活需求，使居民过上舒适、安全、卫生和健康的文明型居住生活。自 1999 年底，国家住宅与居住环境工程技术研究中心联合建筑学、生理学、社会学和心理学等方面的专家就居住与健康课题开展了研究，制定了《健康住宅建设技术要点》，从居住环境的健康性和社会环境的健康性两方面对健康住宅提出了技术要求[182][183]，并在全国开展了建设试点工作。北京金地格林小镇就是全国首批健康住宅试点项目之一，从规划布局、绿化配置、建筑材料的选择以及施工等方面都充分体现了促进居民健康的设计理念（图 6-1）。

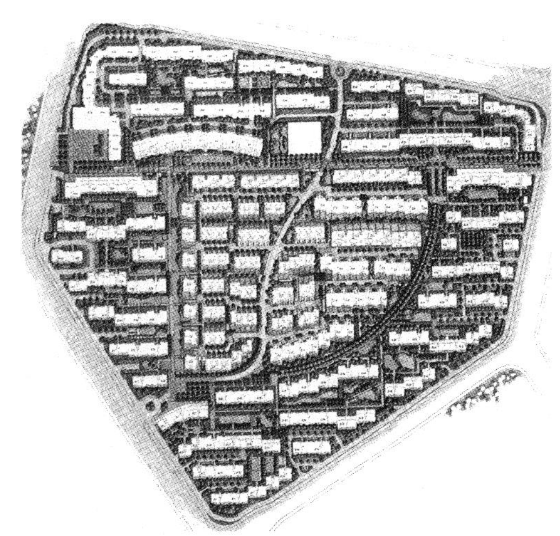

图 6-1 北京金地格林小镇－四季翠园规划总平面[184]

6.2.2.1 *居住环境的健康性*

主要指住宅室内及其室外影响健康安全的物理环境因素。包括：住区环境、住宅空间、空气质量、热环境、声环境、光环境、水环境、绿化环境、环境卫生等方面（表 6-2）。

保证健康住宅居住环境健康性的技术要求 表 6–2

项目	技术要求
住区环境	选择在适宜健康居住的地区，远离污染源，有效控制水污染、大气污染、噪声、电磁辐射、土壤氡浓度超标等影响； 合理组织住区内部动静交通，设置足够停车位，防治机动车造成的环境污染和安全隐患； 建设连续贯通的步行通道和无障碍设施； 创造不同层次的交往空间
住宅空间	合理设计套型，细分功能空间和设备配置，保证私密性； 合理考虑住宅内部的交往空间设计； 关注住宅的全寿命设计和日常安全
空气质量	积极采用住区风环境优化技术，确保住区通风良好； 居室自然通风，厨卫具有良好通风换气条件，符合室内空气质量标准； 推行住宅装修一次到位，严格控制装修污染
热环境	符合室内温度和相对湿度标准； 外围护结构保温隔热性能，采暖、制冷系统的运行效率和能效比符合相应区域的国家节能设计标准； 积极利用太阳能、地热、风能等可再生能源
声环境	做好住区防噪规划，符合户外环境噪声标准； 加强室内防噪隔声措施，符合住宅室内噪声标准
光环境	符合住宅日照标准和室内采光标准； 室内人工照明符合各功能空间的要求，确保用电安全； 避免室外照明产生的光污染； 保证公共照明的日常安全
水环境	建立完善的供水系统，生活饮用水水质或饮用净水水质符合标准； 住区排水系统实行雨污分流，设立完善的污水收集、处理和排放等设施； 合理选择住宅排水系统； 雨水利用、景观水、中水满足相应标准
绿化环境	住区绿地率大于 35%； 植物以乔、灌、草的合理比例配置，以乔木为主； 加强立体绿化
环境卫生	合理选择垃圾收运和处置方式

资料来源：根据《健康住宅建设技术要点》整理而成

6.2.2.2 社会环境的健康性

主要体现在住区软环境的建设与维护上。包括：住区社会功能、住区心理环境、邻里交往、康体系统、保健体系、公共卫生、业主参与、健康物业管理等方面（表 6-3）。

保证健康住宅社会环境健康性的技术要求　　表6-3

项目	技术要求
社会功能	除提供住宅和公共服务设施外，提供物质和精神的互助，提供感情和思想的交流，提供行为上的约束，提供闲暇的消遣和健身、保健等设施
心理环境	建立良好邻里关系，开展住区安全防范，划分领域空间，减轻压抑感，辩证对待住宅风水
健身体系	利用住区健身体系及相关设施，推动住区健身运动
保健体系	加强健康管理意识，开展健康教育活动
公共卫生	建立住区公共卫生体系，纳入所在地区公共健康建设与发展规划
文化养育	营造良好的文化养育环境
社会保险	在社会大病医疗统筹保险的基础上，探索其他商业保险方式
健康行动	参与各种持续性健康活动，编制宣传《健康住宅业主手册》
物业管理	建立健康物业管理模式

资料来源：根据《健康住宅建设技术要点》整理而成

6.2.3 健康住宅的建设开发

发展建设健康住宅单靠某一部门、某一企业是难以实现的，需要全社会包括政府、企业、居民等的共同努力、密切配合，充分发挥各自的角色和作用[185]。并建立健康住宅评估体系、健康住宅技术体系、健康住宅建筑体系三大体系来贯彻健康住宅的建设理念。

6.2.3.1 政府是发展健康住宅的倡导者、支持者

政府要充分发挥引导、督促的作用，促使行业及社会尽快形成健康住宅意识，树立健康住宅的理念，对健康住宅试点要给予政策上的倾斜和支持，挖掘住宅产业的发展潜力。规划、设计、建设等部门要结合城市实际情况，充分考虑城市生活、文化习俗、气候条件、地理环境、历史风貌等诸多因素，加强住宅关键技术的研究，积极开发健康住宅相关技术、产品和材料，开展健康住宅技术、产品、材料的评估认定工作。

6.2.3.2 企业是发展健康住宅的实施者

不仅是房地产开发企业，设计、建材、施工、监理、物业等与住宅建设相关的各类企业，可统称为住宅企业。住宅企业是发展建设健康住宅的主体，必须树立“造健康住宅，做长寿企业”的观念。要鼓励住宅企业开发各种健康住宅施工成套技术与工艺，加强信息技术和智能技术在住宅建设中的应用，大力提倡开拓健康型实用的建筑结构体系、系列配套的建筑设备、工业化施工方法

和现代管理技术等。

6.2.3.3 公众是发展健康住宅的受益者、监督者

发展建设健康住宅不能只针对某一消费群体，而要面向整个住房消费群体。商品房、经济适用住房、廉租住房等都要按健康住宅标准进行建设。应积极推动公众参与，开展住宅健康行为引导和规范工作。组织健康志愿者活动，建立监督机制，开展各种持续性健康活动。健康住宅硬件建设和健康行动的软件建设结合在一起，才能建立健康住宅的完整概念。建立健康行为准则，培养和引导健康的生活意识和生活方式，提高健康社区生活品质。

6.3 住区外环境

健康住区在合理选址的基础上，其外环境规划建设应遵循以人为本、生态优化、科技先导的原则，将健康主题贯穿规划设计的全过程，强调综合效益，创造社区文明。健康住区应提供完善的公共服务设施——教育、医疗卫生、文化体育、商业服务、金融邮电、社区服务、市政共用和行政管理及其他等八类设施，满足服务半径和服务能力要求，建设社区中心（图 6-2），并重点做好以下规划建设工作。

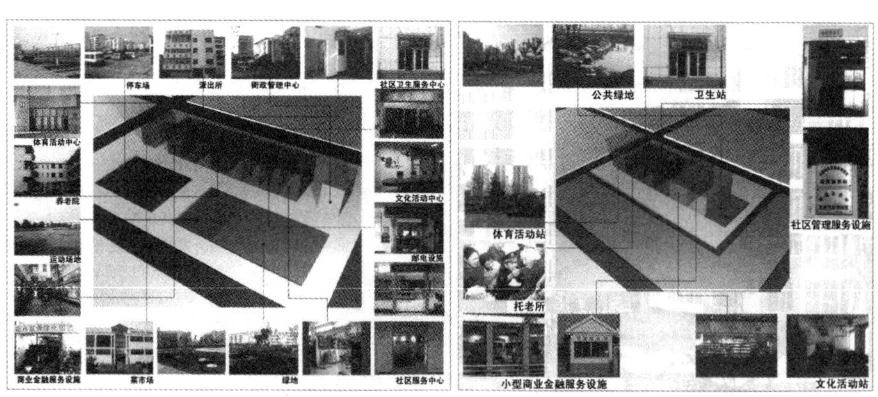

图 6-2 居住社区中心、基层社区中心综合功能构成示意图

资料来源：城市规划，2006(4)：34

6.3.1 柔化社区边界

健康社区应是开放的住区，住区建设要强化与城市的联系，避免成为独立于城市空间、城市交通的“城中城”，成为“城市生活的癌症”（缪朴，2004）。要从根本改变那种想背（逃）离城市，创造孤岛式“人间天堂”的建设模式，要视

城市为载体，实现住区与城市功能的互补[186]。

图 6-3 社区边界柔化[186]

为实现开放住区，应柔化整齐划一、冰冷森严、内外严明的住区边界，以创造“边界域效应”。改变通过栏杆、围墙甚至保安与电子警戒装置严格划分住区“内”与“外”的传统作风，将住区单一围墙改为由围墙与绿化、小品、交往场所等组成的复合边界（图 6-3），避免人为地隔绝不同系统空间之间的交流与渗透。这样外面的人可以接近社区，内部的居民也可以走出来，在内外之间形成一个缓冲地带，成为最易诱发丰富多彩的城市生活的地方。更为理想的主张是在不同社区之间，应有足够宽度的自然生态空间。例如，“条带式发展”理论就主张居住社区应成条带式线性发展，并与绿化、水体等开敞空间间隔分布[187]。

6.3.2 创造交往空间

交往活动作为人类个体的行为，是人一生成长发展的最大需要，对个人心理和生理的平衡至关重要（李炜，2003）。由于不同年龄层次的居民具有不同交往活动特点（表 6-4），健康住区应是一个自由密切交往的共同体，为全体居民提供各种不同层次的交往空间，以促进人际交往，增加社区凝聚力。调查表明，邻里交往已由生活功能型向娱乐休闲型转变（薛丰丰，2004），主要包括交通空间的交往，庭院场地的交往，户外休闲、健身场地的交往，公共活动场地的交往等。

不同年龄层次居民交往活动比较[188] 表 6-4

年龄阶段	生理特点	心理特点	交往活动类型	活动场所及范围
儿童	生理机能不成熟，幼儿需家长看护，独立能力较差	心理不成熟，易受周围环境影响	以体育运动为主，6岁以后可参加集体性运动、竞技活动	年龄较小在宅前绿地、单元楼门前；年龄较大在组团绿地，小区中心等更大范围
青年	生理机能逐渐成熟，精力充沛，思想活跃	感情强烈，情绪不稳定，个性强	多为集体性运动及娱乐活动	公共空间为主，交往范围大
中年	精力较充沛，生理成熟	生活负担繁重，心理压力大	健身、娱乐、打牌、打球、交谈等各类型活动	公共空间、私密空间，社会交往在住区外部

续表

年龄阶段	生理特点	心理特点	交往活动类型	活动场所及范围
老年	智能、体能下降，记忆力减退，注意力分散	心理老化，出现不良情绪	打球、散布、下棋、交谈等	以单元楼门前、宅间绿地、组团绿地等半私密空间居多，偶尔在住区中心公共空间活动

6.3.2.1　交通空间

包括住宅单体内交通空间和住区交通空间的交往。注重住宅单元入口、楼梯间等半公共空间领域的设计。特别是高层、小高层住宅，可对走廊进行少许扩宽，并配以绿化、座椅，每隔几层（一般 2 ～ 4 层）设置一个公共交往空间或空中回廊，使楼梯和走廊构成富有变化的生活、交往空间（图 6-4）；另外，合理布局住区道路，避免大量性交通的干扰，为居民增加邻里接触、熟悉和交往的机会。“许多活动，如玩耍、户外逗留、交谈等，都开始于人们实际参与其他事情的时候，或者始于到某处的途中”。[189] 荷兰的“生活庭院”交通体系就是成功的范例（图 6-5），在人车共存的情况下，恢复了街道空间的生活机能，使之更富有活力和人情味，为邻里交往提供了良好环境[190]。

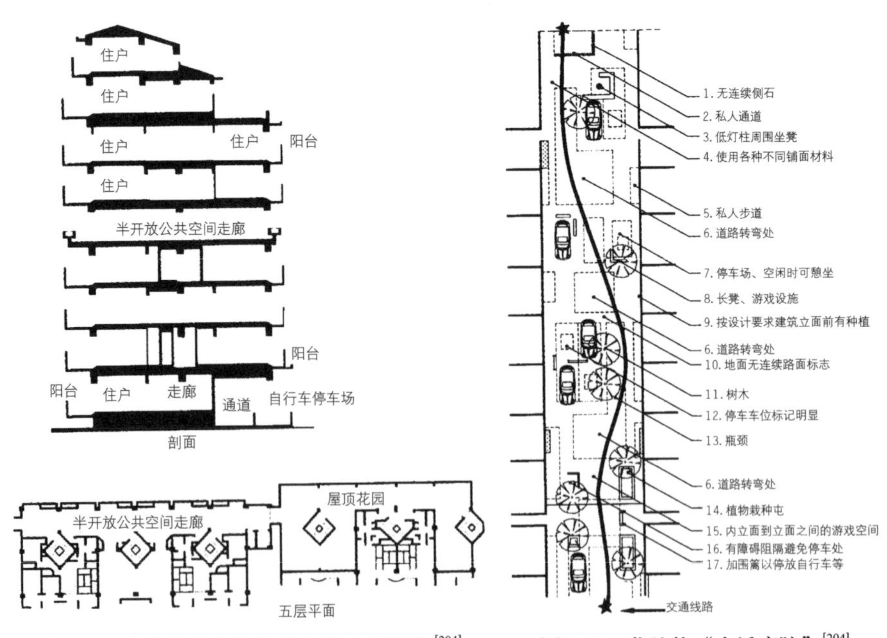

图 6-4　日本某住宅的邻里交往空间设计[204]　　图 6-5　荷兰的“生活庭院”[204]

6.3.2.2 庭院空间

庭院空间是居民日常利用率最高的公共空间，其重要性已受到各方的重视。庭院规划应形成一定的领域感，创造亲切、近人的尺度，增强供座能力，特别应加强单元入口区的设计。另外，庭院内的场地布置和活动设施设置应考虑避免对住宅用户、特别是底层用户的噪声和视线干扰，可布置少量的幼儿活动及家长看护场地以及无干扰的健身设施，如足底按摩路径等（图 6-6）。

6.3.2.3 健身场地

场地不仅有利于促进居民健康，开展社区体育，也是邻里交往的重要场所。健身场地的规划设计要充分考虑人们体育运动的实际需要，以各种运动设施为主，同时兼顾景观环境建设，满足“量”与“质”的要求（图 6-7）。太少的户外空间使居民的必要的户外活动需要难以得到保证，尤其对儿童来说，缺少合适的室外的游戏活动空间会导致成长的缺陷，表现在身体、精神上和社会交往上 [191]。健身场地的日照、风速、位置、平坦度、地面材质、色彩、器械的质感、稳定性及周围的环境、管理等，都要满足相应的规定，以提供健康和安全的保障。

图 6-6 北京奥林匹克花园的庭院空间

图 6-7 北京奥林匹克花园的健身场地

健身场地设计应因地制宜，留有拓展余地，根据不同的参与者、不同的活动形式来具体设计，尤其分析不同年龄层次的心理需求，做到主次分明、重点突出，以社区中心活动场地及设施为主，以组团之间、组团内部的活动场地及设施为辅；以少年儿童和老人的健身活动场地及设施为主，兼顾中青年人的交往、健身需求。各种专用运动健身空间，如网球场、排球场、门球场等易取标准运动场地的最小值，甚至可采用标准数值的一半面积，如篮球场地等，这样便于规划与管理。同时可考虑定期开放社区内各单位的内部体育场地，供居民健身、集会使用。

6.3.2.4　公共活动场地

公共活动场地为住区内全体居民提供了交流场所，是邻里交往的中心。住区中心广场、中心绿地、社区活动中心等公共活动场地要具有良好的可达性和较强的凝聚力，以吸引居民经常使用。一般处于住区较中心的位置且靠近主入口，以居民步行 5 分钟到达为宜。在功能布局和设施布置上，要考虑增加人们偶然碰面的机会，为满足不同交往层次的需要，既要保证有集中的大型场地举办规模较大的活动，又需划分出若干个满足近距离交流的小空间。特别在出入口及主要通道的附近设置小型交往空间，可大大提高人们交往的机会。

6.3.3　保证充足绿量

绿色是健康的保障。环境绿化是健康社区外环境建设不可缺少的重要组成部分。研究表明，住区的绿地率与居民对整体环境、绿地面积的满意度呈非线性相关关系；人均公共绿地与居民对人口密度、建设强度的满意度基本呈线性正相关关系；人均公共绿地与建筑密度、居民对居住环境的满意度呈反“S”形曲线关系[192]。根据对广州 17 个居住区的实际建设效果的统计分析，人均公共绿地为 2.5m^2/ 人，绿地率为 36% ～ 38% 时，住户的满意度最高；其合理规模的值域范围为人均公共绿地 2.0 ～ 2.3m^2/ 人，绿地率 31% ～ 37% 时，住户的满意度基本在 60% 以上。

为此，健康住区要保证有足够的绿量，绿地率应大于 35%，使人保持和自然的高接触性。社区绿化要强调对自然的亲和力，充分保护与延续自然生态环境，合理利用地形地貌、树林植被、水源河流等自然条件；要坚持乔、灌、草的合理比例配置，以乔木为主（图 6-8）。增加立体绿化和植物立体配置，发展阳台绿化、墙面绿化、屋顶绿化等立体绿化形式。

另外，根据当地的气候、水、土质等特点，可选择性地种植保健型植物，既充分展现植物绿化、美化的园艺效果，又让其发挥植物的药用保健作用。如银杏、山楂、石榴、腊梅等是对心血管有益的植物；常青的桂花、香樟、女贞、枇杷、玉兰花等是对心肺有益的花木；合欢、香椿等是对脑神经有益的树木；无花果有防癌作用等。总之要因环境而宜，各类植物合理搭配，形成乔、灌、草，

图 6-8　乔、灌、草相结合的社区绿化

花、果、叶相结合的植物群落体系，达到融保健、科学、文化、艺术为一体的植物景观，为促进居民的身心健康发挥应有的生态环境效应。

6.3.4 组织交通空间

6.3.4.1 合理组织路网

提倡“人车共存”的路网形式，一条真正的功能性主要道路应该同时提供步行交通和机动车交通，但要改变住区路网规划中“车本位”的思想，将车作为道路的客人，使道路成为人活动的舞台。“交通综合的政策将会使不同的活动相互启迪，相得益彰”。[189] 合理组织路网，尽可能采用曲线形路网、T 形交叉口等形式以提高交通安全性。通过对方格网路网模式和美国联邦住房署（FHA）建议的限制进入、曲线形的路网模式的交通事故率进行比较分析[192]，方格网路网的事故率高达 77.7 次 / 年，而限制进入、曲线形的路网模式的交通事故率为 10.2 次 / 年，前者是后者的 8 倍。在调查的 5 年间，方格网路网中 50% 交叉口至少出现过一次交通事故，而限制进入路网模式中只有 8.8% 的交叉口在此间发生过交通事故，而且曲线形的路网比方格路网多出 65% 的交叉口。同时发现，T 形交叉口在安全性上比十字形交叉口好 14 倍（Marks，1957）。另外，交叉口可做“缩减”处理，不仅有利于行人通行，同时限制机动车通行速度，并且可在路边设置机动车停车位(图 6-9)。

图 6-9 交叉口做“缩减”处理

6.3.4.2 有效解决停车

住区主要停车方式有路边停车、地面停车场、半地下（底层架空）停车、多层停车库、坡道式地下停车库等。住区停车应坚持“以地下停车为主，其他停车方式为辅”的方针，在有条件的地区和城市推广复式停车方式。复式停车是对符合条件的地下停车库行之有效的改造方法，其机械设备类似于普通仓库的货架，采用机械设备垂直升降传送汽车，在一个建筑层内叠置 2 ～ 3 层存放汽车，在相同的面积内可增加约 50% 的停车位。双层停车其净高建议取值一般为 3.6 ～ 4.0m，同时在设计时还应考虑为增加的车容量而设置的出入口及道路的空间预留[193]。路边停车则作为临时停车的主要方式，应注意停车位的规划形式，在不影响交通

图 6-10　路边停车[194]

的情况下，充分考虑道路景观效果（图 6-10）。

6.4　组织管理

从我国的实际情况出发，社区组织应由三部分组成：社区党组织、社区居委会、社区非政府组织（包括社区中介组织、民间服务组织、基金会等）。社区党组织是社区事业的领导核心，社区居委会和非政府组织是社区建设工作的主要承担者，是社会分化过程中新的结构性要素。建立政府、私营企业、社区非政府组织、居民之间的合作伙伴关系，通过面对面的协商，把当地不同的政府部门、私营部门、社区非政府组织整合为一体，合理配置社会资源，使不同部门之间相互提供服务、互相扶持、共同协作。

6.4.1　实现社区自治

社区自治是健康社区建设的本质目标和重要原则之一。国家民政部在《关于在全国推进城市社区建设的意见》中对社区自治提出了具体意见，即要实现社区“四自”—“在社区内实行民主选举、民主决策、民主管理、民主监督，逐步实现社区居民自我管理、自我教育、自我服务和自我监督”。开展社区自治，充分发挥社区优势和广大居民的积极性，可以将诸多问题解决在社区内部，化解改革带来的各种社会矛盾，是政府降低社会管理成本、维护社会稳定的有效途径，也是单位制解体后最为合理的社会管理方式[195]。当然，社区自治并不意味着政府撒手不管，而是科学地划分政府和社区的职能，建立政社分开、组织管理机构健全、责权清晰的新型社区。

华中师范大学的陈伟东在其博士论文《城市社区自治研究》中将自治定义为：在既定的时空范围，各种利益主体通过民主协商，相互增进信任，整合资源，采取合作行为，共同治理公共事务的过程，并逐步使共同体进入“自我维系”状态。自治的基本要素包括：①合作资格—独立的权利主体；②合作基础—共同的利益纽带；③合作机制—面对面协商（任何一方不得把自己的意志强加于人）；④合作条件—成本分摊与利益共享；⑤合作绩效—“自组织”状态。根据参与者集合和制度规则的不同，城市社区居民自治分为“两个层次”和“八种参与网络”。所谓“两个层次”：一是邻里级网络层次，是居民个体之间通过“自由结盟”而开展的自治活动；二是组织级网络层次，是居民依托相关组织所开展的自治活动。所谓“八种参与网络”：一是邻里级网络层次中的四种参与网络，包括楼道网络、联谊性小社团、志愿者行动、互助网络；二是组织级网络层次中的四种参与网络，包括社区党组织与自治组织之间的协商网络、社区组织与辖区单位的资源共享网络、社区组织与“社区内政府服务机构”的合作网络、社区组织与社会中介组织之间的协作网络[196]。

社区自治组织主要包括社区代表大会、社区居民委员会、社区协商议事会等。社区代表大会的成员来自不同阶层、不同行业，具有一定的管理经验或知识水平，能够代表广大居民的利益。各种驻地单位和其他强烈要求参加社区管理的利益团体也要纳入其中，参与社区事务的决策，在社区建设中体现出他们的利益要求；居委会直接对社区成员代表大会负责，在处理社区各类日常事务时受其监督，在与政府一级的社区行政组织共同管理社区时，代表社区一方参与社区事务的协调处理，并应及时将结果向社区成员代表大会汇报。这样就为社区企事业单位、社区组织、普通居民和政府之间在社区管理上进行交涉提供了一个平台，充分实现政府和公民对社区社会生活的共同管理，实现最终的善治[197]（图6-11）。目前，我国社区在改革过程中形成了不同的改革模式和改

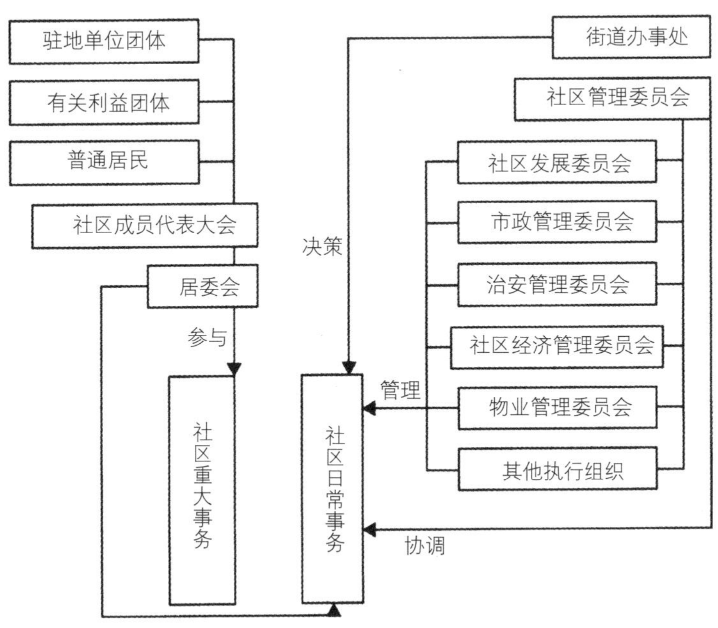

图6-11 社区自治模式基本框架[211]

革经验。如上海市的“街道社区管理模式”、沈阳市的“社区组织自治模式”、武汉市的“江汉模式”等。

6.4.2 发挥社会非政府组织的作用

彼特·杜拉克在他的《非营利组织的经营之道》中指出：“社区问题的解决之道，就在社区里面。非营利组织就是社区，我们正透过他们来塑一个公民社会。非营利组织，它不但已成为社会的主流，更是其中最不同凡响的一大特点。”为此，要把健康社区建设与构建公民社会结合起来，使社区真正成为公民社会的结构基础和活力之源。

社区中大量的非政府组织（或非正式组织、自发性的群众组织）是居委会和党支部开展活动的基础，居委会的各项工作也是通过大量的非政府组织来完成的。要大力发展社区中非政府组织，承接政府和企业剥离出来的社会职能和服务职能，使非政府组织成为公民社会的中坚力量。

1）老年人协会、残疾人协会、妇女协会等社会团体性组织。它们针对不同的人群，分别开展各项活动，对于满足其特定对象的需求也发挥着重要作用。

2）各种志愿者服务队，如党员志愿者服务队、青少年服务队、义务巡逻队等。志愿者队伍是社区建设的重要支持力量，根据居民需求，开展各种义务服务活动，源于居民，服务居民，对于改善社区环境、扩展社区服务、帮助弱势群体、扩大社区参与、宣传社区理念等各方面都起到了重大作用。

3）各种活动队伍（如舞蹈队、合唱队）。它们是居民根据自己的兴趣、特长自发组成的较松散的组合，属于自发性的社会团体。不宜将其过度正式化，应当充分发挥其在增进感情、改善人际关系、增强凝聚力、繁荣文化等方面的独特优势。

4）物业公司。物业公司作为企业组织，与前几类有着本质区别，但它又与居民生活和社区居委会等组织密切相关。如何协调好居委会及其他组织与物业公司之间的关系，有效发挥其作用，共同为居民做好服务是十分重要的一环。首先在目标和意识要上达成一致，认清二者是相辅相成、互惠互利的双赢关系；建立起沟通渠道，定期开会，建立起良好的合作关系。

5）业主委员会。主要是为了监督物业公司等部门，维护业主利益。发育社会非政府组织的重点还在于按照“政事分离”原则，将依附于市区政府部门以及街道办事处的各种事业单位剥离出来，成为独立的事业法人（非营利组织），包括供水与排水、供电、供气、路灯维修等市政部门以及街道环卫所、街道文体中心、街道绿化队甚至是街道社会保障中心等。只有依托各种社区非政府组织，才能把分散的居民整合起来，依靠组织活动和组织内部、组织之间的人际互动，不断扩大社区居民参与、增强社区凝聚力，从而达到自我服务、自我教育、自我监督和自我管理的目的。

以英国约克郡的霍士沃社区为例。从1990年代以来，警察部门、地方议员、政府房屋管理协会就分别与社区组织、社会非政府组织建立了“合作伙伴关系”，建立警察与居民的“合作式治安模式”，以代替传统的“专业式治安模式”。当地的警察局长在评价“合作伙伴关系”时说：“通过霍士沃社区行动小组，警察对这个社区情况了解更快、更具体，他们能及时向我们通报情况，使我们及时处理，使这个社区犯罪率大为降低，反社会行为减少，当然‘革命尚未成功，同志仍需努力’，成效突出，但目标尚未实现；相比较，没有这种行动小组的社区，人们就很不情愿到警察局反映情况。警察局应该给予公众信心，让居民向警察反映情况。”[198]

6.4.3 建立资源共享网络

资源共享网络，是指不需要外部力量的强制性干预，社区组织和辖区单位就能够通过民主协商，达成“资源共享”协议，并进入“自我维系”状态。

1）共建社区基础设施。

2）共建社区公益基金，为社区全体居民（其中包括弱势群体）提供公益物品。筹集社区公益基金的渠道有：政府财政拨款、辖区单位捐助、居民捐助、社区自有收入。

3）共建社区救助基金。可采取向辖区单位募捐的方式，建立助残、助老、帮困、助学基金，专门解决社区内弱势群体的实际困难。

4）提供就业岗位。辖区单位主动为社区下岗职工提供再就业岗位，是社区组织与辖区单位共享资源的一种形式。社区组织根据辖区单位对劳动力的要求，免费培训下岗职工，使他们获得相应的劳动技能，辖区单位则优先雇佣本社区下岗工人。这既有利于解决社区下岗职工再就业问题，也有利于增加企业与社区组织和社区居民之间的亲和力，体现辖区单位与社区之间的利益共同体关系。

6.5 健康服务

健康社区应借助政府、市场、社会的力量，通过政府的行政机制、市场的经营机制和社会的互助机制形成无偿、低偿、有偿多种形式的社区服务网络，为社区提供各类产品和服务，满足居民需求，增加社区福利。完善的社区服务体系有以下特点：①服务主体多元化，政府、市场和社会共同参与；②服务手段多样化，政府的行政性服务、社会的互助性服务、市场的经营性服务并存；③服务对象多元化，民政对象、普通居民和辖区单位都在服务之列；④服务性质多样化，民政福利服务、便民利民的公益服务和经营性服务并存[199]。

积极发展社区服务对解决城市就业也会起到有效的辅助作用。发达国家的社区就业份额为20%～30%，发展中国家的社区就业份额为12%～18%，而我国只有3.9%，尚有较大的就业空间。另据2000年国家劳动和社会保障部与联合国开发计划署在沈阳、青岛、长沙、成都4城市联合进行的社区服务需求状况抽样调查，4城市中各项服务累积可以提供大约200万个临时就业机会，而目前尚空缺100万个。据此推算，全国50万人口以上城市可提供的就业机会至少应在1500万个以上[200]。

6.5.1 卫生服务

社区卫生服务是公共卫生体系的基础平台，是健康社区的基本载体。将社区卫生纳入健康社区创建的整体规划之中是社区卫生服务健康发展的保证[201]。结合城市的具体情况，充分发挥现有基层卫生机构作用，建立结构适宜、功能完善、规模适度、布局合理、有效经济的社区卫生服务网络。

6.5.1.1 社区卫生服务内容

社区卫生服务作为新型的可及性服务模式，与传统的卫生服务有着明显区别（表6-5)。社区卫生服务是由政府领导、社区参与、上级卫生机构指导，以基层卫生机构为主体，全科医师为骨干，合理使用社区资源和适宜技术，以人的健康为中心、家庭为单位、社区为范围、需求为导向，以妇女、儿童、老人、慢性病人、残疾人等为重点，以解决社区主要卫生问题、满足基本卫生服务需求为目标，集预防、医疗、保健、康复、健康教育、计划生育技术等“六位一体”的有效、经济、方便、综合、连续的基层卫生服务[202]。

社区卫生服务对象为社区中所有居民，包括病人、健康人、亚健康人、高危人群和重点保健人群，其基本服务内容包括以下方面：社区治疗、社区预防、社区保健、社区康复、社区健康教育、社区计划生育技术服务、社区老年卫生服务与临终关怀等。湖南省对城市居民的一项调查显示，社区居民对社区卫生服务需求最多的前5位依次为：健康咨询；定期查体；保健指导；医生出诊；饮食指导[203]（表6-6)。

社区要定期举办医疗健康咨询、健康知识讲座、健康体检等活动，采取普查、抽样调查和典型调查等方式进行社区卫生调查，建立社区居民健康档案，以便充分了解社区人群健康状况、特征及变动趋势，明确和推测人群中现在和将要出现的卫生问题，从而作出“社区诊断”，针对性地制定卫生对策和卫生规划。社区居民健康档案包括个人健康档案、家庭健康档案和社区健康档案，是以问题为中心的健康档案，应记载与个体及其家庭健康问题有关的所有资料，包括生物、心理、社会因素对健康的影响，以及预防、医疗、保健和康复一体化卫生服务的全部过程。

社区卫生服务和传统卫生服务的区别 [167]　　表 6–5

	社区卫生服务	传统卫生服务
管理体制	政府领导、部门协调	政府领导、卫生实施
服务对象	人群	病人为主
服务形式	主动	被动
服务内容	综合行服务	单一卫生服务
预防保健管理	条块结合、以块为主	条块结合、以条为主
与上级医疗机构关系	双向转诊	单向转诊
人才需要	全科发展	专科发展

居民对社区各项卫生服务的需求率 [202]　　表 6–6

需求项目	需求率
健康咨询	59.45%
定期查体	46.57%
保健指导	45.36%
医生出诊	38.55%
饮食指导	34.82%
健康服务合同	29.89%
康复性卫生服务	26.17%
家庭护理	23.66%
家庭病床	23.37%
计划生育技术指导	17.77%

6.5.1.2 社区卫生服务机构

社区卫生服务机构建设包括软件和硬件两部分。软件主要是社区卫生服务机构管理体制、运行机制、服务内容、人员组成和规章制度等内涵建设；硬件建设是社区卫生服务机构基本设施、组织结构、环境建设等。

（1）社区卫生服务中心　是社区卫生服务的枢纽，对上联系二、三级医院，对下与社区卫生服务站形成网络。一般以街道办事处所辖范围设置，可由基层医院（卫生院）或其他基层医疗卫生机构改造而成，服务半径过小或人口过少可合并设置，服务人口以 3 ～ 5 万人为宜，70% 的居民从住所步行 15min 内可到达。

基本设施：业务用房使用面积不应小于 400m^2，符合国家卫生学标准及体现无障碍设计要求；根据社区卫生服务功能、居民需求、社区资源等，可设置适宜种类与数量的床位；具备开展“六位一体”工作的基本设备及必要的通信、信息、交通设备；备常用和急救的基本药物 300 种以上。

科室设置：设有开展全科诊疗、护理、康复、健康教育、免疫接种、妇幼保健和信息资料管理等工作的专门场所，科室设置可按“三部一室”（医疗护理部、社区卫生服务部、后勤保障部、办公室）、“四部一室”（医疗康复部、预防保健部、信息管理部、后勤保障部、办公室）、“五部一室”（医疗康复部、预防保健部、信息管理部、健康促进部、后勤保障部、办公室）等模式设置，逐步开设全科诊疗室。

人员配备：从事社区卫生服务的专业技术人员必须具备法定执业资格；根据功能、任务及服务人口需求，配备适宜类别、层次和数量的卫生技术人员，医务和保健工作人员配备不低于住区人口 2000 ∶ 1，每万人至少配备 2 名全科医师，全科医生与社区护士之比不低于 1 ∶ 2。

规章制度：包括各类人员职业道德规范与行为准则；岗位责任制；各类人员培训、管理、考核及奖惩制度；社区预防、保健、健康教育、计划生育和医疗、康复等各项技术服务工作规范；家庭卫生保健服务技术操作常规；服务差错及事故防范制度；会诊及双向转诊制度；医疗废弃物管理制度；财务、药品、设备管理制度；档案、信息资料管理制度；社区卫生服务质量管理与考核评价制度；社会民主监督制度；其他有关制度。

（2）社区卫生服务站　是社区卫生服务中心或基层医院的派出机构，根据社区内各级医疗机构的布局情况和社区居民卫生服务的需求，以充分、合理使用卫生资源为原则，以方便群众为宗旨。社区卫生服务站以社区居委会为范围，一般设在居民区内，服务范围在 $1km^2$ 左右，服务人口 15000 ～ 20000 人。

基本设施：业务用房使用面积不小于 $60m^2$，至少设诊断室、诊疗室、咨询室、康复室、预防保健室和健康教育室（信息管理室），有健康教育宣传栏等设施，符合国家卫生学标准及体现无障碍设计要求。备基本常用和急救药物 120 种以上。

人员配备：由社区卫生范围中心或基层医疗卫生单位派出或聘请专业医护人员主持社区卫生服务站工作；按 1 ∶ 2000 ～ 2500 服务人员比例配备人员，卫生技术人员均应是受过全科医学培训的医生和护士；可采取团队组合形式开展工作，有医师、护师及防保人员共同组成团队。

设备配置：侦查床、诊察桌、身高体重仪、血压计、体温计、档案柜、出诊箱、听诊器、换药器材、输液器材、儿童体格测量用具、妇女健康检查器械、接种器材、冷藏设备、高压消毒设备、紫外线灯、氧气袋、污物桶、便携式心电图机、简单康复理疗设备、针灸器具、简单出诊交通工具、电脑及打印机、电视机、VCD 机、电话等。

规章制度：参照社区卫生服务中心规章制度。

6.5.2 老年服务

根据我国现有的生产力水平、发展前景和传统文化、道德观念等的要求，以及子女有赡养老人义务的法律规定，在我国社会福利保障体系尚不完善的条件下，在现阶段和相当长的一段时期内，我国的养老模式将不同于国外以社会养老为主的模式（表 6-7），而是走家庭养老与社会养老相结合的“居家养老”的道路。调查显示，我国 95% 以上的老人采用的是居家养老。

社会养老（机构养老）模式服务设施体系 [203]　　表 6-7

设施名称		主要服务对象	主要功能组成	国际慈善机构分类	备注
1	老年公寓	收住健康而富有活力的老年人（低龄者居多）	老人居室、医护室、公用空间、供应服务和行政管理五个主要部门	HTA-3	自理老人
2	养老院	收住体力或智力衰退，需要个人生活照料的老人（高龄者居多）	组成基本同老年公寓，其中医护和服务部门相应加强	HTA-4，5，6	介助老人及介护老人
3	老人护理院	收住者除同养老院住户外，主要收住患病、受伤、临时或永久性的病人	由护理部、医疗部、供应部、康复活动部和行政管理五个部门组成	HTA-6，7	介护老人

在大型社区中，可以建设与子女同住的两代居或三代居的混合居住住宅模式，或者将多种老年独立住宅建设在住区中，使得老年邻里的适宜规模“镶嵌”在其中，面向的是部分有独立生活情趣、喜欢同龄人聚居而又不愿远离公众社会的老人群体。日本千叶县新村集合住宅就是典型的多代混住型例子[204]（图 6-12）。

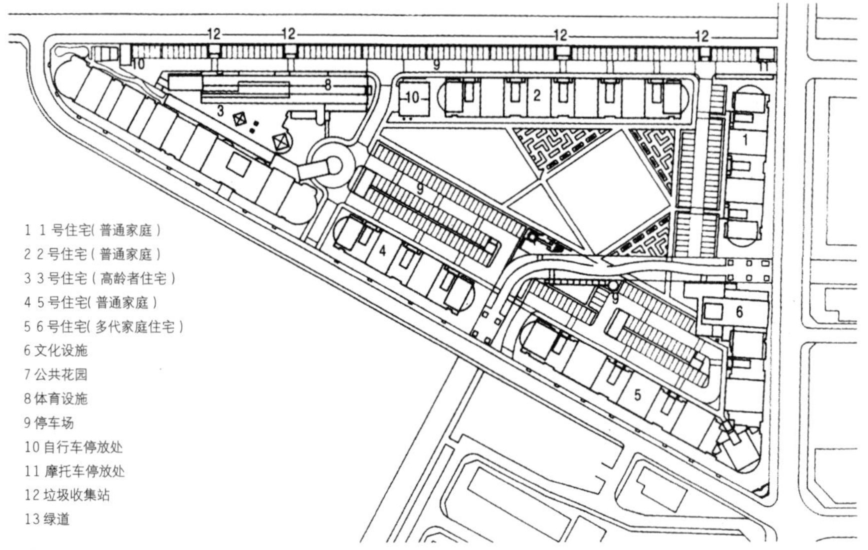

图 6-12　日本千叶新村首层平面[217]

为适应居家养老模式，健康社区为老年人提供的服务应包括：

6.5.2.1　老年卫生服务

综合性的卫生与社会服务，主要从事预防、保健、健康教育和常见病、多发病、慢性病的治疗和康复。可设立老年卫生服务中心或老年康复站，定期举办老年人保健知识讲座。南京市白下区还发起了社区“老年人精神赡养工程”，专门为老年人提供医疗保健、心理咨询、应急服务、精神安抚、法律援助等精神方面的援助。

6.5.2.2　老年日常生活照料服务

疾病医护，便民维修服务，协助日常购物，入户家务料理，送饭上门服务，陪老人念书读报等，吃饭、穿衣、上厕所、打扫卫生、洗澡等日常生活照料，提供咨询与心理疏导热线电话，保姆与钟点工的介绍等。如老年服务中心、托老所、老年食堂、老年浴室、老年理发室等。日本为了使需要看护的老年人及其家属能够在已经习惯的环境下继续安心生活，在其住区附近设置了提供日常照顾、相谈咨询等服务的在宅看护支援中心，日常服务半径为 1 ～ 1.5km，每处规模在 700 ～ 800m^2 左右。在宅看护支援中心的日常功能和幼儿园的功能基本相似，采用事先登录制，早晚定时接送老年人，为他们提供饮食，辅助入浴，进行日常动作训练和健康检察等服务（表 6-8）。同时，在宅看护支援中心提供上门医疗服务，具有相谈咨询与活动交流功能，有条件的还可设置临时寄宿设施。

日本在宅看护支援中心的服务项目 表 6-8

<table>
<tr><th colspan="3">日常看护类型
服务项目</th><th>重看护型</th><th>标准型</th><th>轻看护型</th><th>小规模看护型</th><th>痴呆性老人通勤型</th></tr>
<tr><td rowspan="11">服务项目</td><td rowspan="6">基本项目</td><td>生活指导</td><td rowspan="6">○</td><td rowspan="6">○</td><td rowspan="5">在 5 个项目中选择 3 个以上项目实施</td><td rowspan="5">生活指导，养护，娱乐，交流</td><td rowspan="11">以小规模看护型的服务项目为基础，加以适合痴呆性老人的项目</td></tr>
<tr><td>日常动作训练</td></tr>
<tr><td>养护</td></tr>
<tr><td>家庭看护者教室</td></tr>
<tr><td>健康检查</td></tr>
<tr><td>接送</td><td>○</td><td>○</td></tr>
<tr><td rowspan="2">通所项目</td><td>入浴服务</td><td>○</td><td>○</td><td rowspan="5">5 个服务项目中必须选择 2 个项目实施</td><td rowspan="5">自由选择项目实施</td></tr>
<tr><td>饮食服务</td><td>○</td><td>○</td></tr>
<tr><td rowspan="3">访问项目</td><td>入浴服务</td><td>○</td><td>□</td></tr>
<tr><td>饮食服务</td><td>○</td><td>□</td></tr>
<tr><td>清扫服务</td><td>□</td><td>□</td></tr>
</table>

注：○必须性服务项目；□选择性服务项目。

6.5.2.3 老年文体娱乐设施服务

提供学习、继续教育、健康活动、文化娱乐等内容。如老年学校、老年活动中心、老年茶室、老年公园、图书馆、影视场所、室内外健身设施等。建设适应老年人的体育健身空间和社会交往空间，提供多样化的社区活动可以最大限度地延长老年人的健康期，消除老年人的孤独和寂寞，减轻老年人家庭和社区养老的压力。

室外空间的配置要考虑安全性、舒适性、易达性、多样性，从大尺度的开放空间到小的封闭角落，以便老年人有选择活动的可能。体育活动空间的经营一般包括散步空间、晨练空间、健身器械设置等。其中散步对大多数老年人来说是极有吸引力的一项活动，也是被医生推荐的运动形式。散步空间的设计要点包括：与道路、绿化结合考虑，与机动车辆的路网严格分离、充分考虑道路的坡度、宽度，并把路线走向的安全性和无障碍设计放在首位；注重路线的长短和曲折变化，设置若干长度和困难度不同的线路，供老年人自由选择；运用植物、建筑小品以及色彩点缀其间，以加强老年人对环境的辨别性和方向性；考虑到老人体质下降、容易疲劳，在步行系统的一定距离和范围内需设置休息座椅和栏杆扶手；考虑到全天候利用的可能性，可设置有屋顶的拱廊等作为临时运动区域。

6.6 健康教育

健康教育的操作平台在社区。社区健康教育是以社区为单位，以社区人群为教育对象，以促进居民健康为目标，有组织、有计划、有评价的健康教育活动，对预防疾病、促进健康是最为有效的措施之一。实践证明，加强社区健康教育是建设健康城市的战略性措施。建设健康城市首先要积极开展社区健康教育，全面强化社区行动，鼓励和支持社区居民通过生活方式选择和卫生保健利用参与健康活动。

创建健康社区应建立社区健康教育领导小组或社区健康促进委员会，健全社区健康教育网络，合理制定健康教育规划，培训健康教育骨干人员，动员群众积极参与，营造良好健康教育氛围。

6.6.1 社区健康教育的内容

社区健康教育的范围和内容极为广泛，涉及个人、家庭、群体身心健康，从整体上对社区群众的健康相关行为和生活方式进行干预，贯穿于社区医疗保健服务的各个方面。它既适用于急、慢性疾病的防治，又适用于社区生态和社区环境的改善；既可促进社区居民对社区医疗保健服务的利用，又可促进社区医疗保健服务质量的提高，为社区居民创造健康的社区环境。社区健康教育的基本内容一般包括社区常见病预防的健康教育、围绕创建健康社区的健康教育以及卫生法规教育与普及。

6.6.1.1 *以机构为基础的社区健康教育*

1）社区家庭健康教育：包括社区环境（社会和自然环境）、家庭环境卫生、食品与营养卫生、生活方式、心理健康、疾病防治、安全教育、生殖与性、社会适应性等。

2）社区学校健康教育：包括宣传健康政策、开设健康课程、组织健康活动、提供健康咨询，使受教育者了解、适应社会环境（人际环境、情感环境）和自然环境，提高个人对健康教育的认知水平。

3）社区医院健康教育：包括观念和目标、社会环境和物资环境、重要疾病和问题（高血压、糖尿病、肿瘤病、艾滋病以及社区重大公共卫生问题等）、个人技能的提升等[205]。

6.6.1.2　以人群为基础的社区健康教育

包括针对儿童青少年的生理、心理和社会方面的健康教育；针对妇女系列保健内容的健康教育；针对老年的生理、心理、社会、保健和疾病以及临终关怀的健康教育；针对从业人员的健康教育包括饮食和食品、公共卫生等行业；针对残疾人的生理、心理、社会、保健和疾病等的健康教育；针对患者的健康教育；针对亚健康人群的健康教育。

6.6.2　社区健康教育的方法

健康教育方法应针对目标人群的特点和环境的变化而变化。

1）加强宣传工作，充分利用报纸、广播、电视及闭路电视等开辟健康教育专栏节目和公益广告，向群众普及医学科学知识。如上海嘉定区电视台、广播电台开设《卫生与健康》、《过日子》、《健康城市》等专栏节目，区卫生部门开设《嘉定卫生健康》网站，编印《嘉定健康教育》科普宣传小报，多次组织健康知识竞赛活动等[206]。

2）在社区中心以及居民庭院等居民活动较多的地点，建立卫生宣传橱窗、卫生宣传栏、黑板报等固定的宣传阵地，结合社区中心卫生工作和季节性疾病预防，定期更换宣传内容。制定活动的卫生宣传展板，到街道和居民小区流动展出。尽可能提供图片、照片、标本、实物、模型等，使健康教育形象化。

3）组织文化、教育部门开展健康教育和全民健身运动。加强社区中人员较集中的单位如：学校、工厂、机关等的定期健康教育服务。组织中小学生开展周末街头宣传活动；组织电影院、文化馆、俱乐部等文化娱乐场所放映卫生科普电影或录像片；组织文艺团体编排卫生宣传节目；组织居民积极参加健康操、防高血压操等各种文体和健身活动。

4）成立健康教育专家讲师团队伍，举办卫生科普讲座，发放卫生科普资料，帮助人们增强维护健康的意识，掌握保护自身健康的知识和技能。

5）利用街道老年活动室、文化活动站开展健康教育活动与培训。

6.6.3 社区健康教育的评价

健康教育的评价体系包括管理体制、组织网络、教育和促进模式、运作机制、人才培养、经费筹集、管理方式、效果等方面。健康教育与健康促进评价分为过程评价和效果评价[207]。

过程评价包括健康教育和干预的对象接受性、是否按计划执行、干预质量、存在问题、信息系统、反馈和调整、干扰因素等。指标有类型、时间、次数、材料、传递、参与、覆盖面等。

效果评价包括：①近期效果评价。包括卫生知识知晓率、卫生知识合格率、卫生知识平均分数、健康信念形成率，在前后和与对照组相比的情况下，可以进行比例的分析。同时进行政策、经济、服务、社会健康等方面的评价；②中期效果评价。包括健康行为形成率、行为改变率，在前后和与对照组相比情况下，可以进行比例分析。同时进行政策、经济、服务、社会健康等方面的评价；③远期效果评价。包括生理指标（身高、体重、血压等），心理指标（人格、智力、症状自评等），疾病和死亡指标（发病、患病、死亡等），成本效益分析。同时进行政策、经济、服务、社会健康等方面的评价。

6.7 健康行动

社区居民的社区参与的广度和深度对于健康社区建设具有极为重要的意义。没有社区居民的积极、自觉参与，健康社区建设就成了无本之木、无源之水。健康社区建设是一项大众工程，既要强调发挥政府部门和社会组织的作用，更要强调社区内广大居民的积极参与。有了广泛的群众基础，健康社区建设工作才会有成效。

对自己：学习掌握健康知识，养成文明、卫生的行为习惯，加强环境保护意识，培养健康向上的情趣，学会疏解工作生活压力，参加健身锻炼，提高身体抵抗能力。

对家庭：有家庭责任感，尊老爱幼，营造和谐、快乐的家庭氛围，保持家庭卫生，垃圾分类袋装定时投放，使用环保、节能、健康产品，养成节约能源的习惯，提高家庭生活质量。

对社会（社区）：遵守法律法规和社会公德，积极参加社会（社区）公益活动，与邻居和睦友好相处，在他人需要帮助时，能提供帮助。

6.7.1 养成健康生活方式

社区居民要建立起全面的健康观念，改变以往过分依赖医疗或药物的做法，养成通过身体运动、合理营养等主动方式增强体质、促进健康的科学生活方式。

6.7.1.1 改变不健康生活方式

WHO 在《2002 年世界卫生报告：减少威胁和促进健康生活》报告中指出，在立项研究的 25 种人类健康主要危险中，体重过轻、不安全性行为、高血压、烟瘾、酗酒、不洁饮水、缺铁症、固体燃料释放的室内烟雾、高胆固醇和肥胖等是重大威胁。这其中有近一半是由于人们不健康的生活方式所引起的。人们正面临着由不良生活方式所带来的“自我创造的危险因素”的威胁。不健康生活方式会增加肥胖、高血压、高血脂、高血糖等风险因素的概率，从而使人易患癌症、心脏病、高血压、脑血管和糖尿病等“生活方式病”。在发达国家，70% ～ 80% 的人死于这些“生活方式病”，已占其死亡率的 50% 以上。

不健康的生活方式包括不均衡饮食习惯（吃得太油、太咸、太甜等）、过量饮酒吸烟、缺少运动、纵欲过度以及药品依赖等。有不良生活方式的人群在各城市中都占有相当的比例，并有呈现上升的趋势。WHO 在《世界健康报告（2002）》中公布了一些让人吃惊的数字：2000 年，世界上死于与吸烟有关的人为 490 万，比 1990 年增加 100 万以上；全世界每年由酒精造成的死亡人数为 180 万，占全球疾病负担的 4%;在全世界酒精导致的食道癌、肝癌、癫痫症、机动车事故以及凶杀和其他故意伤害事件中占 20% ～ 30%；单是在美国和加拿大每年就有 22 万人死于肥胖症，西欧 20 个国家大约有 32 万人。据沈阳市健康教育所对沈阳城市居民不良生活方式所做的调查显示：就烟酒嗜好而言，吸烟人群占城市人口的 28.4%，就不良饮食习惯而言，沈阳市有 22.6% 的人群食盐量过高，10% 的人群常食腌制、熏烤食品，8.6% 的人群常食甜食，13.8% 的人群常食高脂肪、高胆固醇的食品。就运动而言，能常年参加体育锻炼者仅占 28.25%，体育锻炼意识明显不足。

6.7.1.2 合理膳食结构

人体为维持生命和健康，必须不断摄取食物以获得营养。营养也是一门学问，合理营养有利于健康，不合理营养有损健康。如饮食中铁元素含量过少可引起缺铁性贫血，饮食中缺碘可引起甲状腺肿大。热能不足可引起营养不良，热能摄入过多可引起肥胖症。心、脑血管疾病的发生大多与不合理营养有关。

合理膳食结构是在“坚持以植物性食物为主，动物性食物为辅的食物模式的同时，重点提高动物性食物的消费水平”。中国营养学会1997年根据我国的实际情况制定了《中国居民膳食指南及膳食宝塔》，提出了适合中国人体质的比较理想的膳食模式，以直观的宝塔形式表现。平衡膳食宝塔共分五层，包括我们每天应吃的主要食品种类。宝塔各层位置和面积不同，反映各类食物在膳食中的地位和比重。谷类食物位居底层，每人每天应吃300～500g；蔬菜和水果位居第二层，每天应吃蔬菜类400～500g和水果类100～200g；鱼、禽、肉、蛋等动物性食物位居第三层，每天应吃125～200g（鱼虾类50g，畜禽肉类50～100g，蛋类25～50g）；奶类和豆类食物合占第四层，每天应吃鲜奶200g或奶粉28g和豆类及豆制品50g；第五层塔尖是油脂类，每天不超过25g。其中没有建议食糖的摄入量是因为对我国居民来说少吃些或适当多吃些，可能对健康的影响不大[167]。

6.7.1.3　倡导健康消费方式

居民应改变消费意识，转变消费观念，崇尚自然，追求健康，在追求生活舒适的同时，注重环保，节约资源和能源，实现可持续消费。“在城市开始萌芽并正在为人们逐渐认识的消费方式有绿色消费、科学消费和生态消费”。[207]绿色消费是一种以“绿色、自然、和谐、健康”为宗旨的消费，倡导消费者在消费时选择未被污染或有助于公众健康的绿色产品。英文版《消费者指南》一书中将绿色消费定义为避免使用六大类商品的一种消费。这六大类商品包括：①危害到消费者和他人健康的商品；②在生产、使用和丢弃时，造成大量资源消耗的商品；③因过度包装，超过商品物质价值或过短的生命期而造成不必要浪费的商品；④使用出自稀有动物或自然资源的商品；⑤含有对动物残酷或不必要的剥夺而生产的商品；⑥对其他发展中国家有不利影响的商品。

6.7.1.4　实现“积极生活”

美国RWJF基金会的行为与健康研究结果表明：有足够的证据可以肯定有规律的体力活动对健康极有益处[208]。“积极生活”是一种把体力活动整合到日常行程中的生活方式，其目标是一个人每天的体力活动至少累积达30分钟。人们可以通过步行、骑车通勤、娱乐性锻炼、在公园里游玩、在庭院里劳动、攀登楼梯和使用休闲器械达到这一目标[209]。

6.7.2　积极参与社区活动

居民的参与能加强居民的社区归属感，“参与过程对参与者本身和社区活力都带来了正面的效果，改善了整个社区精神，有助于个人与其他成员共同塑造自己的邻里，使居民更加自信，也获得更多的满足感”。[210] 居民要行使自己的民主决策、民主监督、参与管理的权力，参与到社区的建设事务中去。

6.7.2.1 参与志愿服务

志愿服务是指任何人自愿贡献个人时间和精力，在不为物质报酬的前提下，为推动人类发展、社会进步和社会福利事业而提供的服务。中国城市社区志愿服务包括自发性志愿服务和规定性志愿服务两类。虽然我国几乎所有的社区都成立了志愿者协会，但社区志愿者行动还主要停留在治安巡逻、认养花木、卫生大扫除、解决居民家庭临时困难（维修电器）等。

居民应根据自己的实际情况，积极加入志愿者协会或者非政府组织，为有需要人士（以老年人、残疾人为主）编织一个社区互助网络。而团体互助正是人类谋求幸福生活和增进福利的基本途径和主要方法之一（Midgley，1995）。湖南长沙的望月湖区居委会首创的“道德银行”互助网络就是成功的范例。“道德银行”的运作方式非常简单，其实就是把一种以物易物交换服务的形式制度化。区里的居民如果帮助了别人，他将来也可以享受到同样的帮助。居民提供服务的情况被记录在个人手册上，就像银行的存折一样，存入栏记录着本卡持有人提供给别人的帮助；支出栏记录着他从别人那里得到的帮助。到年底结算一次，看他结余多少。“道德银行”的规定非常严格，可以记到存折上的内容包括物质捐赠、技术援助（修理）、个人援助（看护）和集体利益的维护（维修公物）；可支取的内容包括照顾老人、病人和需要帮助的任何人、照顾孩子或失业者。

6.7.2.2 参与社区规划

社区规划以住区规划为基本前提，以促进社区健康发展为主要目标（表6-9），促进居民交流和共同生活意识的形成，弥补了传统住区规划对社会精神空间关注的乏力和不足。社区居民是社区规划的核心，通过社会工作者的引导，由规划精英、业主、开发人员共同参与组织。

住区规划与社区规划比较一览表[211] 表 6-9

	住区规划	社区规划
规划范畴	物质空间的规划	社会秩序与聚居地域空间的逐步建立
规划视角	城市规划领域	社会学界
规划内涵	居住场所、室内外空间等有形的实体或空间的排布	个人、团体、人群之间的空间关系，社会等级、伦理秩序等组织与引导

续表

	住区规划	社区规划
规划结果	以建筑物、构筑物等人造景观为结果	以实现社会平等、经济发展、生态平衡等目标为最终成果，实现社区自治
价值观	实用主义美学	可持续发展
工作周期	以住宅区的建造过程为工作周期	以社区的建造、改造、后续维护过程为工作周期
工作人员结构	以建筑师、规划师、景观建筑师为核心的规划精英组织	以社区居民为核心，由社会工作者引导，并由规划精英、业主、开发人员共同参与组织
工作组织方式	以设计图纸为媒介与依据进行建造	以社区发展策略与规划条例为依据，进行民主讨论与协商
地域界定	与行政区没有直接关系	与行政区划有直接关系
工作方式	自上而下	自上而下与自下而上相结合
人群参与度	居民参与度很小或不参与	在一定程度和限度内进行居民参与
核心内容	社区物质环境设施的规划、更新完善	从本质上满足社区成员的需求，增强社区成员的共同意识与社区归属感
规划目标	以提升社区环境品质为主要目标	以促进社区健康发展为主要目标
关注层面	社区物质环境及设施 社区成员的活动方式	社区成员间的互动 社区成员与社区物质环境设施间的互动，社区组织运行
规划师角色	置身社区之外的理性规划者	与社区成员有一定的沟通，比较深入了解社区成员的需求，同时保持规划师的理性

社区居民或利益团体的代表者要平等地参与到规划决策过程中，可不受任何事先的限定的影响而自由地发话来表达自己的意见。在社区规划师的组织协调下，居民通过社区规划工作小组会议等形式平等的对话与交流，充分交换意见与沟通，最后形成合意（图 6-13）。考虑到为使参加者都能充分发表自己的意见、易于相互沟通、有效利用时间等，根据国外的经验，工作小组的人数每次控制在 30 人左右为宜，讨论时可再分成 5 个小组。每次会议的时间通常应控制在 2 ～ 4 个小时，过短则交流不够，不易取得成果；过长则使人疲劳，易产生腻烦心理。会议之前要做好充分的准备，如会场的布置、材料的准备以及会议进度的合理安排等。

随着规划师和居民之间差距的缩小，双方的角色可以重新加以确定，市民可以成为“大众科学家”，专家将扮演“专业化市民”的角色。尽管不同社区中公众参与规划的流程基本相同，但仍要依据社区类型的多样性，采用不同的组织形式与机制组织公众有序参加[212]。

6.7.2.3 自觉改善社区环境

借鉴英国、日本等国家社区居民所倡导的地方基础环境改善运动的经验，社区居民通过加入社会团体，特别是不同活动目标的非政府组织，自觉从事改善社区环境的活动（图6-14）。改变以往单一靠政府指令性计划改善地方基础环境的公共事业模式，由单纯依靠政府向社区居民自主行为转变，以社区居民、企业、政府三者良好的合作关系为基础，以社区居民为活动主体，居民从身边的点点滴滴小事做起，从自身做起，从而改善环境。其活动的目的是通过宣传教育，努力培养和提高社区居民、特别是少年儿童的环境意识，通过居民的亲身参与，使居民身边的自然环境、生活场所和地域社会等生活环境基础得以恢复或改善，进而增强社区的活力和凝聚力，以创造美好的居住生活空间。

图6-13 居民工作小组会议

图6-14 居民自觉改善社区环境

下 篇

实践篇

CHAPTER 7

第7章　国外健康城市实践与发展

7.1　国外健康城市实践经验与成果

7.1.1　国外健康城市建设概况

1986年健康城市项目在欧洲启动时，仅有11个城市参加，其中第1个推行健康城市活动的是葡萄牙的里斯本市。但到1993年，健康城市建设活动就已遍布包括亚洲在内的世界各地，并在美国旧金山召开了主题为“生活质量、环境和社会公正”的第一届国际健康城市大会，共有来自世界各地的17000名成员参加，反响强烈。鉴于健康城市项目活动在全球的迅速发展，1995年WHO全球管理发展委员会（MDC）批准了健康城市区间互联（网络）计划，在世界各个地区都成立了健康城市项目办公室。截至2015年，全球已有大约4000个城市（镇）加入到各大区的健康城市网络中去。

健康城市旨在创造一个健康支持的环境，一个高质量的生活环境，基本的卫生设施和卫生需求，提供获得医疗保健的机会。健康的城市不是仅仅取决于目前的卫生基础设施建设，而是对城市周边地区的整体提升，其中涉及征集社会领域等多方面的要求。

7.1.2 欧洲的健康城市建设

欧洲在选择健康城市项目活动试点城市时，除考虑地区性、城市规模平衡外，要求候选城市必须至少具备以下 4 方面条件：

（1）必须将健康城市的理念和战略思想融入较高层次的政策条约中。如有经过市长一级政治家签署的、市议会认可的建设健康城市的宣言；

（2）有详细的健康城市发展规划书，包括城市健康政策的现状和目的、实现的方法手段以及评价方法等等；

（3）设立专门的建设健康城市机构，并应得到市行政和专家的大力支援；

（4）对个别的、非正式的网络活动进行投资。如每年向 WHO 支付参加费 3 ～ 5 千欧元。

现在欧洲整体上基本形成了健康城市建设网络（图 7-1），健康城市项目在具体运作和实践过程中逐渐形成了一整套战略规划，并且各个国家也分别建立了自己国家内部的健康城市活动网络。如德国，其健康城市网络在 1987 年时只有 10 个成员，目前已发展到 52 个城市（图 7-2），并以大城市居多，事务局设在汉布鲁克市。健康城市网络每年召开一次全体大会，每两年举办一届健康城市研讨会。除事务局外，德国健康城市网络还设有理事会，由各成员城市的代表和有关健康的市民团体的代表组成。

欧洲各城市加入健康城市网络的起点和重点各不相同。如：英国利物浦市的健康城市计划主要推动内容包括居住、失业及贫穷、环境、心脏健康、癌症、意外事故、儿童行为、性的健康、资源滥用、心理健康等十个项目；布赖顿和霍伍市将项目重点放在如何消除阶层之间的不平等现象，减少卫生服务不公平性上[213]；挪威的桑德斯市选择环境保护作为自己的起点，然后逐渐推广其他领域；克罗地亚则试图通过导入健康城市的哲学理念及其战略工具，使政府的管理和实践有所改进，解决医疗卫生和社会福利体制方面面临的一系列现实问题，着眼点放在新公共卫生管理的探索与改革，对现行的公共卫生政策和计划进行再评估和再讨论[214]。

纵观在欧洲进行的健康城市项目活动，有以下 7 个特点：

1）内外携手——内部整合，及与其他服务组织通力合作，共同提供切合社区需要的服务。

2）社区参与——鼓励居民及民间团体表达意见，积极参与健康社区。

3）平等机会——提倡人人皆有机会享受健康生活，不分年龄、性别等。

4）促进健康——加强预防胜于治疗的教育，推进健康的环境及生活模式。

5）基础医疗——强化社区诊所网络，提高疾病预防意识，以缓解公众对医院服务的需求。

6）科研为本——以科研结果为依据，配合适当的讨论，务求更妥善运用有限的资源。

7）国际合作——与世界各地的健康城市互相交流，分享经验。

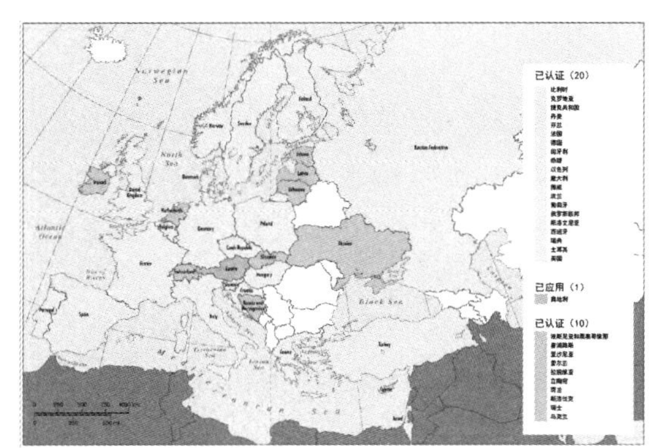

图 7-1　欧洲健康城市网络

资料来源：http：//www.who.int/healthy_settings/types/cities/en/

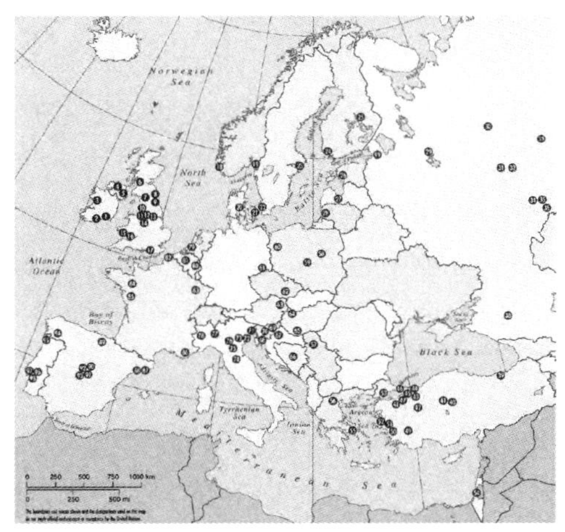

图 7-2　欧洲健康城市网络成员分布

资料来源：http：//www.who.int/healthy_settings/types/cities/en/

7.1.3 亚太地区的健康城市建设

1994 年，WHO 开始在西太区有关国家进行健康城市的试点工作；1995 年，WHO 西太区办事处发表了著名的政策性文件《健康新地平线》，其政策是基于健康促进与健康保护的基本概念，探讨以最好的方法去鼓励、促成和帮助人们避免疾病与残疾以保持良好的生活方式、环境以维护自身的健康，提出了创建健康城市、健康岛屿、健康场所作为 21 世纪健康战略目标。

2003 年 10 月，WHO 西太区在菲律宾首都马尼拉举行了健康城市地区网络咨询会议，30 个国家和地区的代表 70 余人出席了会议，成立了“健康城市联盟”。会议决定将日本东京的医科牙科大学健康城市和城市政策研究中心作为健康城市联盟的秘书处所在地，由 WHO 西太区官员、部分城市和地区代表共 10 人组成理事会；推荐 5 个城市为联盟理事城市，分别为中国的苏州、菲律宾的马里基纳、马来西亚的古晋、日本的平良和蒙古的乌兰巴托[215]。目前，西太区大约有 170 个城市在实施健康城市项目，它们分布于澳大利亚、柬埔寨、中国、日本、老挝、马来西亚、蒙古、新西兰、菲律宾、朝鲜和越南等国家。

7.2 美国健康城市建设实践与经验

7.2.1 美国健康城市建设背景及建设历程

7.2.1.1 建设背景

19 世纪美国从一个滨海小国快速发展成为世界强国，这一世纪中发生了两次工业革命，快速的工业化和城市化的发展导致基础设施的落后和环境质量的恶化。美国的许多街区污水横流，臭气弥漫，污水倾入河流污染饮用水源；许多街道缺少铺装造成尘土飞扬，雨天泥泞不堪；工业在城市中集中，噪声污染和空气污染严重。在这样的恶劣环境下，霍乱、伤寒、白喉等瘟疫蔓延，健康问题严重。20 世纪初，美国成立了健康城市规划和建设的组织机构，都致力于保护自然资源和有助于身体健康和益寿延年的重要资源。他们还把城市规划与公共卫生紧密结合起来，这种做法对美国的城市规划产生了重要影响[216]。查尔思·豪杰茨（Charles Hodgetts）指出，“与其说城市美化倒不如说城市健康是我们的目标”。

7.2.1.2 建设历程

加拿大等国的健康城市的构想大多是从学术界、医学界开始，与之不同，美国的健康城市是从公共健康领域开始，是由非营利组织、宗教组织等推动。美国虽然借鉴了一些 WHO 的方法，但主要依照美国国情开展了一些健康城市活动，提出了健康金字塔系统（图 7-3）、AFI 健康指数等多项健康城市研究成果。美国的健康城市建设基本可分为四个阶段（表 7-1）。美国印第安纳波利斯（Indianapolis）市是美国健康城市最早发展地。1988 年，由 W.K.Kellogg Foudation 发起并赞助三年开始实施印第安纳健康城市计划。1989 年，美国卫生和人类服务部（DHHS）正式接受"健康社区"这个概念并在全国推广。1993 年美国旧金山召开了第一次国际健康城市大会，引起了强烈反响，共有来自世界各地的 1.7 万名成员参加了这次会议。大会的组织者主要是美洲大众健康联合会、加州健康城市协会以及世界卫生组织、联合国儿童基金会、联合国教科文组织、联合国、加州卫生部和美国国家民政部。大会的主题是"生活质量、环境和社会公正"。通过讨论与会者一致认为健康城市发展应以社区为基础进行发展，并弥补健康城市发展计划的缺陷，强调强大的社区对健康城市的建设意义重大。1996 年美国成立了"健康城市与社区联盟"（CHCC），讨论的项目范围包括青年节目，社区安全，地方经济发展，娱乐和城市规划[217]。2008 年美国健康指数编制完成，成为衡量美国城市健康水平的指标。

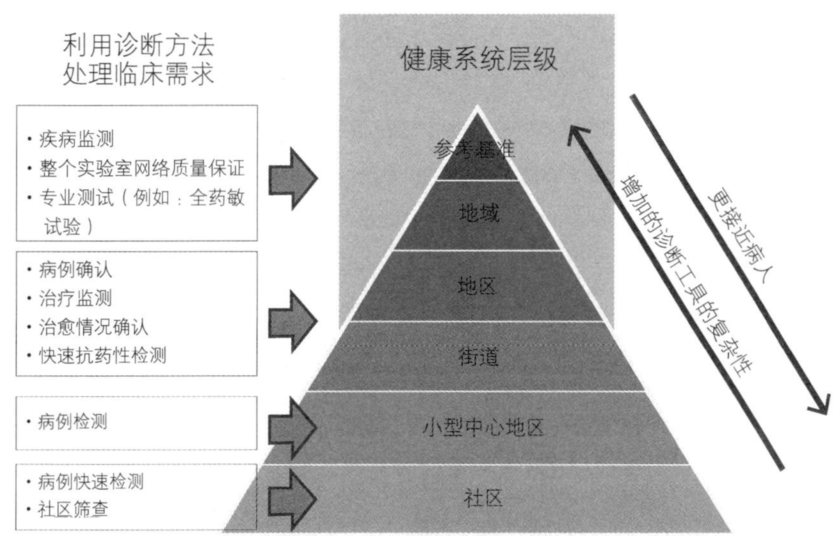

图 7-3　美国健康金字塔健康系统

资料来源 http：//www.finddiagnostics.org/export/sites/default/about/what_we_do/strategy/images/levels_of_the_health_system.gif

美国健康城市的发展历程 表 7-1

建设阶段	时间	目标
第一阶段	1988 ～ 1993 年	实施印第安纳健康城市计划，接受和推广“健康社区”
第二阶段	1993 ～ 1996 年	召开了第一次国际健康城市大会，以“生活质量、环境和社会公正”为主题，认为应以社区发展作为推动健康城市发展的基础，在美国及全世界都意义重大
第三阶段	1996 ～ 2008 年	成立了“健康城市与社区联盟”（CHCC），美国健康城市建设进入快速发展阶段
第四阶段	2008 年～至今	美国健康指数（American Fitness Index，AFI）编制完成，成为衡量美国城市健康水平的标准，美国健康城市建设发展成熟

7.2.2 美国的健康城市建设组织

1954 年，美国运动医学会 American College of Sports Medicine（ACSM）成立，旨在致力于通过它在运动科学、体育教育和医学领域先进的科学成果来铺建人类健康之路。1984 年，其总部搬迁至美国印第安纳波利州首府斯印第安纳市。1996 年美国成立了“健康城市与社区联盟”（CHCC），将健康社区建设融入健康城市建设中。

2008 年在美国运动医学会的倡议下，美国健康指数（American Fitness Index，AFI）编制完成，并为此专门开发了网站（图 7-4）。该指数用来衡量都市地区的健康程度，呼吁城市和郊区的领导人采取行动设计基础设施，促进积极的生活方式，从而收获正面的健康效果，2008 年后，美国健康指数调查成为评价美国各个城市健康程度的最为权威和具体的报告，以此为指标评选出最健康的城市（图 7-5），同时各个城市根据健康指数报告了解自己城市在健康建设方面的情况，并给出今后的努力方向。

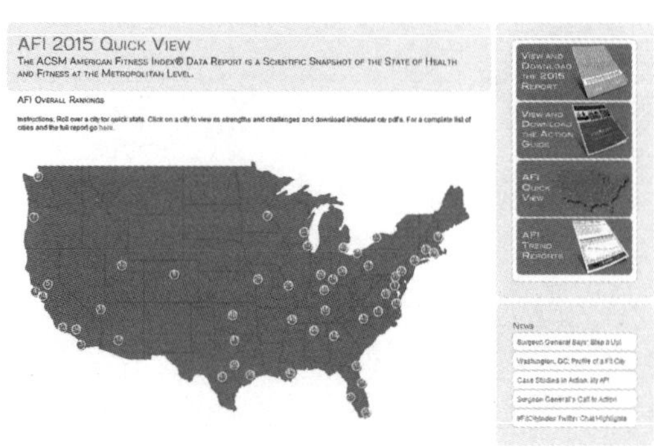

图 7-4 美国健康指数网站

资料来源：http：//americanfitnessindex.org/

图 7-5　美国健康城市分布（蓝色为最健康城市，红色为不健康城市）

资料来源：美国运动医学会（ACSM）

7.2.3　美国健康城市案例介绍及启示

7.2.3.1　美国印第安纳波利斯市健康城市的建设

美国的健康城市活动是在借鉴 WHO 方法的基础上，依据美国独特的国情展开的。美国健康城市起源于印第安纳波利斯市，1988 年由 W.K.Kellogg Foundation 发起，邀请六个城市（Indianapolis、Fort Wayne、Gary、Jeffersonville、New Castle、Seymour）共同参与、规划并执行印第安纳健康城市计划。由于那时世界卫生组织已在欧洲及加拿大成功地推动健康城市项目的发展，因此印第安纳州的健康城市计划是在借鉴欧洲和加拿大经验的基础上，结合印第安纳州的政治和社会状况，深刻考虑其地方分权的政治特性，最终选择以发展地方社区领导能力为最主要的推行策略（图 7-6），强调通过地方社区的参与和发展推行健康城市计划[218]。该市健康城市计划分为六个阶段：承诺、筹组健康城市委员会、推动社区领导能力发展、城市行动、资料库及行动研究与改革。

图 7-6　印第安纳州健康社区标志

（1）城市或社区领导人承诺　印第安纳健康城市计划的一个重要而独特之处在于，高度重视城市（或社区）领导权在建设健康城市过程中的积极作用，把它看作建设健康城市的前提条件之一，积极支持社区领导权的建设。市长和地方卫生官员许诺把推动城市居民广泛参与健康城市建设当作城市政治生活的首要任务，支持并促进健康政策的制定和实施。

（2）建立健康城市委员会　委员会的成员不仅包括政府官员，也包括愿意参加健康城市计划的集体和个人。

（3）城市或社区领导权的发展　通过对城市数据的整理、编辑和分析，向本领域专家咨询，参加国内和国际相关会议，与兄弟城市交流经验，共享书籍论文和视听资料等方法，提高城市和社区领导人对健康城市建设和管理水平。

（4）城市行动阶段　加强健康城市委员会成员对城市实力、存在卫生问题等详细全面的了解，积极推进健康城市项目的实施。在这个阶段，委员会不仅要深入调查已经获得的数据，更要开展相关项目，如建立社区步行运动促进会，鼓励孩子多参加锻炼，参与电台健康节目的制作，教育家庭远离毒品，保持街道清洁等，这些项目短时间内就产生良好的城市效益，大大鼓励了健康委员会。

（5）向政策制定者提供数据库　推动了如人行道的使用方案、年轻父母的学校教育计划、价格适度住宅的综合计划、旨在降低婴儿死亡率的健康婴儿计划等公共卫生政策的制定，这一阶段还通过了“印第安纳健康城市建设促进法”。这一阶段充分调动了地方资源和其他资源在健康城市建设方面的应用。

（6）行动研究与评估　健康城市进行五个阶段之后，对城市或社区领导权进行评估，其中相对简单的方法是自制调查问卷法，相对复杂的方法如定性和定量方法评估政策的变化、健康状况的变化、医疗变化、环境变化，以及6个健康城市计划资金的可持续性。行动研究与社区发展相结合，共同促进了健康城市建设任务的完成。

7.2.3.2　美国华盛顿特区健康城市的建设

在美国，自2008年美国健康指数（American Fitness Index，AFI）编制完成，一些医疗协会和统计机构合作，每年或每隔几年评选一轮健康城市，通过衡量都市地区的健康程度，呼吁城市和郊区的领导人采取行动设计基础设施，促进积极的生活方式，从而收获正面的健康效果。2015年，“美国运动医学学会”ACSM以美国规模最大的50个城市为研究对象，分析各个城市居民肥胖症比例、抽烟人口、糖尿病患者人数、公共公园分布状况等，通过综合评比之后公布全美最健康城市排行榜，华盛顿特区再次成为美国最健康城市。华盛顿特区连续第二年夺冠，在百分制中获得79.6分，比2014年提高了2分。往年的评比指标包含市民死亡率、患病率、市民体能、吸烟率、肥胖率以及室内运动场馆数目、民众饮食中是否摄取足够的蔬果等，今年新指标评估增加了有多少居民生活步行 10 分钟可以到达附近的公园。美国运动医学学会评鉴报告指出，高达 95% 的华盛顿居民，居住地点步行 10 分钟，就可以到达公园。从政府预算角度分析，评鉴报告指出，华盛顿地区平均每年市府机关花在每名居民的公园预算为 287 美元。华盛顿能成为最健康的城市与这个城市一系列的规划管理举措分不开。

（1）华盛顿对运动设施、公园、绿地的大量投资建设　华盛顿作为美国的首都，政府领导者花费大量资金来完善运动健身设施。美国领导者常常问自己："如果我想要锻炼，如果我想要保持我的健康的生活方式，我的社会或环境支持吗？"因此他们更加关注的提供环境和设施的支持。ACSM 鼓励国会支持继续资助步行小路、安全的上学路线以及公园，华盛顿的步行和自行车道路网络发达，人行道宽阔安全，完善的绿道体系为华盛顿市民的健康步行提供了必要的条件。此外，华盛顿所有的公园都有很强的可达性，数据统计，华盛顿特区 2014 年约有 66 万人口，人均公园、绿地建设费用为 398 美元；而排名第 50 的孟菲斯，人均绿地建设费用仅为 26 美元[219]。从这一点上可以看出华盛顿在提倡和帮助人们养成健康生活方式上所做的努力。

（2）加强健康社区建设　健康倡导者和社区领导人对华盛顿健康城市的建设以健康社区建设为基础，这一策略并不是新的建设创新，这与美国的社区发展密切相关。美国国家形成初期，帮助穷人是私人慈善机构或地方政府的事情。早期的移民社会中，新移民多依靠来自家乡的亲友的帮助和支持开始新的生活，北美移民生活艰辛，遍布各地，政府鞭长莫及，促使人们联合起来自我治理、相互帮助和开展社区活动。这种从经验中生长出的公民参与和个人努力意识造就了公众参与公共福利的传统。至此，社区发展成为美国民众相互帮助、公民参与从不同角度解决面临的问题和挑战的基本单元。在 20 世纪 80 年代末 90 年代初期，美国健康城市建设尚以城市为重心，90 年代中期后已经转到健康社区的建设。华盛顿对健康社区的建设从社区基础设施、社区资产、鼓励健康生活方式社区政策等方面展开，侧重于政策、系统和环境变化（PSE），并以此为基础进行社区可持续建设。

（3）成熟的法律体系和严格的管理方式　在华盛顿，平时在公共场所几乎看不到吸烟的人，就连酒吧也是禁止吸烟的，所以地面上看不到烟头，更看不到因抽烟在路边休息的人。这是由于政府在 2006 年执行了修正法案，工作地方、公共场所禁止吸烟，违法者将要履行法律责任。例如在禁止地点吸烟将要接受 100 ～ 1000 美元不等的罚款。如果公共场所没有张贴禁止吸烟标志，也会有一定数额的罚款。严格的管理、巨额的罚款让华盛顿特区的群众养成了良好的习惯[220]。

（4）科学的服务产业和公共设施规划管理　“如果你想去不错的餐厅，不是很远。如果你想去健身房锻炼，不是很远。如果你想要新鲜农产品，几乎在每一个社区，无论你在哪里，你都可以在 1.6 公里范围内找到这些所有设施”。由此可见美国人对于服务产业、基础设施等的服务要求极高。华盛顿的公共设施建设远远高于美国的平均水平，有更多的娱乐中心、游泳池和网球场等。另外，特区规划特别注重服务产业的覆盖率，比如华盛顿的农场市场达到每 100 万人 28.7 个。市区内没有足够的农贸市场，人们很难买到新鲜蔬果，健康指标自然会落后[221]。

（5）引导市民形成健康营养的饮食习惯　华盛顿农业部对食品安全的采取“零容忍”政策，加强食品安全的监测和监管。除此之外为了保证民众健康饮食，政府规定，较大的连锁食物产业需要在菜单上提供食物的营养含量，有的连锁餐饮行业还需要提供食物的卡路里供人们参考，让消费者在选择食物时有足够的信息量和知情权。在全美 50 个州中，目前仅有 4 个州有这种要求。

（6）倡导体育锻炼，提高市民的健身觉悟　ACSM 倡导体育锻炼的好处，帮助政府和卫生界使其成为一个优先级。华盛顿政府给出每个市民需要满足规定身体活动的建议包括体育活动指导方针，并规定每十年更新一次指南。通过华盛顿特区政府的努力，华盛顿特区的市民们十分喜欢锻炼，许多人会为了多走些路，放弃只需步行 5 分钟的公交车，专门乘坐需要步行 20 分钟的地铁，华盛顿步行或骑自行车上班的人大约 4.0%，采用公共交通工具上班的人大约 14.1%[222]。他们喜欢利用各种方法让自己更健康，如公园里建有专门供群众跑步或是步行的跑道，到了傍晚或周末，公园里到处都是跑步、骑车、遛狗的人，一片忙而有序的景象；工作繁忙的上班族喜欢到健身房健身，与朋友结伴上健身课程或是练器械。在全民健身的氛围下，华盛顿市民有着远超其他城市市民的健身理念，这是华盛顿成为美国最健康城市的重要因素之一。

正是由于华盛顿特区健康倡导者和领导人以及市民的共同努力，实现了华盛顿 AFI 分数 79.6，成为美国最健康的城市，华盛顿特区在健康城市建设方面的经验值得我们学习。

7.2.4 美国健康城市建设的经验教训

始于20世纪80年代末的健康城市项目经过一段时间的发展，已经成为发达国家、发展中国家共同努力的方向。健康城市建设已经成为促进城市可持续发展、改善城市居民生活状态、提升居民生活质量的新途径。美国最早开始建设健康城市的印第安纳州在近几年的健康城市评比中，排名垫底，而后期进行健康城市建设的华盛顿特区排名一直靠前。总结印第安纳波利斯市和华盛顿特区的健康城市建设我们发现，健康城市项目和以往的一些健康教育或公共卫生相关运动不同，它不仅是一个目标，更是一种达到目标的路径，是可持续的过程。在这个过程中，政府机关重视、公众积极参与的双重努力才是健康城市建设获得成效的保障。必须有政府机关重视，给予足够的政策、法律、资金的支持，并且关注战略设计和行动的配合，尤其是政府机构对健康的承诺和宣传，各部门之间的合作以及相应机构的设立，社区居民的广泛发动和参与，共同的愿景等。健康城市以及健康城市项目是人们在不断认识和追求健康中出现的新生事物。只有不断创新、不断地加强市民的参与，健康城市才能持续地进行下去，美国在健康城市建设方面的经验教训值得我们借鉴和深思。

7.3 英国健康城市建设实践与经验

7.3.1 英国健康城市建设背景

英国是最早实现工业化和城市化的国家。但在英国城市化的早期阶段，由于政府、企业及居民的环境保护意识不足、城市建设缺乏有效的规划及管理等诸多客观因素，各大城市都面临着环境污染、卫生状况恶化、住房问题等“城市病”，城市居民的健康问题受到了严重的威胁。19世纪30年代起，英国开展了一系列公共卫生改革运动，1842年英国召开都市健康会议并成立了健康城市协会。1848年英国颁布了《公共卫生法案》(Public Health Act) 建立了第一个中央卫生理事会（1848 General Board of Health)，随后在1872年、1875年颁布了新版的《公共卫生法案》(1872 General Board of Health、1875 General Board of Health）中逐步设立了统一标准以及普遍执行的卫生准则，英国公共卫生管理机制得到强化，并为20世纪公共卫生政策的完善和成熟奠定了基础。

1948年，英国政府颁布了《国家卫生服务法》，实行国家医疗服务体系(National Health Service简称NHS)，医疗保险惠及全体公民，正式以国家为主体建立覆盖全民的卫生制度并延续至今。1986年,WHO开始开展一连串"健康城市计划(Healy City Project)"运动,并主持召开第一届健康促进大会,发表了《渥太华宪章》(Ottawa Charter for Healthy Promotion)。同年,欧洲率先将《渥太华宪章》(Ottawa Charter for Healthy Promotion)的内容转化为实际行动,在该宪章所传达的"为了所有人的健康"思想的指导下,世界卫生组织欧洲地区办公室率先于1986年设立"健康城市项目",并在随后建立了"欧洲健康城市网络"。英国作为第一批参与"健康城市项目"的欧洲国家,在健康城市的建设过程中积累了许多经验,并形成了英国自己的健康城市网络。

7.3.2 英国健康城市建设历程及建设内容

WHO于1987年建立欧洲健康城市网络,英国积极参与到欧洲健康城市建设的进程之中,利物浦被作为试点城市开展健康城市项目,并于1988年主持了第一届国际健康城市研讨会[223]。

英国健康城市的建设与欧洲健康城市网络的发展一致,采取分阶段、分步骤的建设方式。在过去将近三十年的时间内,通过五个阶段的发展(表7-2),欧洲已建立起了一个涵盖30个国家的健康城市网络,英国健康城市的建设也日趋成熟。目前欧洲健康城市网络建设已进入第六阶段。在2012年9月,欧洲的健康城市网络53个成员国联合发布了一项名为"健康2020"(Health 2020)的新政策,欧洲健康城市第六阶段政策框架便围绕着"健康2020"这一新的战略进行制定[224]。

英国健康城市建设阶段[225] 表7-2

建设阶段	时间(年)	目标
第一阶段	1987—1992	为城市卫生工作提出新的方法
第二阶段	1993—1997	强调健康的公共政策和全面的城市健康规划
第三阶段	1998—2002	公平;可持续发展和社会发展;健康发展的综合规划
第四阶段	2003—2008	健康老龄化;健康的城市规划;健康影响评估;体育活动和积极生活
第五阶段	2009—2013	关爱和支持环境;健康生活;健康的城市设计
第六阶段(当前阶段)	2014—2018	生命历程与授权,欧洲地区主要的公共卫生挑战;加强以人为中心的卫生体系和公共卫生能力;创造有弹性的社区和支持的环境

7.3.3 英国健康城市网络

英国卫生部于2011年资助建立英国健康城市网络，该网络是欧洲三十个国家级健康城市网络之一，也是WHO所认可的欧洲健康城市网络。截止到2015年，英国健康城市网络的成员包括利物浦、格拉斯哥、纽卡斯尔、贝尔福斯特等27个城市（图7-7），成员资格不仅针对城市开放，也面向城镇开放。英国健康城市网络的组织结构如图7-8所示。其目的是：通过思想交流、经验分享，加强健康城市间的交流学习，提升健康城市的建设能力；扩大健康城市运动的参与范围，支持成员内的城镇（towns）和城市（cities）发展、检验解决公共健康问题的新途径；为健康、福祉、公平及可持续发展代言，影响当地（local）、区域（regional）、地区（country）和国家（national）的政策制定。

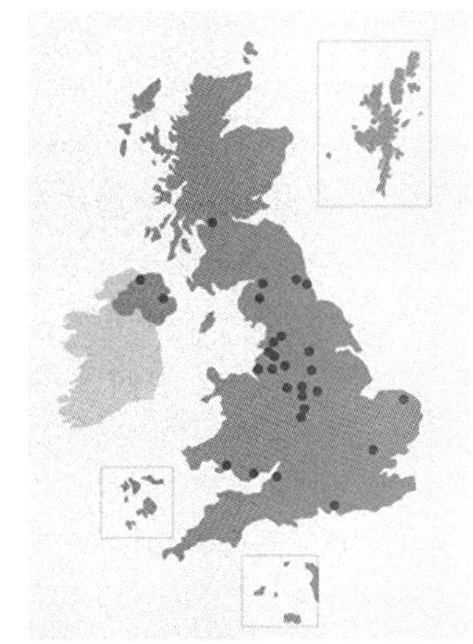

图7-7 英国健康城市网络成员分布

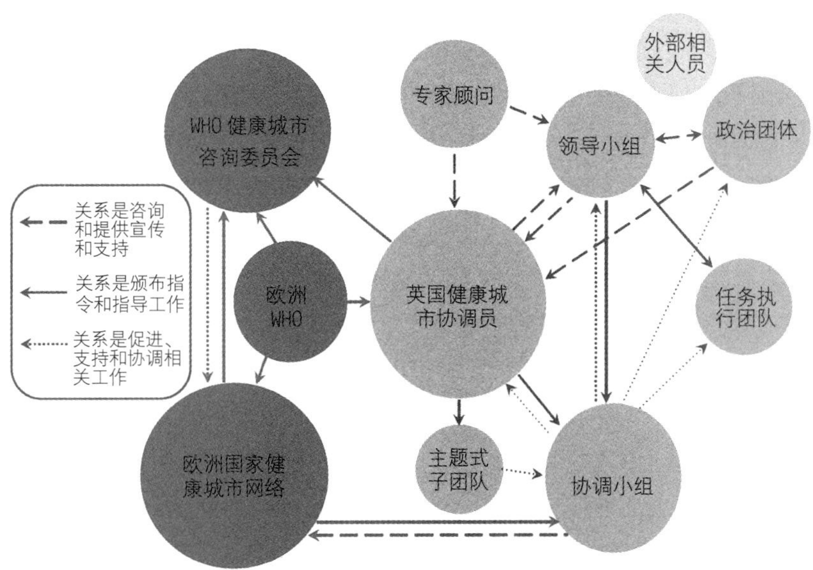

图7-8 英国健康城市网络的组织结构

7.3.4 利物浦健康城市建设项目与启示

7.3.4.1 利物浦健康城市建设项目

利物浦是位于默西河畔的港口城市，人口约 47 万多，是英国第五大城市，第二大商港，也是北英格兰重要的城市之一。利物浦曾经是英国著名的制造业中心，从 20 世纪 70 年代起开始衰落，在 80 年代失业率居高不下，在 2007 年和 2010 年被评为最贫困的地方政府，并且存在着较为严重的发展不均衡的问题，市民的健康状况令人担忧。随后利物浦的公共健康开始受到关注，经济形势也有所回升，如今利物浦人口流失已经企稳，城市中心、商业区和住宅区已恢复，居民健康水平也在逐步改善，正重新逐渐恢复成为一个充满活力的国际都市，成为英国西北部一个强大的经济驱动力。

利物浦曾经面临经济、社会与环境衰败的三重压力，从 1980 年代早期，英国城市在贫穷地区的居民死亡率普遍高于 NHS（National Health Service）成立时全国的平均值，利物浦作为贫困地区其肺癌死亡率曾达到世界最高值，引发了有关健康的议题。利物浦大学的 John Ashton 与其他学者提出了发展健康城市的国际观点，成为“Health for all”早期概念中的一个焦点，1986 年起此概念得到了英国各党派、政府及公共团体的认同与支持，从第一阶段的健康城市建设开始，英国相关政府机构及组织之间开始就城市健康问题开展合作，强调广义的健康。

1987 年英国选择利物浦作为健康城市试点开展健康城市项目，利物浦成为欧洲健康城市网络的成员。1988 年，利物浦作为东道主主持了第一届国际健康城市研讨会，并宣布了利物浦声明（The Liverpool Declaration），承认居民有权利参与制定和自身健康密切相关的决策。利物浦在 1987 年提出为期五年的健康城市计划，其目的在于促进市民的健康与福利，其中有关改善城市健康的指标方面，主要有居住、失业及贫穷、环境、心脏健康、癌症、意外事故、儿童行为、性的健康、资源滥用、心理健康等十个项目[226]。在该阶段的健康城市建设阶段，利物浦首先建立了一个跨部门委员会去引导整个计划，设定主要目标以及重点计划方案，将健康城市的观念化为行动，设置健康城市办公室（Healthy Cities Office），制定包括 YUK 反毒活动（YUK Poisoning Campaign）、健康与体能的得分（Health and Fitness Point）、Croxteth 健康行动区（Croxteth Health Action Area）等一系列的示范计划。在利物浦健康城市计划第一阶段的主要目标有三个，分别是将焦点从医疗健康的目标移转到更大范围、使健康成为全民最关心的议题以及扩展健康的概念。此阶段的健康城市计划所强调的重点是协调各政党团体同意一起工作；专业团体支持健康的发展；分析与社区的诊断，尤其是不平等的部分；大规模地讨论关于健康的议题，包含媒体、戏剧与学校图书馆等；计划作为实际操作的模范；建立学习与分享知识的网络；对于行政部门的重新教育。

1996年利物浦启动城市健康计划（The Liverpool City Health Plan），将解决基本的城市健康问题作为提升居民幸福的关键途径。利物浦的城市健康计划（The Liverpool City Health Plan）的推动组织主要有四个，分别是联合公共卫生团队（Joint public health team）、联合咨询委员会（Joint Consultative Committee）、健康城市小组（Healthy City Unit）以及工作团体（Task Group）。其中联合公共卫生团队负责指导在利物浦主要的健康相关的行动，并且对联合咨询委员会负责；联合咨询委员会是行政组织，由地区健康管理机构与地方市政机构的成员所构成；健康城市小组提供城市相关机构与社区团体之联合工作的执行与支持；另外为了计划之策略的形成，成立了四个工作团体，负责英国政府提出的"Health of the Nation"文件（1992）当中关键的四个领域，包括心脏病、癌症、性的健康与意外事故，和工作团体提出的居住的健康。总共有160人参与城市健康计划的工作，相关的组织包括：市议会、健康局、社区健康协调会、老人机构、大学、健康促进机构、贸易协调会与一些义工团体。（Costongs C. and Springett J.，1997）

在1998年到2002年之间，利物浦健康城市计划的重点计划在于Liverpool First、马其塞特健康行动区（Merseyside Health Action Zone）以及Local Agenda 21（1998）。在Liverpool First计划中合并了健康城市计划的工作，健康与社会的再生是该计划的八个策略主题之一，而保障当地居民的工作、促进教育的完成、现代化并联合邻近地区的服务是优先的考量。Liverpool First计划的工作重点是健康冲击的评估、健康公平的审查以及透过组织的发展建立社会的资本。

2008年，利物浦被选为"欧洲文化之都"以推广该城市的文化生活和文化发展，利物浦邀请本市的孩子和年轻人扮演城市规划者，创造健康的建筑和健康的城市空间，为创造更为健康的未来之城重新设计他们的社区。通过五个阶段的发展，利物浦将健康影响评估、社区影响评估、心理健康评估以及健康城市规划推广至各个部门。利物浦城市规划部门接受了健康城市规划的学习，当地的发展计划和运输计划的制定都受到了积极正面的影响，并且健康城市规划被列入当地大学的课程设置。

实际上，利物浦的居民健康状况并不乐观。根据利物浦 2011 年卫生健康调查数据显示，利物浦的居民健康平均水平低于英国平均水准，癌症、心脏病和中风的死亡率较高，医疗卫生的不平等现象也更为严重。数据显示，利物浦在 2011 年有 32400 个孩子生活在贫困之中，虽然居民平均预期寿命在稳步上升，但低于英国全国居民的平均寿命。同时，利物浦的医疗卫生不平等现象也比较严重，地区间健康状况差距较大，男性的平均寿命差距可以达到 11.5 岁，女性平均寿命差距可达 7.8 岁。据估计，利物浦成年人的健康饮食的比例比英国平均水平要低，但吸烟率和因酒精摄入而引发的生病住院率比英国平均水平要高。另外，利物浦的儿童健康状况也较为堪忧，其中 21.2% 的儿童被认定为肥胖，儿童龋齿现象较为严重，少女怀孕率也有所提升。

在这种健康危机下，利物浦于 2012 年制订了“利物浦健康与幸福战略计划 2012—2015”(Liverpool Health and Wellbeing Strategy 2012—2015)。这项计划以“改善利物浦民众的健康和幸福水平，减少不公平待遇”为重点，是欧洲“健康 2020”计划背景下做出的积极响应，表 7-3 是该计划的重点建设项目。

健康 2020 重点建设项目 [224] **表 7-3**

重要项目	核心指引	核心领域
减少儿童贫困及由此引发的不良后果	孩子们的信任	重构儿童中心，使之成为经济发展枢纽
		入学准备度以及福利措施
降低癌症的水平	利物浦临床测试组织	皮肤癌
		吸烟
		人乳头瘤病毒（HPV）
更多的人实现和保持良好的心理健康	成人社会保健与健康	实践和社会预防
		更好地获得心理治疗
		产后及产后心理健康
降低产妇酒精消费量	公共卫生	提升指导和教育
		鉴别与筛查的提高
		有针对性地改进酒水的获得途径

利物浦的健康城市建设已进行了二十多年，虽然居民的健康情况依然存在一些问题，但吸烟率下降、居民平均寿命稳步提升等现象也表明利物浦在健康城市的建设上也取得了一定的成果（图 7-9、图 7-10）。

图 7-9 利物浦社区精神的宣传标识

图 7-10 利物浦社区精神的培育活动

7.3.4.2 利物浦健康城市建设的经验及教训

利物浦作为英国最早加入欧洲健康城市网的城市，其建设实践过程基本代表了英国健康城市的建设历程。我们以利物浦的实践为案例，分析总结英国健康城市建设的经验：

（1）建立跨部门的合作机制，制定多方合作的健康发展策略　居民的健康问题不仅与卫生、医疗部门相关，实际上还受到经济发展水平、城市建设水平、环境治理水平等各方面的影响。从利物浦健康城市计划借鉴之处，就是推动政府行政体系的跨部门合作。事实上，健康城市计划主要是改善生活问题，营造优质居住环境，为达成此目标，必须推动相关议题的落实。而行政体系的跨部门合作是落实相关健康议题的先决条件。因为这些议题，往往跨越不同行政单位的工作范围，所以需要建立一个跨部门的工作模式及沟通平台，才能在推动议题时达到预期的目标。早在 1993 年，利物浦就成立了一个名为“联合卫生团队”（Joint Public Health Team/JPHT）的组织，直接管理利物浦的健康问题事务，并且负责由地方卫生机构和地方市政当局组成的联合咨询委员会（Joint Consultative Committee/JCC）。另外，利物浦还成立了健康城市小组为城市和社区的机构之间的联合工作提供管理和支持。所以国内在推动健康城市计划时，也需要建立一个跨部门合作体制，才能有效落实完成为改善民众生活所设计的议题。

（2）保障健康的公平性　健康的公平建设是目前欧洲健康城市建设的一项重要内容，弱势群体、贫困人口往往面临着较为严峻的健康问题，经济发展越落后的地区，居民的健康水平便越差，越难获得较好的医疗保健资源。英国针对健康不平等问题制订了一些行动计划，例如 2006 年英国实施了“精神卫生保健中的种族平等（Delivering Race Equality in Mental Health Care/DRE）”计划。该计划用于消除英国对黑人和其他少数民族或黑人和其他少数族裔社区精神卫生服务的歧视。在欧洲第六阶段健康城市建设计划中，平等问题被再次提出，将是目前健康建设的一项重点内容。

（3）鼓励市民参与，提高公众健康意识　公众参与是推动健康城市顺利建设的重要内容，公众参与的作用不仅仅是鼓励居民参与健康城市计划，更重要的是提升居民的健康意识。利物浦在 2008 年邀请本市的孩子和年轻人规划健康城市社区就是一项公众参与的较好案例。英国在健康城市的宣传及推广方面值得借鉴，英国健康城市网络有自己专门的网站，电视、广播、宣传栏、会议等形式的宣传教育活动也吸引了公众的广泛参与。另外，欧洲第六阶段的健康城市计划也提出了“社区参与”的内容，利物浦医疗保健委托机构（CCG）在 2015 年广泛征集本市居民对利物浦健康发展的意见和建议，调查居民认为最应该优先改善的是健康和医疗保健服务，以上这种社区参与的政策制定以及居民意愿调查都是公众参与的实践案例。

（4）政府主导、多方参与的机制　由于政府掌握城市健康建设的各项资源，所以政府在健康城市建设方面的领导力具有十分重要的意义。同样的，欧洲第六阶段健康城市计划中，也提出要提高政府在健康城市建设方面的领导力并采取共享型、参与式的治理方式。如今欧洲所面临的非传染性疾病的流行以及健康水平不平等等方面的挑战，需要政府以及全社会的共同努力，政府需要发挥其强有力的领导能力，在公众健康政策的制定、推行等方面作出努力，并联合各方相关机构，在全社会各部门展开健康治理的工作。另外，在政府主导的背景下，还应善用社会资源。利物浦健康城市计划在推动之初常碰到财务困难、人力不足等困难，致使某些行动计划未能顺利推动。在有效运用老人机构、大学、健康促进机构、贸易协调会以及一些志工团体等一些民间团体与非营利组织之后，许多资源缺乏的问题便得以解决，当然更重要的是在民间团体的投入后，健康城市计划的推动更具务实性及适切性。我国在推动健康城市计划时，应建立政府主导、多方参与的机制，有效统筹社会的资源为民众塑造一个健康的生活环境。

（5）制定全面、详细、务实的行动计划及政策　英国在健康城市建设过程中非常注重行动计划的制定。英国健康城市网络在各个建设阶段均制定有较为详细的阶段性主题、行动计划，并对行动计划和战略目标、阶段性主题、核心关注问题等都给予的详尽的介绍。另外，在实施过程中，各个地方也制定了符合当地发展的具体行动方案。利物浦健康城市计划推动之初并非十分顺利，目标方向模糊，缺乏具体性，再加上组织架构并不完善，险些使得健康城市计划胎死腹中。此后，健康城市的计划得到了相应的调整，具体的健康城市目标及希望达成的指标进行了限定，使得健康城市计划朝向明确的方向发展。我国在实施健康城市建设的过程中，在推动之初必然碰到许多困难，从利物浦健康城市发展经验可知，在推动健康城市建设时，需要制定全面、详细、务实的行动计划及相关政策，以确保健康城市建设的顺利进行。

（6）健全的健康组织及服务体系　利物浦在推动健康城市建设之初，存在推动者的角色定位不清，财务来源的不确定等问题，健康城市计划的组织架构并不明晰，健康城市的推动遇到了困难。之后，利物浦确立了参与推动者的角色及任务，建立了明确的组织运作体系，如建立学术性专家与行政实务者相结合的模式，随后整个计划的推动变得具有系统组织性。在过去三十年的建设过程中，利物浦曾建立了利物浦医疗保健委托机构（CCG），该机构由利物浦所有家庭医生组成，负责计划和安排本地的医疗保健服务。另外还有健康家园（Healthy Homes）等组织，提供健康咨询、指导等服务，利物浦健康城市计划的实施拥有了逐渐健全的组织及服务体系，值得学习。另外，在全国范围内，英国国家医疗服务体系即 NHS（National Health Service），一直承担着保障英国全民公费医疗保健的重任，要求凡有收入的英国公民都必须参加社会保险，按统一的标准缴纳保险费，按统一的标准享受有关福利。NHS 政策对于全民健康的保障，值得英国民众骄傲，也更值得我们进行学习。

7.4　日本健康城市建设实践与经验

在亚太地区，日本是较早将健康城市理念贯彻到城市建设中的国家之一。1993 年，日本国家卫生与福利部开展了“健康文化城市”的全国性活动，并于 2000 年制定了《21 世纪国民健康增进运动》（亦称《健康日本 21》）。该计划以科学为根据，合理制定了引起癌症、心脏病、脑中风、糖尿病等生活习惯病的饮食习惯和运动、休养等的改善目标，通过发挥社会各种各样健康关联团体的作用，旨在延长国民的健康寿命和提高生活质量[227]。

以《健康日本 21》为基础，日本各城市结合自己的实际情况，分别制订了适合自己城市的健康促进计划，以提高市民健康水平。例如东京，为推广健康城市项目计划，成立了健康促进市民委员会，共有成员 520 人，包括东京市各个社区的管理者、学术界专家、社区一级健康促进团体的代表、非政府组织的代表、63 名地方政府的市长、东京市议会成员、市政府各个局、办的代表以及东京市市长和一名副市长，其主席由东京市地方长官担任。事务的决定权放在会员大会和执行委员会[228]。

7.4.1 日本城市建设背景及建设历程

日本自1978年开始着手健康营造的政策，“第一次国民健康营造对策”（1978—1988）计划重点主要在为了求得疾病早发现、落实健康检查工作，其内容主要包括落实健康诊察、整备市町村保健中心、确保护士和营养师数量以及确保医疗设施的数量及品质等。

1989年实施的“第二次国民健康营造对策”（1989—1999），其内容主要呈现于“活力八十岁健康计划”。其计划为应对二十一世纪日本超高老龄化社会而提出，计划重点包括：①相对前期着重疾病的发现，此期着重疾病预防与健康的促进。②营造兼顾营养、运动与休息的生活形态。③除将健康营造诉诸公共政策实现之外，亦积极导入民间活力协助计划的实现。

适应欧美对健康城市与健康社区日渐关心的趋势，厚生省1993年亦提出“健康文化都市构想”。此乃是以地域健康环境营造为对象的健康促进构想，并借“健康文化都市推进事业”来落实。“健康文化都市推进事业”一方面着重地域健康营造所需的实质设施环境，如幼稚园、中小学、公民馆、老人福祉中心、集会设施、运动体育设施、公园、绿地等，另一方面亦着重社会与文化层面的软体环境营造，主要包括人与人的网络营造与社会参与，强调健康营造不只是“个人的面对”，而是需“籍人的网络，集体协力面对”。

近年来，日本国内高龄化人口增长（2003年65岁以上人口占总人口17.6%，推估2015年时65岁以上人口达到1/5，成为超高老龄社会）、出生率下降、医疗费用增加（政府预算医疗费用约占1/3）等因素，造成“世代间”、“地域间”、“价值观”的不平衡。因此在2000年3月拟定“第三次国民健康营造对策”十年计划，此计划简称“健康日本21”行动，强调健康增进（Health Promotion）的观点；在2002年8月制定“健康增进法”，进一步赋予“健康日本21”的法律地位[229]。“健康日本21”的推进取得一定的成绩，然而随着日本近年来的非正规就业的增多，家庭结构和区域等方面的变化，“健康日本21”中主要关注个人的生活习惯的改变，缺乏对社会环境的考虑，因此在“健康日本21”的基础上，2013年开始推行“健康日本21”（第二次）提升了社会环境健康的重要性，认为社会环境与个人健康同样重要，两者之间存在着密不可分的联系[230]。表7-4为日本健康城市建设历程的总结。

日本健康营造计划 表 7-4

建设阶段	时间	主题
第一次国民健康营造计划	1978～1988	早期发现疾病、落实健检工作
第二次国民健康营造计划	1989～1999	活力八十岁健康计划
第三次国民健康营造计划	2000～2010	消除世代间、地域间、价值观的不平衡，重视一次预防、整备环境、目标等
第四次国民健康营造计划	2010～2020	提高人均期望寿命,鼓励健康的生活方式,维护、改进和参与社会生活等

7.4.2 “健康日本 21”计划（第二次）

“健康日本 21”（图 7-11）是以健康营造开朗的高龄社会为前提，其行动目的是为了减少壮年期的死亡，延长健康寿命，提升生活品质；并且将目标分为下列九种：营养·饮食生活、身体活动·运动修养·心灵健康营造、饮酒、禁烟、牙齿健康、糖尿病、循环器病（心脏病·脑中风）以及“癌”，并且在现状基础上，设定 70 个目标值，借以检验是否达成。而健康日本 21 与以往的健康营造行动的差异点在于，健康日本 21 重视整体化的生活习惯、设定（评价）特定指标的目标值、不局限于保健医疗活动，更重要的是引入住民参与的概念；借此达成积极提升居民自我照顾的能力、以机敏为行动主题（而非专家单向）以及既有居民与社区组织的合作，以相互提升促进运动（表 7-5）。

图 7-11 健康日本 21 标志

健康日本 21 与以往健康营造比较 表 7-5

	以往的健康营造	健康日本 21
理念	市民为指导对象 政府决定权	市民为中心 市民决定
方法 规划 相互学习	专家主导 市民意识改革与行动的变化 单向	市民主体性参与 从事保健者的态度变动 双向
	专家指示	与专家共同作业

7.4.3 日本健康城市建设的组织及法规制度

7.4.3.1 组织形式

日本行政区域划分为 1 都 2 府 47 县，3250 个市镇村。中央设有厚生省负责全国的卫生保健工作，下设8个厚生局和一个分室，各厚生局均设有卫生保健所负责分管47个县的卫生保健工作；厚生省设有疾病预防控制中心，负责全国的突发性传染病防治、传染病的基础预防和慢性非传染性疾病的预防工作，卫生监督由中央和地方的卫生保健所负责。“健康日本21”在推进政策上，是由中央（都道府县）制订战略计划，地方（市町村）。

7.4.3.2　法规制度—“健康增进法”

赋予“健康日本21”法定地位的“健康增进法”（公布于2002年8月2日，法律第103号），是由行政命令演进至法律条文，其中载明医疗保险、测定地方计划的根据条文、都道府县与市町村的义务以及规定共同协力的责任义务。内容包括：国民健康的营养调查、保健指导、特定供给饮食设施（营养管理、防止二手烟）、营养指标规定等，明确规范健康日本21的实行政策、方法与内容。

7.4.4　日本东京健康城市项目及启示

7.4.4.1　东京健康城市建设概况

（1）东京市概况　东京是日本国的首都，位于日本本州岛关东平原南端，日本国的政治、经济、文化中心，海陆空交通枢纽。根据建成区面积、人口及国民生产总值等指标，东京是亚洲第一大城市，世界第二大城市，全球最大的经济中心之一。历经了江户、明治时代，拥有四百余年的历史。东京的发展道路极为不平坦，它曾遭遇过震灾、战乱、环境污染等种种的危机，然而它每次都能够像不死鸟一样复活，奇迹般地复兴。尤其是20世纪80年代以来，东京以建设健康的城市为目标积极推进城市的建设和发展。

（2）东京健康城市发展历程　二战期间，东京曾因战火而化为一片废墟，却仅在半个世纪内飞跃成为集政治、经济、文化等诸多功能于一体的世界城市，活跃在世界的舞台上。特别是以1964年举办东京奥林匹克运动会为契机，东京实现了30年的高速增长。但是东京在快速工业化的发展过程中，也出现了人口剧增、住宅紧张、交通拥堵、空气污染，甚至恐怖袭击等严峻的问题。面对这些“城市病”，东京开始重新审视自己的发展模式，20世纪80年代东京都的一些市区开始举办由政府和非政府组织参加的“健康论坛”，讨论“城市发展与市民健康生活”问题，提出了建设“健康与文明”城市的理念和口号，并开始建设健康城市的探索。2002年日本厚生省通过了《日本健康促进法》、《保障“21世纪的日本健康计划”》等，东京也陆续出台了《健康行动计划》、《福利、健康城市东京展望》、《十年后的东京》、《2020年的东京》等，力求通过改善社会环境（家庭、地区、企业、学校等）、市政公共服务环境（道路、公园、住宅、绿地、水源、设施等）、卫生保健与医疗环境（健康体检、医院、保健所、药店等）以及个人的努力（饮食、锻炼）来实现建设健康城市的目的。

7.4.4.2　东京健康城市建设的重要举措

东京健康城市项目的行动计划包括八个重点领域、四个重中之重和七项主要策略：

八个重点领域：倡导健康的生活方式；鼓励市民留出足够的休闲时间，社区居民之间应进行一些有意义的交流；改善环境以促进儿童的健康；使老年人和残疾人能够健康生活；发展社区一级的健康促进组织；控制艾滋病的蔓延，并消除对艾滋病的社会歧视；在所有的公共场所设立无烟区；提高居民的环保意识。

四个重中之重：健康促进与保护——儿童、成人、老年人；开展健康城市活动的模式——健康的家庭、健康的社区、健康的工厂、健康的学校；对健康有利的自然环境——健康的、宜人的居住环境、生活环境和城镇规划、空气质量、水质和绿化面积；卫生保健服务——医疗保健和健康促进、健康体检、控制烟、酒精和药物滥用问题、精神卫生、口腔牙科卫生、艾滋病的对策。

七项主要策略：在市民中建立参与网络，促进市民积极参与；努力协调好政府管理部门与私营公司和非政府组织之间的关系；加强社区一级健康促进体系的建设；活动的实施要协调好政府各部门之间的关系；向中央政府提出调整环境管理条例的要求；在研究健康促进活动方面，鼓励市民参与；开展更深层次的健康促进活动。

7.4.4.3　东京建设健康城市的启示

（1）采取政府主导、多部门协调　建设健康城市离不开政府的支持，东京都成立了由东京都知事担任主席、63个市区的市长和健康课课长、社会团体、企业团体、市民代表、学者担任理事的“健康城市市民会议”，每年召开一次例会，负责制定和督促实施“健康促进行动计划”、组织健康知识和健康理念的宣传教育、开展健康城市建设的调查和评估、表彰促进工作开展良好的地区和个人。在政府的日常行政管理和服务中，各部门也积极联合起来，相互合作，相互协调，建立有利于维护市民健康的长效机制，不断推动健康城市系统工程建设。

（2）在城市的规划、建设和管理中融入健康的内涵和指标　东京健康城市建设活动从城市规划入手，使健康城市的创建与城市的发展同步进行，例如在《十年后的东京》、《福利、健康城市东京展望》、《2020 年的东京》等城市规划中，融进健康的内涵和指标，将健康城市的理念贯穿到教育、医疗、自然环境保护、文化和体育事业、社会稳定和公共安全的维护和发展中，实现了健康人群、健康环境、健康社会的有机结合。而且这些规划还研究了城市环境改善等领域的中长期发展趋势，确定了未来需要实现的中长期目标，具有很强的前瞻性。

（3）建立健康城市指标体系，加强评估和审核　东京健康城市建设得以稳步开展，归功于它始终设立了明确的目标和细化分解的指标考核体系。例如在《东京健康推进计划 21》中建立了降低癌症、高血压、心理疾病等疾病发病率非常详细的指标达成体系，这些指标具有很强的针对性和可操作性。不仅如此，东京还注重各类信息的搜集和评估。以卫生医疗为例，东京市福利保健局通过推行“医疗服务第三者评价制度”，设置患者投诉窗口等，对医疗卫生服务进行长期连续的检测和专项调查，不断评估医疗卫生服务效果，有针对性提出调整和发展对策，为健康城市建设的政策制定和工作开展提供了科学的依据。

（4）加强健康城市的宣传教育　东京健康城市建设的经验表明健康城市建设的最终落脚点是维护人的健康，市民的参与是健康城市建设深入推进的重要保证。而只有通过强有力的宣传教育，调动广大市民投身到健康城市建设的积极性，使广大市民树立健康观念，掌握健康知识，建立良好的卫生习惯、饮食习惯、戒除烟酒等损害健康的不良的生活习惯，维护自身健康，培养低碳生活方式，才能不断提高市民的健康水平。

（5）动员全社会力量参与健康城市建设　东京建设健康城市，主要通过与市民合作、协商、建立伙伴关系，确立共同目标等方式实现。没有市民的积极参与，政府出台的各项措施难以反映和满足市民的真实诉求，所以健康政策与措施的制定需要市民的参与，各种城市问题的应对、规划方案的执行、贯彻效果的评定也需要公民监督，从而把社会和市民个人的利益融入总体健康城市的建设[231]。

CHAPTER 8

第 8 章　国内健康城市实践与发展

8.1　中国健康城市实践现状

8.1.1　中国建设健康城市的背景

8.1.1.1　城市化的高速发展

中国的经济自改革开放以来得到了飞速的发展，城市化发展速度也达到同期世界城市化平均速度的两倍左右。城市化水平由 1980 年的 18. 39% 提高到 2014 年的 54. 77%，但仍远低于发达国家 75% 的平均城市化率，城市化水平严重滞后于经济社会发展水平与工业化发展水平。为此大力推进我国的城市化进程，是我国全面建设小康社会、实现现代化的历史重任，是解决日趋严重的“三农问题”、“失业问题”、“贫富差距” 、“数字鸿沟”等问题的有效途径。诺贝尔经济学奖获得者斯蒂格利茨曾预言 :“中国的城市化与美国的高科技发展将是深刻影响 21 世纪人类发展的两大主题”。

虽有学者指出我国城市化水平连续 8 年以 1.43% ～ 1.44% 高速增长只是假象，并非实际速度（周一星，2004），但现在中国确实正如期迎来城市化快速发展的历史时期。中国科学院可持续发展战略研究组预测，从现在起，中国每年将有 1000 万农民转为城市人口，到 2050 年，中国城市人口总量将达 10 ～ 11 亿，城市化率将提高到 70% 以上，城市对整个国民经济的贡献率将达到 95% 以上。

8.1.1.2 城市环境问题的日益严重

中国目前也面临着快速城市化所带来的环境污染、生态环境破坏等问题，沙漠化、水资源短缺及污染、大气污染、噪声污染、垃圾污染等问题直接或间接地破坏着城市环境，环境负效应十分严重，威胁着城市居民的健康生活。

（1）大气污染　中国是世界上大气污染较为严重的国家之一。1997 年，大气污染曾引起约 17.8 万人过早死亡，由大气污染致病造成的工作日损失达 740 万人 / 年[232]。近些年，城市空气质量污染情更加严重，在 2015 全国开展空气质量新标准监测的 161 个城市中，仅有 16 个城市空气质量达标。大多数城市人口仍长期生活在可吸入颗粒物超标的环境空气中，特别是人口超过百万的特大城市，空气中二氧化硫和颗粒物超标比例都较高，空气质量达标比例偏低（2015 年中国环境状况公报，2015）。

（2）水污染　我国人均供水量仅占世界人均占有量的 1/4，全国有 400 个城市缺水，其中 110 个严重缺水。80% 的工业废水、生活污水未经任何处理就直接排入江河湖海和地下，造成水质污染。据中国新闻网报道，自 2005 年松花江水污染事件以来，中国平均两三天就发生一起与水有关的污染事件，到 2006 年 11 月已达 150 多起。另外，90% 的城市地下水不同程度遭受有机和无机有毒有害污染物的污染，目前已经呈现由点向面的扩展趋势。

（3）噪声污染　据对 75 个城市的调查，65% 的人口白天生活、工作在高噪声环境中，85% 的居民夜间在超标噪声中休息。不完全统计，我国城市交通噪声的等效声级超过 70dB 的路段占 70%；城市区域有 60% 的区域噪声超过 55dB。

（4）垃圾污染　我国是世界上垃圾包袱最重的国家，生活垃圾加上工业固体废弃物的积存量已超过 66 亿吨[233]。但相当数量的垃圾处理场没有达到环保要求，无害化处理率较低。根据 2001 年环保总局的抽样监测调查，垃圾无害化处理率不足 20%，现有垃圾填埋场中 27% 没有任何防渗措施；39% 没有渗滤液收集、处理设施，已对周围地下水体、地表水体、土壤等造成严重污染[234]。每年全国垃圾污染及其对资源破坏的直接经济损失在 10 亿元以上，至于对人体健康危害所产生的经济损失及其他间接的长远的经济损失则难以估计。

（5）城市环境基础设施薄弱　中国城市环境基础设施建设相当薄弱，欠账很多，特别是生活污水集中处理、生活垃圾无害化处理和危险废物处置能力尤显不足。国家环保总局在《全国城市环境管理和综合整治2010年度报告》中指出，近年来，尽管全国城市环境综合整治工作取得很大进展，但由于经济条件、管理能力以及自然环境等方面的原因，许多省份的城市环境质量有待提升，城市环境基础设施建设仍然滞后，城市环保工作能力亟待加强。

8.1.1.3　城市公共健康问题的发展趋向

中国城市公共健康问题已经呈现出类似于西方发达国家的发展趋势，出生平均期望寿命已由1990年的68.6岁延长到2004年的74.8岁。疾病谱的转变使慢性非传染性疾病的患病率和死亡率不断上升。2008年城乡居民两周患病率为17.7%，城市为22.2%；慢性病患病率按患病人数计算，城市为20.53%。其中，城市居民前十种慢性疾病患病率依次为高血压、糖尿病、脑血管病、缺血性心脏病、胃肠炎、胆结石胆囊炎、类风湿性关节炎、慢性阻塞肺病、椎间盘疾病、消化性溃疡（2013年中国卫生统计提要，2013）。2011年城市前5位疾病死亡原因依次是恶性肿瘤、脑血管病、心脏病、呼吸系统病、损伤和中毒。

全国法定传染病发病率已由1950～1960年代的3000/10万左右下降到2014年的530.15/10万，死亡率由20/10万下降到1.23/10万。据全国27种甲、乙类法定报告传染病初步统计，发病率居前五位的依次为：肺结核、病毒性肝炎、痢疾、淋病和梅毒；病死率居前五位的依次为：狂犬病、人禽流感、鼠疫、艾滋病和新生儿破伤风[235]。

根据健康调查资料显示：全国18岁及以上居民高血压患病人数约1.6亿，大城市的高血压患病率为20.4%、中小城市为18.8%；全国糖尿病人数约2000万，大城市20岁以上人群糖尿病患病率为6.4%，中小城市为3.9%；血脂异常人数约1.6亿；成人超重率为22.8%，肥胖率为7.1%，与1992年调查相比，成人超重率上升39%，肥胖率上升97%。此外，膳食高能量、高脂肪和体力活动少的人群，患以上各种慢性病的机会最多[236]。同时，精神疾病已成为中国严重的疾病负担，约占疾病总负担的五分之一。在2020年疾病总负担预测值中，精神健康问题仍排名第一[237]。

8.1.1.4　城市弱势群体的出现

随着经济转型和国有企业的改革，不可避免地造成了一部分下岗工人和失业人员，加上由农村进城的暂时无法就业的多余劳动力，形成了城市中不容忽视的弱势群体。经济条件的困乏和失业产生的心理压力，使得弱势群体的健康状况更加值得我们关注。而健康城市的一个重要目标，就是减少或消除健康获得的不平等，不断改善弱势群体的健康状况。

8.1.2 中国建设健康城市的可行性

可持续发展战略已成为中国跨世纪发展的战略选择，而健康城市建设是体现城市可持续发展的最佳切入点，在中国开展健康城市建设活动是完全可行的。

8.1.2.1 各级政府的高度重视

中国对于 WHO 的成立，以及“健康概念的典范移转是有特殊贡献的[2]。”1945 年在美国旧金山举办联合国宪章会议时，英、美等国原本无意将健康置于联合国宪章内，由于巴西代表的提案与中国、挪威代表的支持，才有“健康入宪”（联合国宪章第 57 与 62 条），并在中国与巴西的共同宣言基础上，确立在联合国组织架构下成立 WHO。

中国从中央政府到地方各级政府历来都非常重视人民的健康，与 WHO、世界粮农组织、世界环保组织、联合国儿童基金会、世界银行等国际性组织建立了广泛的联系，采取各种政策、行动努力提高人们的健康水平并做出相应承诺。早在 1988 年，时任国务院总理李鹏就代表中国政府庄严承诺 WHO 提出的“2000 年人人享有卫生保健”的目标。在 2006 年 10 月召开的中央政治局第 35 次集体学习上，胡锦涛同志强调，医疗卫生事业是造福人民的事业，各级党委和政府要切实把发展医疗卫生事业，提高人民群众健康水平放在更重要的位置。另外，各级政府也要切实实施保护健康的法律法规，并制定一些地方性法规来消除影响健康的因素。国家领导人和各级政府维护居民健康的强烈责任感成为推广健康城市建设的强大推动力。2013 年，中共中央总书记、国家主席、中央军委主席习近平在沈阳会见了参加全国群众体育先进单位和先进个人表彰会、全国体育系统先进集体和先进工作者表彰会的代表，并发表重要讲话。习近平强调，人民身体健康是全面建成小康社会的重要内涵，是每一个人成长和实现幸福生活的重要基础。我们要广泛开展全民健身运动，促进群众体育和竞技体育全面发展。要求各级党委和政府要高度重视体育工作，把体育工作放在重要位置，切实抓紧抓好。

8.1.2.2 良好的国家卫生城市活动基础

1989 年，为提高城市的整体卫生水平，中国政府根据实际情况，在 1952

年开始推行的爱国卫生运动基础上，由全国爱国卫生运动委员会（以下简称爱卫会）发出了《关于开展创建国家卫生城市活动的通知》，在全国范围内开展了轰轰烈烈的创建活动。爱卫会为贯彻落实 2013 年全国爱卫会全体会议精神，适应新时期爱国卫生工作的需要，于 2014 年组织对 2010 年《国家卫生城市标准》进行了修订，形成了《国家卫生城市标准（2014 版）》，并于 2015 年 1 月 1 日起施行。

据统计，自山东省威海市于 1990 年被评为首个国家卫生城市以来，截至 2009 年 12 月，全国爱卫会共命名 118 个国家卫生城市，约占全国城市总数的六分之一。此外，全国还命名了 28 个国家卫生区，377 个国家卫生县。根据《国家卫生城市考核命名和监督管理办法》和《国家卫生乡镇（县城）考核命名和监督管理办法》的规定，全国爱卫办于 2011 年 6 月～ 10 月对 2007 年命名的国家卫生城市（区）、乡镇（县城）（以下简称城镇）进行了复审，对 2010 年复审暂缓命名的国家卫生县城进行了再次复核，并重新确认浙江省杭州市等 63 个城市（区）为国家卫生城市（区），重新确认北京市延庆县城等 163 个乡镇（县城）以及云南省曲靖市罗平县城为国家卫生乡镇（县城）。2015 年 1 月，爱卫会发布了 2012 ～ 2014 周期拟命名国家卫生城市（区）名单，拟新增 62 个城市，11 个区为国家卫生城市（区）。经过近 30 年来开展的创建国家卫生城市活动，各级城市在卫生管理与规划、绿化美化、环境保护、公共场所与食品卫生、降低传染病发病率和“四害”密度以及健康教育等诸方面取得了明显成效，对改善城市面貌、促进城市建设和管理产生了积极的影响。

虽然国家卫生城市考核标准主要限于城市卫生方面，在对健康的公平性、社区与非政府组织的参加、媒体参与及宣传、公众参与以及社会资源的动用等方面的考虑还不够全面，与健康城市评价指标在涉及面、生活质量指标、社会环境指标、评价的侧重点等方面有所差异。但建设卫生城市的最终目的也是努力使其居民达到尽可能高的健康水平，因此，可以说“中国创建国家卫生城市也是创建具有中国特色的健康城市”。可见，始于 1950 年代的全国爱国卫生运动和 1989 开始的创建国家卫生城市活动为我国健康城市的建设奠定了坚实的基础。

8.1.2.3 城市经济实力的增强

通过改革开放，各级城市的经济实力明显增强，城市完全有能力投入巨资用于改善影响城市健康的城市基础设施和环境，以创造优美、健康的城市环境。如成都市就已投入 25 亿元改造环城河（府河、南河），投入数千万元扩建供水和污水集中处理厂以及其他城市公共设施，为市民提供良好的生活环境，对健康促进起到了积极作用。可以说，城市经济实力的增强，为健康城市建设成功提供了重要保障。

8.1.2.4　城市市民健康意识的增强

爱国卫生运动是独具中国特色的群众性卫生工作方式，在统筹协调、社会动员方面具有无可比拟的优势。经过多年的健康教育，市民的健康意识、大卫生观念、积极参与和维护社会健康活动的能力、行为有很大增强。特别是SARS过后，人们的健康意识更为强烈，北京的民意调查显示，70%的北京市民认为人生活中最重要的是健康。为改善和提高自身的健康水平，市民愿意亲身参与到健康城市的建设活动中，成为健康城市建设的主力军。

8.1.3　中国健康城市的建设历程

1993年8月，WHO西太区在马尼拉召开了“城市健康发展世界卫生组织双边地区会议”，会后，原WHO西太区办事处主任韩相泰博士致函我国卫生部时任部长陈敏章，正式提出由WHO和中国卫生部联合在北京市召开国际城市卫生发展研讨会。1994年初，WHO官员对我国进行考察，认为我国完全有必要和有条件开展健康城市创建活动;同年，卫生部将北京东城区（开发建设的老城区）和上海市嘉定区（农村向城市化发展的新城区）定为中国健康城市项目试点区;1995年6月，海口市和重庆市渝中区也加入到健康城市创建活动中来，海口市成为我国第一个以整个城市作为一个整体加入健康城市试点的城市，提出了“一切为了健康”、“人人为健康、健康为人人”的口号，并创办了中国唯一的健康城市大型期刊《健康城市》；1996年4月，在上海市嘉定区召开嘉定区创建健康城市宣传动员大会。会上正式宣布上海嘉定区、北京东城区、重庆渝中区、海口市成为中国开展健康城市创建活动的试点区。时任卫生部副部长王陇德在创建健康城市宣传动员大会的讲话中指出中国健康城市的最终目的是：①在城市地区，通过把卫生和环境保护措施纳入城市计划和管理的过程，最大限度地减少对健康的危害；②提高支持城市卫生的自然和社会环境的质量；③提高公众对更健康的行为生活方式和习惯的认识；④建立适宜的城市卫生保健系统，改善卫生服务；⑤通过部门间更密切的协作和公众参与，提高国家改善城市卫生的能力[237]。此次会议之后，我国的一些城市如大连市、苏州市、日照市等都陆续申请加入中国健康城市建设网络。

2001年6月，全国爱卫办向WHO西太区正式申报将苏州市作为我国第一个健康城市项目试点城市，并于 2006 年 6 月荣获了健康城市联盟颁发的健康城市最佳范例奖。2003 年 SARS 后，中国健康城市建设进入全面发展阶段。2007 年 12 月 28 日，全国爱国卫生运动委员会办公室（PHCCO，Patriotic Health Campaign Committee Office）在上海召开全国建设健康城市（区、镇）试点工作启动会，正式启动了建设健康城市、区（镇）活动，确定上海市、杭州市、苏州市、大连市、克拉玛依市、张家港市、北京东城区和西城区等十个市（区、镇）为全国第一批建设健康城市试点。这次大会的举行是我国健康城市运动的一个重要的里程碑。进一步推动了健康城市建设在全国范围的展开，此后，许多城市为进一步改善城市环境、提高市民健康和生活质量，纷纷自觉自愿地开展健康城市的创建（表 8-1）。

截至 2014 年，我国加入健康城市联盟的有上海市、杭州市、苏州市、昆山市、杭州市、张家港市、北京市、常熟市、南京市江宁区等 35 个市（区、镇）。国家共批准 10 个城镇开展建设健康城镇试点。据初步统计，目前有 6 个省份已制订健康城镇活动规划或方案，25 个地级市已按规划开展这项活动。

中国健康城市建设大事记 表 8-1

时间	主要事件	备注
1988.10	时任总理李鹏在给“第四届亚洲农村医学暨初级卫生保健会议”的贺词中，代表我国政府庄严承诺 WHO 提出的“2000 年人人享有卫生保健”的目标	
1993.08	WHO 西太区在马尼拉召开“城市健康发展世界卫生组织双边地区会议”，我国卫生部组团参加，正式介入健康城市建设活动	
1993.12	原 WHO 西太区办事处主任韩相泰博士致函我国卫生部时任部长陈敏章，正式提出由 WHO 和国家卫生部联合在北京市召开了国际城市卫生发展研讨会	国内著名卫生管理专家 20 余人就城市卫生发展、社区卫生服务、全科医学、环境保护、社区健康促进等问题进行了深入的研讨
1994 初	WHO 官员对我国进行考察，认为我国完全有必要和有条件开展健康城市创建活动	
1994.08	北京市东城区（开发建设的老城区）和上海市嘉定区（农村向城市化发展的新城区）开展健康城市创建研究工作	分别制定了《健康城市发展规划》；嘉定区的第一步重点放在了垃圾无害化处理上；东城区重点放在健康教育、污水处理和绿化上

续表

时间	主要事件	备注
1995.05	在上海嘉定区召开“城市卫生规划讲习班”	
1995.06	海口市和重庆市渝中区加入到健康城市创建活动中	海口市提出“健康为人人，人人为健康”的口号，并创办《健康城市》杂志
1995.10	1）WHO 官员对重庆渝中区、海口市、上海嘉定区等进行了项目考察和评估，给予了高度评价 2）海口市举办“城市环境卫生培训班”	
1996.03	在重庆市召开“中国健康城市规划研讨会”	
1996.04	在上海市嘉定区召开嘉定区创建健康城市主题宣传动员大会。会上正式宣布上海嘉定区、北京东城区、重庆渝中区、海口市为中国开展健康城市创建活动的试点区	
1996.10	在北京召开 WHO 的关于健康城市的区域性磋商会议。以此为契机，我国陆续有保定、昆山、日照、大连、长春等城市提出建设健康城市的目标	会议回顾了西太区健康城市活动的发展，并制订了健康城市活动区域行动计划
1998	香港特区政府开展为期三年的健康运动，名为“健康生活新纪元”	在各区成立“健康生活督导委员会”
1999.09	WHO 和全国爱卫办在吴江市举办了健康城市讲习班	
2001.06	全国爱卫办向 WHO 西太区正式申报将苏州市作为我国第一个健康城市项目试点城市	
2003.03	苏州开始全面启动建设健康城市活动计划	2002 年 6 月成立了市建设健康城市启动工作调研组，制定了包括社区、家庭、企业、机关等 11 类项目的健康标准（试行）；2003 年 9 月 17 日，市委、市政府召开苏州市非典防治工作暨建设健康城市动员大会；11 月 13 日，成立苏州市建设健康城市领导小组
2003.03	北京市爱卫会明确提出抓住举办 2008 年奥运的契机，将北京建设“成为国际一流健康城市”的目标	将社区、医院、学校、商场等四类公共场所列为健康促进单位，将从人群健康、家居与生活环境、就业及产业等 12 个大指标和 337 个小指标中进行建设
2003.04	上海市爱卫会全会扩大会议原则通过《上海市建设健康城市三年行动计划》，上海市人民政府于 2003 年 8 月发出了《关于印发上海市建设健康城市三年行动计划（2003 ～ 2005 年）的通知》	行动计划提出了营造健康环境、提供健康食品、追求健康生活、开展健康锻炼、倡导健康婚育、建设健康校园、发展健康社区

续表

时间	主要事件	备注
		和创建精神文明等 8 项目标任务；制定了 8 类 104 项评价指标体系，确定重点开展保护母亲河、清洁空气、爱绿护绿、人人运动等 11 项活动
2003.05	全国爱卫办在上海召开“建设健康城市研讨会”	20 多个城市代表参加会议
2003.10	WHO 在菲律宾首都马尼拉召开了“健康城市地区网络咨询会议”。会议决定成立西太区健康城市联盟，苏州市成为健康城市联盟的 5 个理事城市之一，当选为健康城市联盟第一届执行委员会委员	
2004.05	在上海召开全国健康城市研讨会	全国爱卫办明确指出，健康城市项目是我国创建国家卫生城市的升华，要在创建国家卫生城市的基础上开展健康城市建设
2004.10	澳门获健康城市联盟接纳，并被推选为亚太区健康城市促进委员会主席	
2005.02	张家港市正式成为健康城市联盟成员，成为我国第一个加入联盟的县级市	
2005.05	1）苏州市举办“2005 苏港澳健康城市论坛”；2）“健康城市联盟中国分部”落户苏州市；3）苏州市的母婴健康保护活动获世界卫生组织健康城市优秀实践奖	150 名来自加拿大、英国、荷兰、日本及香港、澳门地区的专家代表参会
2005.11	上海市爱国卫生运动委员会、WHO 神户中心、上海市卫生局联合主办“健康城市国际论坛”	
2005.12	深圳市的罗湖区加入健康城市联盟	
2006.05	昆山市正式加入健康城市联盟	
2006.07	通州市正式加入健康城市联盟	
2006.10	1）苏州市人民政府和健康城市联盟在苏州市共同主办第二届世界健康城市联盟大会；2）苏州市获健康城市联盟颁发的健康城市最佳范例奖；3）昆山市获健康城市范例奖中的减少性别侵犯奖和母婴友好公益奖；4）常熟市获健康城市最佳潜力奖；5）吴江市获健康城市最佳实践奖	会议主题为：健康城市—全球的共同追求。来自国内外 40 个城市的市长共同签署《健康城市市长苏州宣言》，倡议将每年的 10 月作为“健康城市月”
2007.04	北京市在全市范围内开展以“健康奥运，健康北京”为主题的全民健康系列活动，以促进市民健康，创建健康城市	

续表

时间	主要事件	备注
2007.12	确定全国首批健康城市建设试点：上海、杭州、苏州、大连、张家港、克拉玛依共 6 个城市	
2008.05	“健康城市”指标体系和评估体系制定工作启动	
2008.11	由国家卫生部、全国爱卫办主办，世界卫生组织协办，杭州市政府承办的 2008 中国首届国际健康城市市长论坛在杭州举办	
2009.03	中国首届国际健康城市市长论坛发表《杭州宣言》	澳大利亚凯阿玛市、日本市川市、韩国首尔市和昌源市、菲律宾塔盖泰市以及杭州、上海、香港等海内外 13 个“健康城市”代表 19 日在杭州共同签署了《杭州宣言》，旨在世界范围内建设一座座人人拥有高品质生活的“健康城市”
2009.04	上海市出台《建设健康城市 2009 年—2011 年行动计划》	
2009.07	长春市计划申报中国第七个“健康城市”试点城市	
2010.09	2010 中国国际健康城市市长论坛在辽宁省大连市举行	
2011.02	由慈铭体检集团联合中国医师协会 HMO、中国医院协会 MTA 等 40 余家机构共同举办的《2010(第二届）中国城市健康状况大调查》之“中国一线城市百万健康人群数据发布会”2 月 23 日在北京举行	
2011.08	世界卫生组织（WHO）在上海设立西太平洋区域首个健康城市合作中心	上海市健康促进委员会办公室于 2007 年提出设立 WHO 健康城市合作中心的申请，于 2010 年底被正式命名为“WHO 健康城市合作中心”
2011.12	四川省市长协会和眉山市人民政府共同举办的 2011 四川市长论坛暨四川省市长协会三届三次理事会在眉山市召开	主题为：宜居——让城市健康可持续发展
2012.05	《中国城市发展报告 2011》上海报告会暨两岸健康城市论坛在上海国际会议中心举行	《中国城市发展报告（2011）》以“十二五规划·构建和谐社会、幸福城市”为主题，特邀数十位院士、专家和学者撰稿，全面记叙了我国城市发展的热点、焦点问题和典型案例

续表

时间	主要事件	备注
2012.08	台湾《康健杂志》公布“2012 年台湾健康城市大调查”	台北市、嘉义市、宜兰县、台南市、高雄市获最佳健康城市。“2012 年台湾健康城市大调查”是透过“健康现况”、“生活形态”、“友善环境”与“政策执行”4 大方面共 31 项指标评选
2012.08	（第三届）中国城市健康状况大调查	中国医师协会健康管理与健康保险专业委员会（CHINA-HMO）、中国医院协会医疗技术应用专业委员会（CHINA-MTA）、北京市健康保障协会（BEIJING-HMO）、慈铭健康体检管理集团股份有限公司从 2009 年 5 月起在中国健康教育中心 / 卫生部新闻宣传中心、中国健康促进与教育协会、上海市健康教育协会、上海健康管理研究会、美国健康与生产力管理研究院（IHPM）的特别支持下，以“城市健康”为主题，联合人民网、新浪网等 40 余家中央及地方强势媒体及机构共同发起并举办中国城市健康状况大调查大型公益活动
2012.12	西宁市政府召开 2012 年西宁市建设国家卫生城市工作总结表彰大会，为迎 2013 年国家“建卫”复审，创建“健康城市”	
2013.01	健康城市论坛暨北京健康城市建设促进会年会在北京召开	论坛的主题是“城市生态环境与健康”
2013.03	全国政协委员江利平：创建“健康城市”已不能再等	“创建健康城市已不能再等，全民都应树立这个意识，各级政府都要明确这个方向，否则，任其发展，木已成舟，就为时晚矣。”江利平呼吁，应尽早制定“健康城市”创建考核标准，出台“健康城市”发展规划，把“健康城市”创建工作纳入各级政府的考核体系，作为各地发展的主要职能目标和建设幸福中国、美丽中国的必备条件

续表

时间	主要事件	备注
2014.01	中国城市发展研究会在综合测评全国 200 多个地级以上城市的基础上，发布《中国城市健康评价指标体系及 2013 年度测评结果》	根据"测评结果"健康水平排名前 15 位副省级城市分别是：厦门市、深圳市、宁波市、大连市、青岛市、沈阳市、杭州市、成都市、长春市、济南市、广州市、哈尔滨市、西安市、武汉市、南京市。 省会城市（不含副省级省会城市）排名前 15 位的分别为：昆明市、海口市、拉萨市、福州市、呼和浩特市、银川市、长沙市、南宁市、贵阳市、乌鲁木齐市、南昌市、石家庄市、郑州市、合肥市、兰州市。 分区域排名中，西部地区前 15 名的"健康城市"分别为：梧州市、克拉玛依市、玉林市、广元市、钦州市、六盘水市、广安市、巴中市、昆明市、保山市、来宾市、鄂尔多斯市、绵阳市、宜宾市、普洱市
2014.09	9 月 18 日，中国社会科学院城市发展与环境研究所发布了《城市蓝皮书：中国城市发展报告 No.7》	《蓝皮书》称，总体来看，当前全国 287 个地级市中，处于健康发展状态的不到十分之一
2014.10	2014 国际健康城市论坛在浦东干部学院举行	论坛宗旨是研讨、弘扬视野更广阔、格局更宏大的健康城市建设理念
2015.04	健康城市蓝皮书《北京健康城市建设研究报告（2015）》在北京发布	作为国内第一部健康城市蓝皮书，以国务院发布的《关于进一步加强新时期爱国卫生工作的意见》为指导，报告是对北京健康城市的发展进行全面梳理和总结的专业报告，蓝皮书从政府部门、城市管理、民间组织、国际传播等多个角度， 以营造健康环境、构建健康社会、培育健康人群为重点，不断优化健康服务

续表

时间	主要事件	备注
2015.09	中国社科院城市发展与环境研究所和社科文献出版社联合发布了《城市蓝皮书：中国城市发展报告 No.8》	蓝皮书对 2014 年除拉萨市、三沙市、海东市以外的 287 座地级及以上建制市的健康发展情况进行了综合评价，北京在城市健康发展指数综合排名中位居第二
2015.10	十八届五中全会公报提出“健康中国”全新概念后，国家卫计委已全面启动《健康中国建设规划（2016—2020 年）》编制工作，并开始向社会公开征求意见	该规划将成为今后 5 年推进健康中国建设的纲领性文件，医疗健康领域相关行业及公司或迎来快速发展良机

8.1.4 中国健康城市建设总结及建议

我国健康城市活动的发展，与快速的社会经济发展以及城市化的进程相比，相对缓慢且影响不广。截至目前，我国加入健康城市联盟的还只有苏州市、张家港市、常熟市、昆山市、太仓市、吴江市、通州市、深圳市罗湖区以及澳门特区政府、香港西贡区、香港葵青区、香港观塘区等少数几个城市与地区。对健康城市这一公共健康理念的理解和思考，尚停留在卫生层面上。由于城市的决策者、政府部门还没有真正认识到市民在建设健康城市中的巨大作用，导致对健康城市概念、理念等的宣传力度不够。相对于生态城市、卫生城市等而言，城市市民对健康城市的概念还比较陌生，知之甚少，没有深刻的理解。我国目前的健康城市建设活动还多属于行政主导型（决策型）的健康城市建设，市民是被动地接受，参与力度和范围不够。其建设仍仅局限在某些部门的狭小范围内，多是由城市卫生部门牵头实施，过于强调卫生等单一职能部门的作用，还没有形成社会齐动员建设的局面。健康城市建设的“进展与成果在国内乃至全球的影响仍十分有限，相对于我国占世界约 1/5 的人口数，和与全球同样面临的健康问题，这是个不相称的局面[238]。”

目前我国尚未制定系统的健康城市建设指导方针和统一的健康城市评价标准。各提出创建健康城市（社区）目标的城市多自行制定评比项目和标准，如苏州市确定的指标除核心指标外，还包括健康社会、健康环境、健康服务、健康人群、健康食品等基础指标，涉及医疗服务、人均收入、医疗保健、社会救助、园林绿化、人均住房、教育普及和再教育、市容城管、交通等领域。分别对健康社区、健康家庭、健康学校、健康企业、健康机关、健康医院、健康园林、健康宾馆、健康饭店、健康市场提出相应的标准、指导评估指标和其他的要求。上海静安区为了实现“健康城区”的目标，也编制完成了《健康城区建设纲要》，从社会环境、工作生活环境、生活方式、卫生服务、健康水平等6个方面分93项指标，逐一制订了计划，将各指标任务下达到全区34个相关部门。

8.2 苏州健康城市建设

8.2.1 苏州市健康城市建设背景

苏州位于长江三角洲和太湖平原的中心地带，著名的鱼米之乡，享有“人间天堂”的美誉。苏州自有文字记载以来的历史已有4000多年，是中国首批24个历史文化名城之一，中国重点风景旅游城市、中国重点环境保护城市，长江三角洲重要中心城市。全市面积8488.4平方公里，人口653.84万人。

苏州作为全国爱卫办向WHO西太区申报的我国第一个健康城市项目试点城市，于2002年启动健康城市建设。苏州建设健康城市领导小组紧紧围绕建设“健康苏州”主题，组织相关参与部门制定了健康社区、健康学校、健康企业等11类项目标准。2004年，召开建设健康城市领导小组全体成员会议，研究部署建设健康城市工作，苏州市健康城市建设开始进入实施阶段。苏州着力结合自身条件，在建设过程中遵照健康城市联盟的设想和宪章，取得了显著的成绩。截止到2014年苏州市共获得的健康城市国际奖项数累计达到27个。近年来，苏州建设健康城市更是将城乡水环境治理与保护、古城保护性改造与居民居住环境改善、健康文化与城市精神三个结合为特色，力争建成以苏州城区为中心，拥有健康环境、健康社会、健康服务和健康人群的全国第一个健康城市群。

8.2.2 苏州市健康城市的建设策略

自1998年苏州建成国家卫生城市群以后，苏州市启动健康城市建设，经历了试点启动、全面推进和项目推进三个发展阶段，以“以人为本、健康公平，政府主导、全民参与，城乡一体、整体推进，科学指导、提高水平”为行动原则，实施了三轮（每轮为期三年）健康城市行动计划，以期实现城乡居民健康提升、城乡水环境得到良好保护与治理、城市历史文化得到保护性改造。

8.2.2.1 提升健康服务，加强基本卫生保健工程建设

修订完善《苏州市医疗卫生设施布局专项规划（2011—2020）》，将公共卫

生和医疗机构配置纳入城乡建设规划，合理配置医疗卫生资源，满足人们的多层次医疗需求；按照《苏州市医疗机构执业管理办法》，理顺医疗卫生行政管理体制，完善医疗机构分类管理；加强农村医疗机构建设和管理，健全农村医疗服务体系;完善社区卫生服务网络，优化社区卫生服务机构布局;加大艾滋病、结核病等重大传染病的防治力度，强化免疫、妇幼保健工作。

8.2.2.2 营造健康环境，提高生活质量

围绕新《环保法》的要求，开展各类环境治理工作，努力改善苏州生态环境，确保新《环保法》的实施。通过控制煤炭消费总量与电力行业提标改造来治理大气污染。综合治理水污染和水体富营养化，保证了饮用水的安全；促进企业转型,工业生态化改造,发展循环经济。加快城乡环境整治,加强生态建设,积极进行重点市的全国环境优美镇、省级生态村建设。推动农村生活污水治理。保护修复生态,严守生态红线,保护自然资源,推进“十大工程”,山体整理复绿,建设绿色健康的苏州，提升苏州市的城市市容市貌。

8.2.2.3 构建健康社会，关注民生健康

全面落实《关于进一步加强社会救助体系建设的意见》,扩大政府救助对象，完善发展城乡社会救助体系；全力做好《苏州市社会基本医疗保险管理办法》正式实施准备工作，完善城镇职工、老年居民、少年儿童医疗保险制度，实现医疗保障人群全覆盖；推进平安苏州建设，强化治安防控、交通和消防管理；推进学校健康教育工作，加强学校卫生设施设备建设和医务人员队伍建设，提升学校卫生水平，健全学校预防传染病机制；完善企业事故隐患排查治理长效机制。

8.2.2.4 培育健康人群，提高文明素质

制定《苏州市出生缺陷一级干预工作实施方案》，加大城区优生优育疾病险的推进力度；加快推进苏州市时代服务中心建设，全面完成中心站以上新一轮服务架构的扩建、扩建、新建工作；开展科学、文明、健康家庭生活理念的宣传教育工作；围绕“全民健身与奥运同行”主题，继续办好全民健身月体育健身活动；建立青少年成长服务台，提供心理疏导、法律援助、信息咨询、就业指导、应急援助等综合服务。

8.2.2.5 培植健康“细胞”，建设健康场景

加强健康社区的建设，探索新的健康社区的工作模式，围绕居民问题展开切实可行的策略;增强健康单位的建设，根据自身行业特点，开展健康促进活动;建设健康村镇，加强村镇基础设施建设；引导全市家庭积极参与健康家庭建设。

8.2.2.6　开展健康宣传，塑造健康氛围

加强健康教育馆建设，组织社区学生居民参观；发挥健康教育讲师团、健康教育课堂、宣传画廊、橱窗、板报的宣传作用；推进全民养成健康的生活方式。

8.2.2.7　推进重点项目，务求取得实效

选择典型农民子弟学校开展日常卫生健康、常见疾病预防、青春期生理卫生以及急救等健康教育活动；增强老年人的健康保健意识。

以上建设的具体策略能够得以实施主要得益于苏州市健全的保障措施。苏州市相当重视健康城市的建设工作，加强健康城市建设的领导作用，强化组织协调工作。建设健康城市涉及社会的各方各面，所有建设健康城市的组织和部门都要结合自身的作业特点，协调推进。苏州市政府在健康城市建设上逐年递增建设资金，不断加大人力投入。苏州市实行健康城市“12+7”主题宣传，积极组织多种形式的市民参与机制，运用群众喜闻乐见的形式进行健康城市的宣传教育工作。修订完善第三轮健康城市指标体系，探索用科学的方法评估健康城市的执行情况，同时做好长效管理工作，结合人口、经济变化，积极开展建设项目。同时与国内外健康城市建立重要、友好的关系增进交流，学习和借鉴国外的先进经验。

8.2.3　苏州市健康城市的建设经验

8.2.3.1　以人为本，协调发展

健康城市充分体现了以人为本的理念，把健康的人群作为终极目标，把健康的环境作为支持系统，把健康的社会作为保障环节，促进环境、社会与人的有机结合和协调发展。

8.2.3.2　富有个性，持续改进

世界卫生组织的健康城市理念和十条标准是原则性的规定，没有具体的指标，各城市要根据本市的特点和需要解决的健康决定因素，制定自己的指标体系和目标。这是与国家卫生城市创建最大的不同。

健康城市不仅注重结果，更加强调过程。一个健康的城市并不意味着已经达到了特定的健康水平，而是她关心健康，对市民的健康做出承诺，持续改进各种健康的影响因素，消除健康的不平等，达到健康的人人平等。

8.2.3.3　公众参与、齐抓共管

建设健康城市是全社会的共同责任，要营造“人人享有健康，人人参与建设”的良好氛围，把建设健康城市变成全体市民的自觉行为。要建立一个强有

力的相互帮助的市民群体，发挥非政府组织在建设健康城市中的作用。

8.2.3.4 制定规划，明确重点

（1）根据本市经济、社会发展实际，在对影响苏州市居民健康的各种因素调查的基础上，制定符合苏州市实际的健康城市规划指标体系，明确实施目标。

（2）根据现代化城市基础设施的要求，多渠道筹集资金，增加政府投入，加快给水排水、住房、绿化、市政道路、环卫设施和公共健身场所的建设，充分满足产业发展和居民生活的需要。

（3）在公共财政框架内，加大对公共卫生体系建设的投入力度，建立健全突发公共卫生事件应急机制，提高城市公共卫生应急能力；建立高效的医疗救助体系和应急救治队伍；完善疾病预防控制体系，畅通疫情信息网络；充实和加强卫生监督执法力量，健全卫生执法监督体系。要优化卫生服务体系建设，让广大市民享受到方便、快捷、连续、优质的社区卫生服务。

（4）要把建设健康城市作为新世纪群众性爱国卫生运动的新的抓手，要大力开展健康城市专题宣传和发动，增强全社会和广大市民的文明意识和参与意识，使建设健康城市成为全体市民的共同愿望，使养成科学、文明、卫生的生活习惯成为全体市民的自觉行为。

（5）积极开展试点，不断总结试点中存在的问题和成功经验，不断改进工作方法、修正评估指标，以点带面，逐步推进。

（6）加强国内外的交流与合作，实现资源共享。建设健康城市是一项长期的奋斗目标，是涉及全社会的系统工程，从建立健全机制入手关注个人健康、社区健康和城市健康，让城市成为充满阳光和空气的健康载体。在健康城市的建设上，苏州市一直在不断地努力着，苏州市健康城市的建设成为国内健康城市建设的典型案例，许多经验值得其他城市学习。

8.3 上海健康城市建设

8.3.1 上海市健康城市建设背景

上海是中国最大的经济中心城市，国际著名的港口城市，在中国的经济发展中具有极其重要的地位。上海地处长江三角洲前缘，北界长江，东濒东海，南临杭州湾，西接江苏、浙江两省。地处南北海岸线中心，长江三角洲东缘，长江由此入海，交通便利，腹地宽阔，地理位置优越，是一个良好的江海港口。

图 8-1 上海 2015 健康城市论坛

作为中国最大的经济中心城市，上海市有约 1700 万常住人口和每天高达百万的流动人口。如何始终做好保护城市环境与市民健康的工作是长期的挑战和艰巨的任务。上海市人民政府历来把市民健康和城市环境问题作为政府的重要责任，并把健康和环境问题作为主导实施的公共政策和公共行为的重要方面[239]。2015 年上海举办了以“新常态下的城市健康产业创新与发展”为主题的健康城市论坛（图 8-1）。

8.3.2 上海市健康城市的建设历程

上海健康城市建设历程主要分为 5 大阶段（表 8-2），在首轮建设健康城市 3 年行动计划中，基于原已取得的工作成果和城市发展的实际需求，上海市提出建设健康城市的阶段性目标是要使上海的各项生态环境指标和总体环境质量、卫生服务水平和人民的健康水平继续保持中国大城市的先进水平，加快追赶发达国家中心城市的步伐。由于建设健康城市行动计划明确由市爱卫会负责组织实施，因此，该目标既继承和发扬了爱国卫生运动的传统工作脉络，又创新和丰富了今后的工作内涵，为爱国卫生运动的逐步转型和持续发展夯实了基础。此后又开展了 4 次 3 年行动计划，目前正在进行第 5 次三年计划（2015—2017 行动计划）。

上海健康城市建设历程　　表 8-2

时间	内容	
2003—2005	指导思想	把健康城市建设作为新时期本市爱国卫生运动的主题，以改善群众生产生活环境、提高市民健康素质为目标，以开展各种健康促进活动为载体，以干预和控制影响人群健康的危险因素、规范公共卫生行为、倡导文明健康生活方式为重点，努力促进社会健康、环境健康、人群健康，实现经济社会协调发展
	目标任务	营造健康环境、提供健康食品、追求健康生活、倡导健康婚育、普及健康锻炼、建设健康校园、发展健康社区、创建精神文明

续表

时间	内容	
2003—2005	成果	健康城市建设积极倡导健康社会、健康环境和健康人群协调发展的行动理念，加强条块合作，推动社会参与，促进资源整合，完成了各项任务，达到了预期目标。到 2005 年底，本市各项生态环境指标和总体环境质量排名均居全国大城市前列，市民健康综合素质得到了进一步提升
2006—2008	指导思想	本次行动突出以满足人民群众健康需求为根本出发点，以各类健康促进活动为载体，紧密结合城市公共卫生体系建设、环境保护、筹办 2010 年上海世博会、新郊区新农村建设等中心任务，不断提升市民健康素质和城乡健康水平
	总体目标	是进一步健全促进全民健康的社会支持系统，到 2008 年，基本建立能够有效激励全社会参与健康城市建设的可持续行动机制，市民健康素质、环境健康水准、社会健康评价提升到一个更高水平
	坚持原则	以人为本，和谐发展；政府引导，社会参与；整体推进，重点突破
2009—2011	行动目标	继续完善建设健康城市的政策环境、公众参与机制和全民健康的社会支持系统；进一步控制影响人群健康的各类环境因素；全面提高市民健康素养、倡导健康生活方式，不断提升城市综合竞争力，促进人与环境和谐友好相处
	行动策略	以人为本，注重参与；服务世博，融入全局；纵横协作，立体推进；聚焦重点，拓展内涵
	主要任务与要求	营造健康环境；完善健康服务；加强健康管理；重点推进活动
	保障措施	加强组织领导；完善参与机制；实施监测评估；拓展交流合作
2012—2014	主要目标	继续完善与社会经济发展相适应的“政府主导、部门合作、社会动员、市民参与”的健康促进工作机制和体系，进一步推广全民健康生活方式，逐步提高全民健康素养和环境健康水平，促进人与环境、社会的和谐可持续发展
	基本原则	政府主导，部门合作，全民参与；以人为本，健康至上，和谐发展；聚焦重点，服务大局，整体推进
	具体任务	人人健康膳食行动；人人控烟限酒行动；人人科学健身行动；人人愉悦身心行动
	重点项目	全民健康生活方式行动示范建设；健康传播活动系统建设；社区健康自我管理活动拓展建设
	保障措施	加强组织领导，完善合力机制；加强能力建设，提升专业素养；加强社会动员，营造支持环境；加强绩效评估，优化决策效果；加强合作交流，发挥引领作用

续表

时间	内容	
2015—2017	指导思想	进一步提升健康城市建设的社会动员和支持能力。积极整合健康教育与健康促进资源，探索拓展健康传播的渠道和方法，提高健康促进支持性环境建设的水准和覆盖面，加大全民健康生活方式推广和全民健康素养促进行动力度，引导市民掌握更多的健康自我管理技能。努力提高全人群的健康行为形成率，切实促进整个城市人群健康与环境健康协调发展
	行动目标	依托有效的社会动员，通过持续开展市民健康行动，使全市人群健康素养监测水平在现有基础上显著提升，市民健康文明意识继续增强，经常参加体育锻炼者在总人群中比例明显提高，成人吸烟率呈下降趋势，公共场所二手烟暴露率继续降低；食品安全核心知识的公众知晓率稳步提升，食品安全的社会监督氛围进一步形成；市民科学就医行为逐渐养成，促进就医环境有所好转
	主要任务	“科学健身”市民行动、“控制烟害”市民行动、“食品安全”市民行动、“正确就医”市民行动、“清洁环境”市民行动
	主要措施	开发与推行健康传播项目 1. 实施健康支持工具（读本）发放项目 2. 打造“健康大讲堂”系列品牌 3. 拓展健康公益传播渠道 营造与维护健康支持系统 1. 优化社区健康支持环境 2. 完善场所健康促进措施 推行与促进人群健康管理 1. 拓展健康自我管理内涵 2. 开展健康家庭建设
	具体要求	加强组织领导，提高投入保障水平；加强能力建设，提高规范管理水平；加强舆论引导，提高社会参与水平；加强监测评估，提高决策支持水平

8.3.3 上海市健康城市的建设策略及成就[240]

8.3.3.1 建设策略

（1）计划编制，聚焦重点　行动计划是建设健康城市的纲领性文件，计划确定的工作任务、具体指标必须是建立在深入调研和反复论证的基础上，才能确保其切实可行。因此，上海市在编制健康城市行动计划过程中，始终坚持“市民有需求、部门有措施、解决有可能、评估有标准”的原则，充分汇总了市民需求调查的分析结果和市有关职能部门的计划重点，综合多方意见，聚焦重点，确定行动计划的主要任务和具体指标。

（2）政府主导，健全机制　建设健康城市是一项公益性的、涉及多个政府职能部门的、需动员社会各方面力量参与的活动。为此，有能力、有责任承担该活动总体组织发动、协调管理的机关，只能是各级政府。因此，开展健康城市建设工作的市政府应当做出承诺，承担组织主体的责任和义务，确保建设健康城市行动的顺利推进。

（3）部门整合，共同推进　多部门合作是建设健康城市的主要特点之一。为此，上海鼓励所有参与健康城市建设的部门和单位充分利用这一工作平台，以整合任务的方式来优化社会资源的利用效率，大家围绕同一个目标，齐心协力地推进原本以单个部门为主的重点活动，不仅在政府层面形成了良好的合作机制，而且在社会层面提高了发动的广度和深度，创新和优化了社会协作的机制，使这项社会性、系统性很强的工作能够较为顺利地达到预期效果。

（4）场所建设，各具特色　紧密依托社区和单位是上海建设健康城市的成功经验之一。社区、单位是健康城市的细胞、整合的平台、推进的载体、有效的抓手。根据“条块结合、以块为主”的原则，各区县紧密结合区域特点、发展定位、市民需求，认真做到摸清底数、突出重点、落实措施，积极开展建设健康社区和健康单位活动，取得了明显成效。

（5）社会动员，宣传造势　为了提高市民对建设健康城市工作的知晓程度，以动员更多的市民关注健康城市建设工作，市和区县爱卫会充分发动各地区、各部门，通过组织大量有创意、有影响、有效应的宣传和整治活动，营造了良好的舆论环境和社会氛围，提高了全市市民的健康意识。

（6）拓宽渠道，加强交流　为进一步提升本市建设健康城市的水平，市爱卫会非常重视争取世界卫生组织（WHO）等国际组织和国内外专业机构、学术团体的指导和支持，并且有重点地借鉴国内外城市与地区的有效做法和先进经验。上海建设健康城市活动的蓬勃发展，有力地促进了相关领域的国际、国内交流与合作，对整个项目的发展起到了推波助澜，甚至是引领的作用。

（7）科学评估，注重实效　上海市建设健康城市的评估工作注重“社会评价、市民评判、科学数据评定”，在评价过程中要做到评估主体内外结合，注重客观性；评估方法定量和定性结合，注重科学性；评估内容点与面结合，注重操作性；评估指标过程与效果相结合，注重全面性。为此，在首轮行动计划实施之初，市爱卫会就聘请本市社会学、医学、健康促进、疾病控制等领域的知名学者，组建“上海市建设健康城市技术指导组”，负责工作实施中的策略咨询、技术指导和监测评估，依靠科学，运用技术，提高工作效率。

8.3.3.2 建设成就

经过几年的实践，上海建设健康城市工作已经取得了阶段性成果，主要反映在以下几方面：

一是健康城市理念得到普遍认同。《上海市国民经济和社会发展第十二个五年规划纲要（2011—2015 年）》在第 4 节专栏 104 中明确指出为应对城市化进程加快给市民健康带来的挑战，世界卫生组织在全球倡导健康城市建设。上海将逐步建立“政府引导、部门合作、市民参与”的健康促进工作体系，围绕生活方式健康促进、场所健康促进、人群健康促进等三大重点，持续推进合理膳食、全民健身、戒烟限酒、心理健康、健齿护眼、中医治未病、健康社区、健康单位、健康幼儿、健康老人等十项行动，积极组织实施健康生活方式行动周、实用健康工具发放、“健康大讲堂”系列健康讲座、“气象与健康服务”等系列项目，不断增强市民的健康意识和自我保健能力，提高市民身体健康、心理健康、社会适应能力和道德健康水平。实现公共卫生服务均等化。面向常住人口，完善公共卫生服务体系。在全面实施国家基本公共卫生服务项目和重大公共卫生服务专项的基础上，进一步增加针对儿童、老年人群体的公共卫生服务。加强对重大、新发、输入性和不明原因传染病、慢性病、职业病的预防和控制，提高公共卫生预测预警和处理突发事件的能力。

首先是优化医疗资源结构和布局。加快“5+3+1”郊区三级医院的建设，完善运行机制，提高郊区医疗服务能力。优化医疗资源结构，重点加强老年护理、精神卫生、康复、妇幼卫生等薄弱医疗资源配置。到 2015 年，精神卫生床位达到 18 万张。提高医疗服务能力和质量。完善和实施住院医师、专科医生规范化培训制度，提高临床医生整体素质。创新和完善社区卫生服务模式，探索建立家庭医生制度。完善院前急救体系，建立全市统一的“120”调度指挥系统。加强卫生科研和学科人才建设，基本形成亚洲医学中心城市的主要功能。

二是城市环境明显改善。目前城区主要河流（苏州河）基本消除了黑臭，主要水质指标达到景观水标准，生态功能开始恢复；空气质量明显改善，2014 年上海空气质量指数优良率达 77%，较 2013 年提高 11 个百分点。建成区的绿化覆盖率，从 1999 年的 19.8％提高到 2015 年的 38.5％以上，人均公共绿地面积从 3.5m^2 提高到 13.5m^2。

三是居民健康达到了较高的水平。近年来，上海市政府加大了对公共卫生的投入，逐步完成了城市社区卫生服务中心和乡镇卫生院的标准化改造。目前，上海市居民的平均期望寿命达到 80.97 岁，孕产妇死亡率为 8.31/10 万，婴儿死亡率为4.01‰，市民健康的“三大指标”继续保持世界发达国家中等水平。

四是基本完成了健康城市行动的各项计划任务。首轮3年行动计划所确定的104项指标任务基本完成，其中按期完成的98项，完成率为94.2%；未完成的6项工作指标均因受国家、本市政策调整以及机构调整的影响，无因主观的因素造成指标任务未完成的现象。2015年，启动新一轮建设健康城市3年行动计划以来，各项指标任务也进展顺利。

建设健康城市是一项全新的事业，在推进过程中必定会出现一些新矛盾、新问题和新情况，各地区、各部门都是在“摸着石头过河”，边实践、边学习，不断积累经验。因此，上海在实践中难免有不足之处，主要体现在部门资源有待进一步整合，社会参与有待进一步动员，典型经验有待进一步推广等方面[240]。

8.4 北京健康城市建设

8.4.1 北京市健康城市建设背景

北京作为我国的首都，面临着自然资源短缺、生态环境污染、城市交通拥堵、居民生活困难、公共资源紧张及公共安全弱化等城市问题，市民健康受到威胁[241]。健康城市作为WHO提出的城市发展理念，其建设理念涵盖治理“城市病”的各个方面，对医疗服务、公共卫生、环境问题、安全保障、人口膨胀、交通拥堵等问题都有所探讨，对于解决北京市的“城市病”具有重要意义。

另外，北京健康城市的建设也是承接奥运健康遗产、建设“国际一流和谐宜居之都”的重要内容。2002年，北京奥组委提出了奥运健康遗产的概念，并于2007年提出了“健康奥运、健康北京——全民健康活动”的行动计划，在这个计划的推动过程中，北京市在促进全市医疗卫生发展事业上取得了显著的成绩，推动了公众健康，健康奥运的遗产继续发挥效用，并影响至今。2014年初，习近平总书记提出要将北京建设为“国际一流和谐宜居之都”，其中营造健康环境、培育健康人群是建设“国际一流和谐宜居之都”的重要内容。

2010年北京市在全球宜居城市的排名中名列第114位，相较于东京（40位）、伦敦（39位）有较大差距，其医疗和健康水平与发达国家的首都相比，存在较大差距。另外，《2014年北京市卫生与人群健康状况报告》显示北京市人口老龄化特征愈发明显，肥胖、慢性病等问题在中小学生及青少年群体中日渐突出，恶性肿瘤已连续八年成为北京市的首位死因[241]。在这种背景下，北京市进行健康城市的建设势在必行。

8.4.2 北京市健康城市的建设历程

20世纪90年代“健康城市”的概念被引入中国，北京市便走在了全国建设健康城市的前列。首先在1993年，世界卫生组织（WHO）正式提出与北京东城区建立合作关系，次年北京市东城区启动了全国第一批“健康城市”项目试点。2001年北京爱国卫生运动委员会将创建健康城市活动提上了议事日程，2003年北京市东城区、西城区获得了国家卫生区称号。2004年9月，北京市启动了为期3年的健康社区活动，该活动要求在全市广泛宣传健康城市理念，深入贯彻健康社区标准，使北京50%的城市社区和30%的农村社区达到健康社区的标准。2007年12月，全国爱国卫生运动办公室将北京市东城区、西城区列为全国建设健康城市的首批试点区，开展了一系列健康城市活动。[242]同年，北京市启动“健康奥运、健康北京——全民健康活动”，并于2009年制定并发布了《健康北京人——全民健康促进十年行动规划（2009—2018年）》，[243]该规划确定了11项具体健康指标，实施九大健康行动，指出要“通过10年的努力，使市民主要健康指标显著改善，市民身体健康、心理健康、社会适应能力和道德健康水平不断提高，市民健康寿命延长，将北京建设成为拥有一流‘健康环境、健康人群、健康服务’的国际化大都市，开创有首都特色的经济社会可持续协调发展道路”（图8-2、图8-3）。目前，健康北京人的行动已初见成效，向市民免费发放了《首都市民预防传染病手册》和《首都市民健康膳食指导》各500万册、定量盐勺650万只、限量油杯510万个，创建无烟学校、餐馆和医院等7千多个，全社会健康发展意识全面提升。

另外，北京市“十二五”规划也将健康城市的建设纳入其中，2011年6月出台的《健康北京“十二五”发展建设规划》提出“公共卫生服务实现全覆盖、

图8-2 北京城市乐跑赛

图8-3 健康与环境为主题的骑行活动

医疗服务和保障水平提升、城乡环境更加宜居、居民生命更加安全、经济社会支撑条件更加稳固”的具体目标。2014 年 12 月国务院发布《关于进一步加强新时期爱国卫生工作的意见》，提出了“努力创造促进健康的良好环境、全面提高群众文明卫生素质、积极推进社会卫生综合治理、提高爱国卫生工作水平”四个领域的重点工作任务，北京健康城市建设进入高速发展战略机遇期。2015 年，健康城市蓝皮书《北京健康城市建设研究报告（2015)》发布，对北京健康城市的发展进行全面梳理和总结，蓝皮书从政府部门、城市管理、民间组织、国际传播等多个角度，以营造健康环境、构建健康社会、培育健康人群为重点，不断优化健康服务。

8.4.3 北京市健康城市的建设策略及成就

自2010年开始，北京市已经连续六年以市政府名义面向社会公开发布《北京市卫生与人群健康状况报告》（以下简称健康白皮书)，披露全市居民健康情况和卫生事业发展的相关数据，这已成为北京市全民健康促进工作的重要内容之一。健康白皮书发布得到社会各界的充分肯定和广泛关注，为制定各项卫生政策，开展疾病防控提供了参考。《2014 年北京市卫生与人群健康状况报告》显示，近几年北京市居民正在逐渐远离吸烟、过量饮酒、不运动的不良生活方式，近年来不断开展的健康知识普及活动和健康促进活动正在逐步让北京市民将健康的理念转化为健康的行动。全市传染病控制整体水平较好，全年没有发生重大的突发公共卫生事件，市民健康生活方式形成率逐步提高。

北京健康城市的建设策略有以下几点：

8.4.3.1 制定相关法律法规与专项规划

2005 年召开的北京市爱国卫生运动委员会扩大会议上提出将围绕世界卫生组织确定的健康城市环境清洁美丽、居住安全、食物饮水能源供给充足、废物高效处理等 10 条标准，还有包括不同死因死亡率等健康指标在内的 4 大项 32 类健康城市评价指标体系，出台和完善有利于健康的法律法规，将健康理念融入城市规划和建设，尽早实现健康城市所拟定目标。[244] 此后，北京市委、市政府相继颁布了《健康北京人——全民健康促进十年行动规划（2009—2018)》，《健康北京“十二五”发展建设规划》、《北京人健康指引》。建设国际水准的健康城市成为“十二五”期间首都发展的一项新任务，以人的健康为中心的理念将贯穿城市建设发展的各个方面。

8.4.3.2　成立专门机构

2011年8月，北京健康城市建设促进会成立。促进会将以健康北京"十二五"规划为重点，着重紧抓健康城市建设和全民健康活动，把健康城市的新理念、新模式交给群众，形成社会合力。促进会主要围绕3个方面开展工作：第一，围绕市委市政府领导关注的，首都城市建设运行和管理中出现的重点、热点、难点问题开展好决策应用研究，为市领导科学决策提供服务；第二，与市委市政府相关委办局合作，动员城乡居民积极参与并组织开展好北京健康城市建设的各项促进活动；第三，通过电视、广播、报纸、杂志、网络等媒体，搞好北京健康城市建设的宣传报道工作。[244] 从2012年起，北京市健康促进工作委员会办公室与北京市爱国卫生运动委员会办公室整合，2013年，北京市政府在原爱卫办基础上成立健康促进处，不断促进健康城市的建设。

8.4.3.3　开展了专项科研课题研究

近些年，《北京健康城市建设研究》、《中国健康城市建设研究》、《中国健康城市建设研究报告》、《2012北京健康城市建设研究报告》、《2013北京健康城市建设研究报告》、《北京市健康城市建设研究报告（2015）》等著作相继完成。"北京健康城市建设研究"等科研课题相继展开，其中有10项课题获得了市委市政府领导的批示。

8.4.3.4　全面开展健康城市促进活动，促进全民健身设施的建设

近年来，北京市开展了"健康奥运　健康北京——全民健身系列活动"、"健康北京人——全民健康促进十年行动规划"等系列活动。北京市还注重社区健康的建设，开展了"健康城市　美丽北京——百家社区行系列活动"、"北京市社区健康风采大赛"、"北京健康之星评选"活动。2014年北京市新创建15个社区体育健身俱乐部，资助建设175处全民健身专项活动场地，在公园风景名胜区建设48条健身步道、总长度达到246.67公里。建设篮球、网球、乒乓球、门球等专项活动场地2321片，创建社区体育健身俱乐部144个，市、区县共同打造各类步道1240公里、骑行绿道200公里。2014年北京市企事业单位开展工间（工前）操活动，每日1次，每次不少于20分钟的单位占56.2%。全市医疗卫生系统通过新媒体、健康大课堂、市级健康科普专家巡讲等形式直接受众100万余人，间接受众超过1500万人。另外，市爱卫会在全市大力普及健康教育，推行健康的生活方式，同时在农村地区改水改厕，京郊农村的卫生条件得到了明显改善。

8.4.3.5 广泛的健康城市建设宣传，使首都城乡居民共同参与

《健康北京人——全民健康促进十年行动规划（2009—2018）》指出：由市委宣传部牵头，市卫生局、市文化局、市广电局、市新闻出版局协作，利用电视、广播、报纸、网络、公益广告等传播媒介，加强卫生知识与保健常识的宣传。[243] 在北京电视台、北京人民广播电台设立健康频道或栏目，在北京日报、北京晚报等市级报刊设立健康专版，普及健康知识。目前北京市通过各种媒体，开展了各项健康城市建设的宣传工作。《健康北京》、《健康大讲堂》等健康宣传节目得到市民的广泛喜爱。另外，在2011年和2013年，北京市多名健康专家开展了健康北京的建设宣传活动。

参考文献

[1] 孔宪法．由健康城市运动反思地方发展愿景及都市规划专业 [J]. 城市发展研究，2005，(2)：5-11.

[2] NiyIA.The Healthy cities approach - reflections on aframework for improving global health[J].Bull WHO，2003，81(3)，222.

[3] 玄泽亮，魏澄敏，傅华．健康城市的现代理念 [J]. 上海预防医学杂志，2002，(4):18-20.

[4] Tsouros·A.. World Health Organization healthy cities project: a project becomes a movement-review of progress 1987 to 1990[M]. Copenhagen FADL and Milan，Sogess，1990.

[5] 许从宝，仲德崑，李娜．当代国际健康城市运动基本理论研究纲要 [J]. 城市规划，2005，(10):52-59.

[6] WHO.2003 international healthy cities conference [J].Belfast，2003，19-22.

[7] WHO Region office for Europe.Twenty steps for developing a healthy cities project[R].3nd，1997，9-14.

[8] 杨士弘等．城市生态环境学（第二版）[M]. 北京：科学出版社，2005:49，150，276.

[9] 沈清基．城市生态与城市环境 [M]. 上海：同济大学出版社，2000.

[10] Nancy Schepers，Sustainable Infrastructure’s Contribution To Environmental Protection[J]，8th Canadian Pollution Prevention Roundtable，2004.

[11] 李先逵．城市环境建设问题与对策 [J]. 建筑与地域文化国际研讨会论文集，2001:83-88.

[12] 叶耀先．建筑应对“非典”的思考——“病态建筑综合症”和“与建筑有关的疾病”[J]. 城市开发，2003，(6):8-11.

[13] B.Berglund，T.Lindvall，I.Samuelsson，J.Sundell.Prescription for Healthy Building[J].Proceedings of the Third International Conference on Indoor Air Quality and Climate，Stockholm，1984，4(8)，Sweden:5-14.

[14] 李成，王波．健康型人居环境及健康住宅 [J]. 城市，2003，(4):34-36.

[15] 孙澄．现代建筑创作中的技术理念发展研究 [D]. 哈尔滨工业大学博士论文，2003.

[16] 祁斌．日本可持续的建筑设计方法与实践 [J]. 世界建筑．1999，(2):32.

[17] 克利夫·芒福汀著．绿色尺度 [M]. 陈贞，高文艳译．北京：中国建筑工业出版社，2004:34，24.

[18] 杨士萱．建筑内部空间环境与人类生活 [J]. 建筑学报，2000，(1):58.

[19] 何振德，金磊．城市灾害概论 [M]. 天津：天津大学出版社，2005:37.

[20] Klaus Daniels.The Technology of Ecological Building:Basic Principles and Measures.Examples and Ideas.Basel.Boston.Berlin: Birkhäuser Verlag 1997:66，65.

[21] Peason P D.Alvar Aalto and the International Style[M].NewYork：Whitney Library of Design，1978:19.

[22] Ken Yeang.Designing with nature:the ecological basis for architectural design[M].New York:McGraw-Hill，1995:220.

[23] 诸大建．建设绿色城市：上海 21 世纪可持续发展研究 [M]. 上海：同济大学出版社，2003:16，198-199.

[24] 连玉明．学习型社区 [M]. 北京：中国时代经济出版社，2003.

[25] Webster p & Price.Healthy Cities Indicators:Analysis of Data from Cities across Europe.Copenhagen:WHO Regional Office for Europe，1997.

[26] 许从宝，仲德崑，李娜．探寻健康城市观念的原旨 [J]. 规划师，2005，(6):76-79.

[27] WHO.Healthy Cities Projects in the WHO African Region: Evaluation Manual，Draft[M].Copenhagen:WHO Regional Office for Europe，2000.

[28] 武慧兰，陈易．健康社区探讨 [J]. 住宅科技，2004，(2):14-17.

[29] 邢育健．健康城市——21 世纪城市化发展的一项新目标 [J]. 江苏卫生保健，2001，(12): 40-41.

[30] 高峰，王俊华．健康城市 [M]. 北京：中国计划出版社，2005.

[31] 李光耀，张浩．关于制定和实施建设健康城市工作规划的思考 [J]. 上海预防医学杂志，2005，(2):92-93.

[32] 高惠琦，乔磊，黄敬亨．世界卫生组织人人享有卫生保健战略的由来和发展 [J]. 中国初级卫生保健，2004，08:4-6.

[33] 张浩．试论爱国卫生运动是具有中国特色的健康促进工作模式 [J]. 中国卫生资源，2005，05:203-204.

[34] 赵淑英．健康教育与健康促进学 [M]. 北京：世界图书出版公司，2005.

[35] Evelyne de Leeuw. 健康城市——发展历程、建设方法和评估机制 [J]. 医学与哲学，2006，(1):8-11.

[36] 张安玉．健康促进的理论与模式．中国慢性病预防与控制 [J].2000，(2)：52-54.

[37] 张俊芳．中国城市社区的组织与管理 [M]. 南京：东南大学出版社，2004(9):30-31，

90，177.

[38] 俞可平等著．中国公民社会的兴起与治理的变迁 [M]. 北京:社会科学文献出版社，2002:190.

[39] 戚冬瑾，周剑云．透视城市规划中的公众参与——从两个城市规划公众参与案例谈起 [J]. 城市规划，2005，(7):52-56.

[40]（美）比尔·莫耶斯．美国心灵：关于这个国家的对话 [M]. 上海：生活·读书·新知三联书店，2004.

[41] 邓正来．国家与市民社会——中国市民社会研究 [M]. 成都：四川人民出版社，1997.

[42] 王勇，李广斌．市民社会涌动下小城镇规划编制中的公众参与 [J]. 城市规划，2005，(7):57-62.

[43] 张庭伟．1990 年代中国城市空间结构的变化及其动力机制 [J]. 城市规划，2001，(7):7-14.

[44] Maria Renata Markus.Decent Society and/or Civil Society[J].Social Research，2001:1011-30.

[45] Zbigniew Rau，ed.，The Reemergence of Civil Society in Eastern Europe and the Soviet Union[J].Slavic Review，1993，52(3).

[46] 何增科．公民社会与第三部门 [M]. 北京：社会科学文献出版社，2000:3，6-8.

[47] 连玉明．学习型政府 [M]. 北京：中国时代经济出版社，2003:173.

[48] Jurgen Habermas.Between Facts and Norms[M].Cambridge:Polity Press，1996:367.

[49]（美）莱斯特·萨拉蒙．第三域的兴起 [M]. 上海：复旦大学出版社，1998.

[50] 杨学明．第三部门的现状及其政策和法律研究 [J]. 法律文献信息与研究，2005，04:23-26.

[51] 那向谦．国家自然科学基金与人聚环境学的研究 [J]. 建筑学报，1995，(3):7.

[52] Constantinos.A.Doxiadis.Ekistics[M].，London: Hutchinson & Co.LTD，1968，56.

[53] 吴良镛．人居环境科学导论 [M]. 北京：中国建筑工业出版社，2001.

[54] 金涛,张小林．国际可持续社区规划模式评述 [J]. 国外城市规划,2004,(3):47-50.

[55] 世界环境与发展委员会．王之佳等译．我们共同的未来 [M]. 长春：吉林人民出版社，1997:80.

[56] 联合国人居中心编．城市化的世界—全球人类住区报告 1996[R]. 沈建图，于立，董之等译．北京：中国建筑工业出版社，1999.

[57] Rhodes，R.A.W.1986.“power dependence”: Theories of central-local relations: A critical reassessment.Ppl-33 in M.Goldsmith(Ed) New Research In Central-Local Relations.Aldershot: Gower

[58] 白晨曦．发展中的城市伙伴制 [J]. 国外城市规划，2004，(4):35-39.
[59] 吴晨．城市复兴中的合作伙伴组织 [J]. 城市规划，2004，(8):79-83.
[60] 黄敬亨．健康城市的发展与展望 [J]. 中国健康教育，2002，(1):8-10.
[61] Jon Pierre.Parnerships In Urban Governance.St.Martin's Press，Inc.New York.1998，12-13.
[62] 王乐．城市导引职能研究 [D]. 东北财经大学博士学位论文，2004.
[63] 诸大建，刘冬华．从城市经营到城市服务——基于公共管理理论变革的视角 [J]. 城市规划学刊，2005，(6):37-40.
[64] J.A. 奥尔贝奇，B.K. 克瑞姆果尔德等编．收入地位与健康 [M]. 叶耀先总编译．北京：中国建筑工业出版社，2002:13，55.
[65] 姜冰．“生态城市”建设初探——一条可持续发展之路 [D]. 东北财经大学硕士学位论文，2003.
[66] 罗宏，孟伟，冉盛宏．生态工业园区—理论与实证 [M]. 北京：化学工业出版社，2004:76.
[67] 刘长喜．利益相关者、社会契约与企业社会责任——一个新的分析框架及其应用 [D]. 复旦大学博士学位论文，2005.
[68] 邢文祥．论现代城市形象及其塑造 [J]. 社会科学辑刊，1998，(5):86-87.
[69] 田中尚輝．市民社会 [M]. のボランティア．丸善株式会社，1997.
[70] 陈伟东．城市社区自治研究 [D]. 华东师范大学博士学位论文，2003.
[71] 中国青少年发展基金会．扩展中的公共空间——中国第三部门研究年鉴 (2001 年) [M]. 天津：天津人民出版社，2002:143.
[72] 马运瑞．关于我国市民参政条件的思考 [J]. 城市发展研究，2005，(3):26-29.
[73] Arnstein S.A Ladder of Citizen Participation Journal of the American Institute of Planners，1969.
[74] 纪晓岚，赵维良．断裂与融合：非政府组织在城市反贫困中的作用分析 [J]. 内蒙古社会科学（汉文版），2005，(7):128-133.
[75] 盛岡三裕紀，林朋子．イギリス・NPO [第三の道] ～慈善から起業支援へ．市民フォーラム 21・NPO センター，2000.
[76] 连玉明．中国城市报告 2004 [M]. 北京：中国时代经济出版社，2004:610.
[77] 刘玉亭，何深静，顾朝林，陈果．国外城市贫困问题研究 [J]. 现代城市研究，2003，(1):78-85.
[78] 联合国人居署．全球化世界中的城市—全球人类住区报告 2001[M]. 司然，焦怡雪等译．北京：中国建筑工业出版社，2004:153，19，173.
[79] 梅建明，秦颖．中国城市贫困与反贫困问题研究述评 [J]. 中国人口科学，2005，(1):88-94.

[80] 薛进军．中国的失业、贫困与收入分配差距 [J]. 中国人口科学，2005，(5):2-11.
[81] 多吉才让．努力构筑具有中国特色的社会救助体系 [J]. 中国民政,2001,(8):4-9.
[82] 顾文选，孙玉文．构建和谐城市是城市科学研究的重要课题 [J]. 城市发展研究，2005，(3):19-21.
[83] 贺巧知,慈勤英．城镇贫困：机构成因与文化发展 [J]. 城市问题,2003,(3):45-49.
[84] 秦红岭．试论城市规划应遵循的普遍伦理 [J]. 城市规划，2005，(5):66-70.
[85] Gertvudis I.J.M.Kempen，Johan Ormel，Els I.Brilman，et al.Adaptive Responses among Dutch Elderly: The Impact of Eight Chronic Medical Conditions on Health-Related Quality of Life[J].American J of Public Health，1997，87(1):38-44.
[86] 田银生，陶伟．城市环境的"宜人性"创造 [J]. 清华大学学报（自然科学版），2000，(5):19-23.
[87] 金磊．城市无障碍环境的规划设计 [J]. 现代城市研究，2001，(2):29-31.
[88] 堤野仁史．不断发展、变化的通用设计．景观设 2[M]. 大连:大连理工大学出版社，2003:62.
[89] 沈清基．中国城市能源可持续发展研究：一种城市规划的视角 [J]. 城市规划学刊，2005，(6):41-47.
[90] 黄绯斐．面向未来的城市规划和设计——可持续性城市规划和设计的理论及案例分析 [M]. 北京：中国建筑工业出版社，2004:10，58，155，148.
[91] 沈清基，方芳．自然资源与环境关系的经济学阐释—《自然资源与环境经济学》一书评介 [J]. 城市规划，2006，(2):74-77.
[92] 王波，崔玲．从"资源视角"论城市雨水利用 [J]. 城市问题，2003，(3):50-53.
[93] 郝之颖．对宜居城市建设的思考——从国际宜居城市竞赛谈宜居城市建设实践 [J]. 国外城市规划，2006，(2):75-81.
[94] 贺勇，王竹．柔性下垫面塑造的基本原理与方法 [J]. 建筑学报，2005，(1):56-58.
[95] 任子明．日本对下水道能源的开发利用 [J]. 国外科技动态，2000，(6):31-34.
[96] 刘俊良，王鹏飞，臧景红，马毅妹．城市用水健康循环及可持续城市水管理 [J]. 中国给水排水，2003，(1):29-32.
[97] Basiago，A.D.，Economic，Social and Environmental Sustainability in Development Theory and Urban Planning Practice.The Environmentist，1999，19:145-161.
[98] 蒋建国．城市环境卫生基础设施建设与管理．化学工业出版社，2005:41-43.
[99] 陈志恩，方富基．拆建物料循环再造的发展 [M]. 北京：现代城市研究，2003，(1):43-46.
[100] Filakti H，Fox J.Differences in mortality by housing tenure and by caraccess

from the OPCS Longitudinal Study[J].Population Trends，1995，81:27-30.

[101] Fogelman K，Fox AJ，Power C.Class and tenure mobility: do they explain social inequalities in health among young adults in Britain[M].In: Fox J(Ed)，Health inequalities in European countries，1989，333-352.

[102] 王海涛，范向华．住房与健康．环境与健康杂志 [J].2005，(7):309-311.

[103] 刘福垣．猛药根治“偏头痛”——房地产结构失衡的成因和解决途径 [J]．城市开发，2003，(4):4-7.

[104] 赵燕菁．廉租房建设与国家宏观经济 [J]．城市发展研究，2005，(3):1-14.

[105] 金磊．城市公共安全与综合减灾须解决的九大问题 [J]．城市规划，2005，(6):36-39.

[106] 罗守贵，高汝熹．城市减灾的基本原则 [J]．城市，2002，(2):16-19.

[107] 马明．城市安全与防灾减灾规划．2006 中国（福州）城市规划建设与发展国际论坛论文集 [M]．北京：中国社会出版社，2006:180-184.

[108] Federal Emergency Management Agency.Guide for All-Hazard Emergency Operations Planning，1996:1-2.

[109] 曹吉鸣．城市防灾设施建设供应链管理模式与战略 [J]．自然灾害学报，2005，(2):121-126.

[110]（英）迈克·詹克斯，伊丽莎白·伯顿，凯蒂·威廉姆斯．紧缩城市——一种可持续发展的城市形态 [M]．周玉鹏，龙洋，楚先锋译．北京:中国建筑工业出版社，2004.

[111] 马德峰．安全城市 [M]．北京：中国计划出版社，2005:107.

[112] Gerda R.Wekerle and Carolyn Whitzman.Safe Cities: Guidelines for pianning，design and management.Tronto：Van Nostrand Reinhold A Division of International Thomson Publishing Inc.1995.

[113] 吕资之．环境健康教育与健康促进 [M]．北京：北京大学医学出版社，2005(1):3，50，76.

[114] Project Team of DRC，An Evaluation and Recommendations on the Reforms of the Health System in China.China Development Review(Supplement)，vol.7，no.1，2005:39，195.

[115] 乔磊，金艳，赵惠珍．我国创建健康城市的回顾和展望 [J]．中国初级卫生保健，2004，(10):30-31.

[116] 周指明主编．社区卫生服务契约研究 [M]．北京：科学出版社，2004:193.

[117] W.G.Manning，J.P.Newhouse，N.duan，E.B.Keeler and A.Leibowitz，Health Insurance and the Demand for Medical Care: Evidence form a Randomized Experiment[J].American Economic Review，vol.77，no.3，1987:251-277.

[118] 郑莹，卢伟．政府主导、多部门合作、综合防治癌症[J]．中国肿瘤，2005，(5):285-289.

[119] 夏芹，李浴峰，闫瑞雪．健康教育的经济学分析[J]．中国卫生资源，2005，(9):199-200.

[120] 鲍科臻，张学军．城市健康教育体制和管理模式的探索[J]．中国公共卫生管理，2005，(4):331-333.

[121] 李翅．土地集约利用的城市空间发展模式[J]．城市规划学刊，2006，(2):49-55.

[122] 关涛，宗晓杰．经营城市土地若干问题的战略思考[J]．城市规划，2005，(4):52-55.

[123] 诸大建，易华．从学科交叉探讨中国城市规划的基础理论[J]．城市规划学刊，2005，(1):21-23.

[124] 董爽，袁晓勐．城市蔓延与节约型城市建设[J]．规划师，2006，(5):11-13.

[125] 吕斌，张忠国．美国城市成长管理政策研究及其借鉴[J]．城市规划，2005，(3):44-48.

[126] 蒋宏辉．城市发展边界(UGB)及其设定研究[D]．华中农业大学硕士学位论文，2005.

[127] 韩笋生，秦波．借鉴“紧凑城市”理念，实现我国城市的可持续发展[J]．国外城市规划，2004，(6):23-27.

[128] 汪永华．环城绿带理论及基于城市生态恢复的城市环城绿带规划[J]．风景园林，2005，(6):20-25.

[129] 仇保兴．转型期的城市规划变革纲要[J]．规划师，2006，(3):5-14.

[130] 王雅莉，苗丽静．城市化可持续均衡发展的经济学分析[J]．城市发展研究，2005，(4):26-28.

[131] 郭万锡．我国城市土地资源利用效率研究[J]．城市，2003，(4):50-51.

[132] Jane Jacobs. The Death and Life of Great American Cities[M]. NewYork：Random House，1961.

[133] 黄亚平．城市规划、城市空间环境建设与城市社会发展[J]．城市发展研究，2005，(2):12-16.

[134] 赵天宇．城市居住体系重构与规划研究[D]．哈尔滨工业大学博士学位论文，2006.

[135] 刘滨谊，王晓鸿．复合性都市再开发计划[J]．规划师，2006(1):99-101.

[136] 张明，丁成日，Chengri Robert Cervero. 土地使用与交通的整合：新城市主义和理性增长[J]．城市发展研究，2005，(4):46-52.

[137] 陈劲松主编．新都市主义·CONDO与小户型[M]．北京：机械工业出版社，2003:17-18.

[138] Wayne Attoe, Donn Logan.American Urben Architecture—Catalysts in Design of Cities[M].Berkeley：University of California Press, 1989:45.

[139]（丹）扬·盖尔，拉尔斯·吉姆松著. 公共空间·公共生活 [M]. 汤羽扬，王兵，戚军译. 北京：中国建筑工业出版社，2003:51，60.

[140] 胡兆量 . 步行街和广场的文化品位 [J]. 城市问题，2003，(4):30-32.

[141] Sanjn D.The future of underground space.Cities, 1999, 16(4):233-245.

[142] 童林旭 . 为 21 世纪的城市发展准备足够的地下空间资源 [J]. 地下空间，2000，(1):1-5.

[143] 王秀英，王梦恕 . 城市的安全发展与地下空间利用 [J]. 中国安全科学学报，2003，(5):72-74.

[144] 戴兴安 . 城市森林规划原则初探 [J]. 林业科技开放，2004，(5):74-75.

[145] 马涛 . 居住环境景观设计 [M]. 沈阳： 辽宁科技出版社，2000:13-18.

[146] 吕飞，孙澄 . 都市农园建设发展研究 [J]. 哈尔滨工业大学学报，2005，(7):999-1002.

[147] 杨玉培，靳敏 . 发展屋顶绿化，增加城市绿量 . 四川建筑，2000，(2):16-19.

[148] 韩红霞等 . 英国大伦敦城市发展的环境保护战略 . 国外城市规划，2004，(2):60-64.

[149] 潮洛蒙，李小凌，俞孔坚 . 城市湿地的生态功能 [J]. 城市问题，2003，(3):9-12.

[150] 俞孔坚，李迪华 . 城市河道及滨水地带的“整治”与“美化”[J]. 现代城市研究，2003，(10):29-32

[151] 王祥荣 . 生态与环境——城市可持续发展与生态环境调控新论 [M]. 南京：东南大学出版社，2000:388-389.

[152] 刘冬飞 .“绿色交通”——一种可持续发展的交通理念 [J]. 现代城市研究，2003，(1):60-63.

[153] 张捷，赵民 . 新城规划的理论与实践——田园城市思想的世纪演绎 [M]. 北京：中国建筑工业出版社，2005.

[154] 马强，尹稚 . 道路网形制与欧洲城镇形态演变 [J]. 规划师，2006，(6):92-96.

[155] 连玉明主编 . 中国城市报告 2004[M]. 北京：中国时代经济出版社，2004:102.

[156] 金凡 . 快速公交在中国的发展 [J]. 国外城市规划，2006，(3):28-31.

[157] 陈峻，王炜 . 高机动化条件下城市自行车交通发展模式研究 [J]. 规划师，2006，(4):81-84.

[158] 殷凤军，过秀成等 . 大城市行人交通设施系统规划研究现状与趋势 .2006 中国（福州）城市规划建设与发展国际论坛论文集 [M]. 北京：中国社会出版社，2006:151-155.

[159] 李晓蕴，朱传耿 . 我国对城市社区分异的研究综述 [J]. 城市发展研究，2005，

(5):76-81.

[160] 吴启焰．大城市居住空间分异研究的理论与实践 [M]. 北京：科学出版社，2001.

[161] 田野，栗德祥，毕向阳．不同阶层居民混合居住及其可行性分析 [J]. 建筑学报，2006，(4):36-39.

[162] 张大维，陈伟东，李雪萍，孔娜娜．城市社区公共服务设施规划标准与实施单元研究——以武汉市为例 [J]. 城市规划学刊，2006，(3):99-105.

[163] 李伦亮．从居住分异现象看城市规划的变革 [J]. 规划师，2006，(3):68-70.

[164] 魏立华，李志刚．中国城市低收入阶层的住房困境及其改善模式 [J]. 城市规划学刊，2006，(2):53-58.

[165] 美国城市土地利用学会．杨旭华，汤宏铭译．世界优秀社区规划 [J]. 中国水利水电出版社，2004:161-167.

[166] 李志刚，张京祥．调解社会空间分异，实现城市规划对“弱势群体”的关怀——对悉尼 UFP 报告的借鉴 [J]. 国外城市规划，2004，(6):32-35.

[167] 刘全喜，秦省．社区卫生服务管理与营销 [M]. 河南：郑州大学出版社，2002:85-89，245-247，198，236-237.

[168] 林伟鹏，闫整．医疗卫生体系改革与城市医疗卫生设施规划 [J]. 城市规划，2006，(4):47-50.

[169] 郑连勇主编．城市环境卫生设施规划指南 [M]. 北京：中国建筑工业出版社，2004:37.

[170] 蒋建国主编．城市环境卫生基础设施建设与管理 [M]. 北京：化学工业出版社，2005:79.

[171] 徐颖，沈叶明．重塑中国城市特色 [J]. 规划师，2006，(5):92-94.

[172] 顾孟潮．论城市特色的研究与创造．鲍世行，顾孟潮编．科学家钱学森论城市学与山水城市 [M]. 北京： 中国建筑工业出版社，1996:263-276.

[173] 沈磊，赵国裕，姚瑛．自然、历史、自我——多元化背景下塑造城市特色之问对 [J]. 城市规划，2006，(3):85-88.

[174] 田银生，刘韶军．建筑设计与城市空间 [M]. 天津：天津大学出版社，2000:43.

[175] 郑利军，杨昌鸣．历史街区动态保护中的公众参与 [J]. 城市规划，2005，(7):63-65.

[176] 刘宾，潘丽珍，高军．冲突与反思——转型期我国历史街区保护的几点思考 [J]. 城市规划，2005，(9):60-63.

[177] 孙翔，汪浩．特征规划指引下的新加坡历史街区保护策略．国外城市规划 [J]. 2004，(6):47-52.

[178] 李广斌，王勇，袁中金．城市特色与城市形象塑造 [J]. 城市规划，2006，(2):79-82.

[179] 吴承照，曾琳．以街旁绿地为载体再生传统民俗文化的途径 [J]. 城市规划学刊，2006，(5):99-101.

[180] Michael Neuman 著．殷洁译．区域设计：景观规划设计与城市规划优秀传统的复兴 [J]. 国外城市规划，2004，(3):26-32.

[181] 郭恩章等．城市居住小区规划设计原则、选址及环境质量评价研究总报告 .2000.

[182] 仲继寿．健康住宅的研究理念与技术体系 [J]. 建筑学报，2004，(4):11-13.

[183] 国家住宅与居住环境工程中心．健康住宅建设技术要点 (2004 版） [M]. 北京：中国建筑工业出版社，2004.

[184] 刘东卫，吴超．居住健康的生活空间环境 [J]. 建筑学报，2006，(4):19-21.

[185] 舒长云，孙轶男，张旭．发展健康住宅，把天津市住宅建设推向新阶段 [J]. 城市，2002，(3):46-49.

[186] 窦以德．回归城市——对住区空间形态的一点思考 [J]. 建筑学报，2004，(4):8-10.

[187] 王彦辉．走向新社区 [M]. 南京：东南大学出版社，2003:156-157.

[188] 李静．住区交往空间的层次性研究 [D]. 哈尔滨工业大学硕士学位论文，2005.

[189] 杨盖尔著．何人可译．交往与空间 [M]. 北京：中国建筑工业出版社，1992.

[190] 薛丰丰．城市社区邻里交往研究 [J]. 建筑学报，2004，(4):26-28.

[191] 吕萌丽．居民环境态度影响下城市居住区绿地的合理规模——以广州市为例 [J]. 规划师，2006，(5):80-84.

[192] 马强．道路布局模式与北美郊区型社区的发展 [J]. 国外城市规划，2004，(2):41-47.

[193] 许建和．住区停车问题分析及对策 [J]. 建筑学报，2004，(4):58-60.

[194] 太田胜敏．新しい交通まちづくりの思想 [M]. 鹿岛：鹿岛出版社，1999:62.

[195] 林克雷，于显洋．北京市社区建设中的制度创新 [J]. 北京社会科学，2004，(3):52-58.

[196] 陈伟东．城市社区自治研究 [D]. 华中师范大学博士学位论文，2004.

[197] 罗鹏飞，徐逸伦．管治与我国城市社区组织的制度创新 [J]. 现代城市研究，2003，(2):24-27.

[198] 安东尼·吉登斯．第三条道路——社会民主主义的复兴 [M]. 北京：北京大学出版社，2000:90-91.

[199] 郭强，陈井安，李良．我国城市社区可持续发展机制分析 [J]. 社会科学研究，2005，(6):109-112.

[200] 张平宁．城市再生：我国新型城市化的理论与实践问题 [J]. 城市规划，2004，(4):25-30.

[201] 褚兆洪．完善社区卫生服务，加快健康社区建设 [J]. 社区医学杂志，2005，

(7):32-33.

[202] 张全红，汪早立，陈迎春，王凤林．湖北省城市居民对社区卫生服务的需求意愿及影响因素分析 [J]．中国全科医学，2003，(6):486-488.

[203] 贺文．对老龄设施在城市和村镇规划设计中的思考——老龄设施体系和内容的探讨 [J]．城市发展研究，2005，(1):21-24.

[204] 张菁，刘颖．日本长寿社会住宅发展 [J]．建筑学报，2006，(10):13-15.

[205] 鲍勇，何园，张静等．中国城市社区健康教育与健康促进工作规划的构思 [J]．中国全科医学，2004，(3):146-149.

[206] 陈政，许文忠，谈佳弟．以建设健康城市为载体，统筹提高城乡公共卫生水平 [J]．中国公共卫生管理，2004，(5):403-405.

[207] 王光荣．中国城市社会消费形态简析 [J]．城市发展研究，2005，(1):58-63.

[208] Behavioral Risk Factor Surveillance System(BRFSS)[DB/OL]，2000. Washington D.C.，Centers for Disease Control and Prevention.

[209] 刘滨谊．通过设计促进健康——美国“设计下的积极生活”计划简介及启示 [J]．国外城市规划，2006，(2):60-65.

[210] Mick Wates，Charles Knevitt 著．谢庆达、林贤卿译．社区建筑——人民如何创造自我环境 [M]．台湾创兴出版社有限公司，1993.

[211] 徐一大．再论我国城市社区及其发展规划 [J]．城市规划，2004，(12):69-74.

[212] 王登嵘．建立以社区为核心的规划参与体系 [J]．规划师，2006，(5):68-72.

[213] Takehito Takano Edited: Healthy Cities and Urban Policy Research[M]. London: Spon Press，2003.4，226.

[214] Terry Blarstevens.Briefing Paper: Context for the Development of a Healthy city[R].Copenhagen，WHO/EVRO/HCPO，2002，25-27.

[215] 高峰，王俊华．健康城市 [M]．北京：中国计划出版社，2005.

[216] 李丽萍．国外的健康城市规划 [J]．规划师．2003(S1).

[217] 陈柳钦．健康城市建设及其发展趋势 [J]．中国市场．2010(33).

[218] 根据王佩如、胡淑贞．美国印第安纳州健康城市案例介绍改编．

[219] MAGGIE FOX，ERIKA EDWARDS.Running for Office? Washington DC Is the Fittest US City[EB/OL].（2015-05-19）[2015-12-15].http://www.nbcnews.com/health/diet-fitness/midnight-embargo-running-office-washington-dc-fittest-us-city-n360891

[220] 长城国际健康论坛．华盛顿被评为最健康城市 [EB/OL].（2015-02-04）[2015-12-15].http://mp.weixin.qq.com/s?__biz=MzA5MTAyNDI3NQ==&mid=204367249&idx=2&sn=6e4dba59f9dd3e615e9539481ac079cf&3rd=MzA3MDU4NTYzMw==&scene=6#rd.

[221] Anna Medaris Miller.How Fit is Your City? [EB/OL].（2015-05-19）[2015-12-15].http://health.usnews.com/health-news/health-wellness/articles/2015/05/19/washington-dc-ranks-the-fittest-city-in-america.

[222] Michelle Healy.Washington，D.C.，takes title for fit，healthy living[EB/OL].（2014-05-28）[2015-05-01].http://www.usatoday.com/story/news/nation/2014/05/28/fit-cities-index/9483563/

[223] Takehito Takano，Edited: Healthy Cities and Urban Policy Research[M]. London: Spon Press，2003，4，10.

[224] Health 2020：A European policy framework and strategy for the 21st century.

[225] 英国健康城市网站 . http://www.healthycities.org.uk/

[226] 杭州市健康办 . 英国利物浦健康城市案例介绍及评论 [EB/OL].（2013-12-15）[2015-03-1].http://www.jswst.gov.cn/awwz/tszs/2013/12/15204531656.html

[227] 日本内阁府编 . 健康日本 21. 财务省印刷局，2000.

[228] http://202.130.255.21:8080/kingstar_www/jkcs/jkchsh8.htm

[229] 日本京都市健康城市案例介绍 . 陈世明 . 陈郁雯，国立成功大学健康城市研究中心资料 .

[230] 健康日本 21（第 2 次）の推進に関する参考資料 平成 24 年 7 月　厚生科学審議会地域保健健康増進栄養部会　次期国民健康づくり運動プラン策定専門委員会 .

[231] 王彦峰 . 中国健康城市建设研究 [M]. 北京：人民出版社，2013.

[232] 世界银行 . 碧水蓝天 :2020 年的中国 [M]. 北京：中国财政经济出版社，1997.

[233] 程鑫 . 城市化面临的卫生问题及对策 [J]. 医学与社会，2000，(3):1-3.

[234] 翟青 . 城市生活垃圾无害化处理对策 [J]. 环境经济杂志，2005，(10):13-17.

[235] 卫生部统计信息中心 .2005 年中国卫生事业发展情况统计公报 .2006.

[236] 中华人民共和国卫生部,中华人民共和国科学技术部,中华人民共和国统计局 . 第四次中国营养与健康状况调查报告，2004.

[237] 世界卫生组织 .1996 年世界卫生报告：抵御疾病促进发展（总干事报告）[M]. 丁冠群等译 . 北京：人民卫生出版社，1996.

[238] 陈政,许文忠,谈佳弟 . 以建设健康城市为载体　统筹提高城乡公共卫生水平 [J]. 中国公共卫生管理，2004，(5):403-405.

[239] 郭根主编 . 中国健康城市建设报告 [M]. 北京：中国时代经济出版社，2008.

[240] 上海市爱国卫生运动委员会（上海市健康促进委员会）办公 . 上海市建设健康城市的实践与探索 [EB/OL].（2009-02-05）[2015-12-10].http://www.wzwmw.com/pages/25/200902/05-5276.html.

[241] 李天健．北京城市病研究[D]. 首都经济贸易大学，2013.

[242] 王鸿春．北京健康城市建设研究报告（2015）[M]. 北京：社会科学文献出版社，2015.

[243] 健康北京人——全民健康促进十年行动计划（2009-2018）.

[244] 于怡鑫．城市发展跟踪路线图初探——以北京健康城市目标为例[J]. 情报探索，2012，02:1-5.

责任编辑：高延伟　杨　虹
封面设计：雅盈中佳

本书分为理论篇、策略篇、实践篇三大部分，从健康的人群、环境、社会三方面对健康城市的构成与标准进行了分析，提出适合国情的健康城市评价指标体系。

明确健康城市建设主体及其角色定位。从城市发展的全局出发，提出创建健康城市的总体对策；从城市规划的层面出发，提出创建健康城市的相应对策；提出创建健康社区的建设对策，并制定适合我国国情的健康社区评价指标体系。多角度、多方面出发探讨研究适合我国国情的健康城市建设途径和策略方法。

建工出版社微信

经销单位：各地新华书店、建筑书店
网络销售：本社网址 http://www.cabp.com.cn
中国建筑出版在线 http://www.cabplink.com
中国建筑书店 http://www.china-building.com.cn
本社淘宝天猫商城 http://zgjzgycbs.tmall.com
博库书城 http://www.bookuu.com
图书销售分类：城市规划 · 城市设计（P20）

ISBN 978-7-112-19348-6

(28614) 定价：48.00元